全栈开发

JavaScript

重难点实例精讲

周雄 / 著

人民邮电出版社

北 京

图书在版编目（CIP）数据

JavaScript重难点实例精讲 / 周雄著. -- 北京：
人民邮电出版社，2020.10（2023.3重印）
ISBN 978-7-115-54262-5

Ⅰ. ①J… Ⅱ. ①周… Ⅲ. ①JAVA语言－程序设计
Ⅳ. ①TP312.8

中国版本图书馆CIP数据核字(2020)第102078号

内 容 提 要

　　本书对 JavaScript 的重难点进行了总结，并通过具体场景比较不同解决方法的优缺点。全书共 7 章，第 1 章是 JavaScript 重点概念，第 2 章是引用数据类型，第 3 章是函数，第 4 章是对象，第 5 章是 DOM 与事件，第 6 章是 Ajax，第 7 章是 ES6。

　　本书可作为 Web 前端开发、网页设计与制作、网站建设人员的自学用书，也适合经验丰富的 JavaScript 开发人员深入学习。

◆ 著　　　　　周 雄
　　责任编辑　　颜景燕
　　责任印制　　王 郁　马振武
◆ 人民邮电出版社出版发行　　北京市丰台区成寿寺路 11 号
　　邮编　100164　　电子邮件　315@ptpress.com.cn
　　网址　https://www.ptpress.com.cn
　　北京七彩京通数码快印有限公司印刷
◆ 开本：800×1000　1/16
　　印张：25.5　　　　　　　　2020 年 10 月第 1 版
　　字数：585 千字　　　　　　2023 年 3 月北京第 4 次印刷

定价：79.80 元

读者服务热线：(010) 81055410　印装质量热线：(010) 81055316
反盗版热线：(010) 81055315
广告经营许可证：京东市监广登字 20170147 号

前言
PREFACE

先不谈具体的学习内容，我准备通过自己在前端方面的学习成长历程，并结合几年的工作经验来谈谈对前端学习的想法。以下都是笔者的愚见，请大家保持平常心看待。

在前端技术日新月异的今天，正在从事前端开发或者想要从事前端开发的读者都会有一个疑惑：前端发展的速度太快了，该怎么去学？

前端发展的速度有多快？我们仔细想一下。

在 JavaScript 方面，正当我们沉浸在 ES 2015（ES6）带来的一系列好处，并开始学习它时，ES 2019 已经登场了。ES 的版本正在以每年迭代一次的速度更新，我们都会感慨，这更新的速度也太快了吧！

就 HTML 来说，HTML5 的诞生为页面交互处理、多媒体实现提供了极大的便利，它也成了 Web 端未来的发展趋势。但是回过头来，谁又能想到，曾经的霸主 Flash 已然被人们抛弃，在移动互联网的时代，后浪终究会将前浪拍在沙滩上。

就 CSS 来说，CSS3 较之前的版本增加了很多强大的属性，包括页面布局、变换、动画，丰富了页面的呈现形式。可能还没等我们系统学习完，又有一些新特性出现，我们也许同样会感慨，这更新的速度也太快了吧！

就框架或者类库来说，曾经风靡一时的 jQuery 逐渐被人抛弃，众人转向更加符合时代需求的 MVVM 框架。

在 MVVM 时代，Angular、Vue、React"三驾马车"并驾齐驱。Vue 自 2016 年完成 2.0 版本升级后便火得一发不可收拾，在 GitHub 上的 star 数径直超过 React。在我们犹豫该好好学哪个框架时，Vue 已经完成了 3.0 版本的升级，我们会再次感慨，这更新的速度也太快了吧！

也许 gulp、webpack 等项目构建工具，大家还没开始学习，它就已经更新到 4.0 甚至更高的版本。

对于前端开发，Node.js 也是一项必须掌握的语言，其包括了基本的 npm、http、文件读写等操作。可能还没等大家投入精力学习时，它已经发布 10.X 的版本了，我们不得不再次感慨，这更新的速度也太快了吧！

除了上面提到的这些，还有很多需要学习的内容，它们都在以极快的速度更新着，可能哪一天业界又火了一个新的框架，而没准哪个框架又成为历史了。

以上的种种，最终还是会归结成一个问题，应该怎么去学习前端？

我觉得最重要的是打牢基础，善于思考，提高解决问题的能力。

而唯一真正要做的就是多敲代码！多敲代码！多敲代码！——重要的事情说 3 遍。

前端的学习相比后端有个便利的地方：我们可以通过控制台，或者通过 HTML 源码等，借助浏览器很快地验证自己的观点，没有后端部署、启动 server 等复杂的过程。

那么，该如何快速地学习 JavaScript 呢？

供参考的JavaScript学习路线

基于本书内容的整理，我将从以下几个阶段提供一个供参考的 JavaScript 学习路线。

1. 基础篇

JavaScript 是前端学习的重中之重，对原生的 JavaScript 的掌握程度将决定后面对框架学习的理解程度。

在学习完 JavaScript 基础篇之后，应该掌握以下知识点。

- 数据类型。
- 表达式。
- 循环结构。
- 内置对象的常用方法。
- 函数基础。
- DOM相关操作、事件。

当大家学习完基础内容后，可以动手编写一个网页，以检验自己的学习成果。

2. 核心篇

核心篇作为基础篇的深入，是必须掌握的内容，这部分的学习成果将决定后续学习的高度。JavaScript 核心篇主要包括以下学习内容。

- 原型、原型链。
- 作用域。
- 闭包。
- this。
- 继承。
- Ajax。
- ES6。

当大家学习完核心篇内容后，可以多练习一些 JavaScript 的经典作用域、闭包、继承等内容，并且还可以尝试封装一个属于自己的辅助类。

3. 模块化以及组件化

前端开发已经从原来的整体化开发发展到现在的模块化开发，甚至是组件化开发，开发过程愈发精细，讲求的是代码的可复用性。

以前开发一个页面是从上到下一次编写的过程，现在已经发展为先将页面拆分成模块甚至是组件，不同的人关注不同的模块、组件，以提高开发效率。

JavaScript 模块化开发的标准是由 CommonJS 规定的。基于这个标准，诞生了不同的实现方式，分别是 AMD 规范和 CMD 规范。

基于 AMD 规范的产物是 RequireJS，基于 CMD 规范的产物是 SeaJS，读者可以根据实际需要做具体选择。

在学习完模块化知识后，应该掌握以下知识点。

- AMD规范和CMD规范的差异。
- RequireJS和SeaJS的使用方式。

本书结构

本书共有 7 章，各章简介如下。

第 1 章 "JavaScript 重点概念"，介绍的内容包括 JavaScript 的基本数据类型、运算符等。

第 2 章 "引用数据类型"，介绍的内容包括 Object 类型、Array 类型、Date 类型及一些常见的算法。

第 3 章 "函数"，介绍的内容包括函数的定义与调用、函数参数、闭包、this、call() 函数、apply() 函数、bind() 函数等。

第 4 章 "对象"，介绍的内容包括对象的属性和访问方式、创建、克隆、继承，以及核心的原型对象的概念。

第 5 章 "DOM 与事件"，介绍的内容包括 DOM 选择器、常用的 DOM 操作、事件流、Event 对象等。

第 6 章 "Ajax"，介绍的内容包括 Ajax 的原理及执行过程、Ajax 提交 Form 表单、Ajax 跨域解决方案等。

第 7 章 "ES6"，介绍的内容都是 ES6 中的新特性，包括 let 和 const 关键字、箭头函数、Promise、Class、Module 等。

总结

无论学习哪一种语言，都要经历一段漫长的过程，耐心才是最重要的。始终还是那 4 个字——多敲代码，努力完成每一个想要完成的功能。

在学习的过程中遇到问题是在所难免的，不要害怕遇到问题，记住一点，你所遇到过的任何问题一定是别人遇到过的。所以遇到问题时，一定要学会在网上寻找答案，拒绝做"伸手党"。

大牛之所以能称之为大牛，是因为他们解决问题的能力比别人强，能一眼看出问题的所在，而大家要做的就是朝着这个方向去努力。

周雄

2020.5.30

目录
CONTENTS

JavaScript重点概念

1.1 JavaScript的基本数据类型介绍

所有的编程语言都存在数据类型的概念。

在 JavaScript 中，数据类型可以分为基本数据类型和引用数据类型，其中基本数据类型包括 Undefined、Null、Boolean、Number、String 5 种，在 ES6 中新增了一种新的基本数据类型 Symbol，这个会在第 7 章中讲到；引用数据类型含有 Object、Function、Array、Date 等类型，这些将会在第 2 章和第 3 章重点讲解。

接下来会详细讲解 JavaScript 中的基本数据类型。

1. Undefined类型

Undefined 类型只有一个唯一的字面值 undefined，表示的是一个变量不存在。

下面是 4 种常见的出现 undefined 的场景。

① 使用只声明而未初始化的变量时，会返回"undefined"。

```
var a;
console.log(a);  // undefined
```

② 获取一个对象的某个不存在的属性（自身属性和原型链继承属性）时，会返回"undefined"。

```
var obj = {
    name: 'kingx'
```

```
};
console.log(obj.address);  // undefined
```

③ 函数没有明确的返回值时，却在其他地方使用了返回值，会返回 "undefined"。

```
function foo() {}
console.log(foo());  // undefined
```

④ 函数定义时使用了多个形式参数（后文简称为形参），而在调用时传递的参数的数量少于形参数量，那么未匹配上的参数就为 "undefined"。

```
function foo(param1, param2, param3) {
    console.log(param3);
}
foo(1, 2);  // undefined
```

2. Null类型

Null 类型只有一个唯一的字面值 null，表示一个空指针对象，这也是在使用 typeof 运算符检测 null 值时会返回 "object" 的原因。

下面是 3 种常见的出现 null 的场景。

① 一般情况下，如果声明的变量是为了以后保存某个值，则应该在声明时就将其赋值为 "null"。

```
var returnObj = null;

function foo() {
    return {
        name: 'kingx'
    };
}

returnObj = foo();
```

② JavaScript 在获取 DOM 元素时，如果没有获取到指定的元素对象，就会返回 "null"。

```
document.querySelector('#id');  // null
```

③ 在使用正则表达式进行捕获时，如果没有捕获结果，就会返回 "null"。

```
'test'.match(/a/);  // null
```

3. Undefined和Null两种类型的异同

Undefined 和 Null 虽然是两种不同的基本数据类型，存在一些不同的特性，但是在某些表现上存在着相同之处，这里就总结了 Undefined 和 Null 的相同点和不同点。

（1）相同点

- Undefined和Null两种数据类型都只有一个字面值，分别是undefined和null。

- Undefined类型和Null类型在转换为Boolean类型的值时，都会转换为false。所以通过非运算符（!）获取结果为true的变量时，无法判断其值为undefined还是null。
- 在需要将两者转换成对象时，都会抛出一个TypeError的异常，也就是平时最常见的引用异常。

```
var a;
var b = null;

console.log(a.name);  // Cannot read property 'name' of undefined
console.log(b.name);  // Cannot read property 'name' of null
```

上面代码表示在通过某个变量引用 name 属性时，若该变量值实际为 undefined 或者 null，就会抛出异常。

- Undefined类型派生自Null类型，所以在非严格相等的情况下，两者是相等的，如下面代码所示。

```
null == undefined;  // true
```

（2）不同点

- null是JavaScript中的关键字，而undefined是JavaScript中的一个全局变量，即挂载在window对象上的一个变量，并不是关键字。
- 在使用typeof运算符检测时，Undefined类型的值会返回"undefined"，而Null类型的值会返回"object"。

```
typeof undefined; // undefined
typeof null;      // object
```

- 在通过call调用toString()函数时，Undefined类型的值会返回"[object Undefined]"，而Null类型的值会返回"[object Null]"。

```
Object.prototype.toString.call(undefined);  // [object Undefined]
Object.prototype.toString.call(null);       // [object Null]
```

- 在需要进行字符串类型的转换时，null会转换为字符串"null"，而undefined会转换为字符串"undefined"。

```
undefined + ' string';  // undefined string
null + ' string';       // null string
```

- 在需要进行数值类型的转换时，undefined会转换为NaN，无法参与计算；null会转换为0，可以参与计算。

```
undefined + 0; // NaN
null + 0;      // 0
```

- 无论在什么情况下都没有必要将一个变量显式设置为undefined。如果需要定义某个变量来保存将来要使用的对象，应该将其初始化为null。这样不仅能将null作为空对象指针的惯例，还有助于区分null和undefined。

4．Boolean类型

Boolean 类型（又称布尔类型）的字面值只有两个，分别是 true 和 false，它们是区分大小写的，其他值（如 True 和 False）并不是 Boolean 类型的值。

Boolean 类型使用最多的场景就是用于 if 语句判断。在 JavaScript 中，if 语句可以接受任何类型的表达式，即 if(a) 语句中的 a，可以是 Boolean、Number、String、Object、Function、Null、Undefined 中的任何类型。

如果 a 不是 Boolean 类型的值，那么 JavaScript 解释器会自动调用 Boolean() 函数对 a 进行类型转换，返回最终符合 if 语句判断的 true 或者 false 值。

不同类型与 Boolean 类型的值的转换是 Boolean 类型的重点，如下所述。

（1）String 类型转换为 Boolean 类型

- 空字符串""或者''都会转换为false。
- 任何非空字符串都会转换为true，包括只有空格的字符串" "。

（2）Number 类型转换为 Boolean 类型

- 0和NaN会转换为false。
- 除了0和NaN以外，都会转换为true，包括表示无穷大和无穷小的Infinity和-Infinity。

（3）Object 类型转换为 Boolean 类型

- 当object为null时，会转换为false。
- 如果object不为null，则都会转换为true，包括空对象{}。

（4）Function 类型转换为 Boolean 类型

- 任何Function类型的值都会转换为true。

（5）Null 类型转换为 Boolean 类型

- Null类型只有一个null值，会转换为false。

（6）Undefined 类型转换为 Boolean 类型

- Undefined类型只有一个undefined值，会转换为false。

因为其他类型与 Boolean 类型的值的转换方式众多，所以大家一定要熟练掌握这些规则。

▶ 1.2 Number类型详解

1.2.1 Number类型介绍

在 JavaScript 中，Number 类型的数据既包括了整型数据，也包括了浮点型数据。

下面讲解整型数据的处理规则。最基本的数值采用的是十进制整数，另外，数值还可以通过八进制或者十六进制表示。

① 八进制。如果想要用八进制表示一个数值，那么首位必须是 0，其他位必须是 0～7 的八进制序列。如果后面位数的字面值大于 7，则破坏了八进制数据表示规则，前面的 0 会被忽略，当作十进制数据处理。

```
var num1 = 024; // 20
var num2 = 079; // 79
```

其中 num1 首位为 0，表示八进制数，然后判断后面每位数值在 0～7 内，符合八进制数据表示规则，最后将其转换为十进制数值 2×8 + 4 = 20。

num2 首位为 0，表示八进制数，然后判断后面每位的数值，最后一位 9 超出了八进制字面值，所以不属于八进制数据，最终按照十进制处理，结果为 79。

② 十六进制。如果想要用十六进制表示一个数值，那么前两位必须是 0x，其他位必须是十六进制序列（0～9，a～f 或者 A～F）。如果超过了十六进制序列，则会抛出异常。

```
var num3 = 0x3f;  // 63
var num4 = 0x2g;  // SyntaxError: Invalid or unexpected token
```

其中 num3 前两位为 0x，表示十六进制数据，然后判断后面每位均属于十六进制字面值区间，符合十六进制数表示，最后将其转换为十进制数值 3×16 + 15 = 63。

num4 前两位为 0x，表示十六进制数据，然后判断后面每位数值，最后一位 g 超出了十六进制所能表示的字面值区间，所以不满足十六进制数据表示规则，最终抛出异常"SyntaxError: Invalid or unexpected token"。

此外，和 Boolean 类型一样，当其他类型在与 Number 类型进行数据转换时，也会遵循一定的规则。

（1）Boolean 类型转换为 Number 类型

- true 转换为 1。
- false 转换为 0。

（2）Null 类型转换为 Number 类型

- Null 类型只有一个字面值 null，直接转换为 0。

（3）Undefined 类型转换为 Number 类型

- Undefined 类型只有一个字面值 undefined，直接转换为 NaN。

（4）String 类型转换为 Number 类型

- 如果字符串中只包含数字，则会转换成十进制数；如果前面有 0，会直接省略掉，例如 "0123" 会转换为 123。
- 如果字符串中包含的是有效的浮点数，则同样按照十进制转换，例如 "1.23" 会转换为 1.23。
- 如果字符串中包含有效的十六进制格式，则会按照十进制转换，例如 "0x3f" 会转换为 63。
- 如果是空字符串，则转换为 0。

- 如果字符串中包含了除上述格式以外的字符串，则会直接转换为NaN。

（5）Object 类型转换为 Number 类型

- Object类型在转换为Number类型时，会优先调用valueOf()函数，然后通过valueOf()函数的返回值按照上述规则进行转换。如果转换的结果是NaN，则调用toString()函数，通过toString()函数的返回值重新按照上述规则进行转换；如果有确定的Number类型返回值，则结束，否则返回"NaN"。

Number 类型作为一种常用的基本数据类型，开发人员在使用时往往会因为没有理解到原理而踩到一些隐形坑。接下来就讲解在使用 Number 类型数据或者函数时，需要注意的一些点。

1.2.2　Number类型转换

在实际的开发中，我们经常会遇到将其他类型的值转换为 Number 类型的情况。在 JavaScript 中，一共有 3 个函数可以完成这种转换，分别是 Number() 函数、parseInt() 函数、parseFloat() 函数，接下来就详细地讲解 3 个函数的使用方法与注意事项。

1. Number()函数

Number() 函数可以用于将任何类型转换为 Number 类型，它在转换时遵循下列规则。

① 如果是数字，会按照对应的进制数据格式，统一转换为十进制并返回。

```
Number(10);    // 10
Number(010);   // 8，010 是八进制的数据，转换成十进制是 8
Number(0x10);  // 16，0x10 是十六进制数据，转换成十进制是 16
```

② 如果是 Boolean 类型的值，true 将返回为 "1"，false 将返回为 "0"。

```
Number(true);  // 1
Number(false); // 0
```

③ 如果值为 null，则返回 "0"。

```
Number(null);  // 0
```

④ 如果值为 undefined，则返回 "NaN"。

```
Number(undefined); // NaN
```

⑤ 如果值为字符串类型，则遵循下列规则。

- 如果该字符串只包含数字，则会直接转换成十进制数；如果数字前面有0，则会直接忽略这个0。

```
Number('21');  // 21
Number('012'); // 12
```

- 如果字符串是有效的浮点数形式，则会直接转换成对应的浮点数，前置的多个重复的0

会被清空，只保留一个。

```
Number('0.12');   // 0.12
Number('00.12');  // 0.12
```

- 如果字符串是有效的十六进制形式，则会转换为对应的十进制数值。

```
Number('0x12');   // 18
Number('0x21');   // 33
```

- 如果字符串是有效的八进制形式，则不会按照八进制转换，而是直接按照十进制转换并输出，因为前置的0会被直接忽略。

```
Number('010');    // 10
Number('0020');   // 20
```

- 如果字符串为空，即字符串不包含任何字符，或为连续多个空格，则会转换为0。

```
Number('');       // 0
Number('   ');    // 0
```

- 如果字符串包含了任何不是以上5种情况的其他格式内容，则会返回"NaN"。

```
Number('123a');  // NaN
Number('a1.1');  // NaN
Number('abc');   // NaN
```

⑥ 如果值为对象类型，则会先调用对象的 valueOf() 函数获取返回值，并将返回值按照上述步骤重新判断能否转换为 Number 类型。如果都不满足，则会调用对象的 toString() 函数获取返回值，并将返回值重新按照步骤判断能否转换成 Number 类型。如果也不满足，则返回"NaN"。

以下是通过 valueOf() 函数将对象正确转换成 Number 类型的示例。

```
var obj = {
    age: 21,
    valueOf: function () {
        return this.age;
    },
    toString: function () {
        return 'good';
    }
};

Number(obj);  // 21
```

以下是通过 toString() 函数将对象正确转换成 Number 类型的示例。

```
ar obj = {
    age: '21',
    valueOf: function () {
```

```
        return [];
    },
    toString: function () {
        return this.age;
    }
};

Number(obj);   // 21
```

以下示例是通过 valueOf() 函数和 toString() 函数都无法将对象转换成 Number 类型的示例（最后返回 "NaN"）。

```
var obj = {
    age: '21',
    valueOf: function () {
        return 'a';
    },
    toString: function () {
        return 'b';
    }
}
Number(obj);   // NaN
```

如果 toString() 函数和 valueOf() 函数返回的都是对象类型而无法转换成基本数据类型，则会抛出类型转换的异常。

```
var obj = {
    age: '21',
    valueOf: function () {
        return [];
    },
    toString: function () {
        return [];
    }
};

Number(obj);   // 抛出异常 TypeError: Cannot convert object to primitive value
```

2. parseInt()函数

parseInt() 函数用于解析一个字符串，并返回指定的基数对应的整数值。

其语法格式如下。

```
parseInt(string, radix);
```

其中 string 表示要被解析的值，如果该参数不是一个字符串，那么会使用 toString() 函数将其转换成字符串，而字符串前面的空白符会被忽略。

radix 表示的是进制转换的基数，数据范围是 2 ～ 36，可以是使用频率比较高的二进制、十进制、八进制和十六进制等，默认值为 10。因为对相同的数采用不同进制进行处理时可能会得到不同的结果，所以在任何情况下使用 parseInt() 函数时，建议都手动补充第二个表示基数的参数。

parseInt() 函数会返回字符串解析后的整数值，如果该字符串无法转换成 Number 类型，则会返回 "NaN"。

在使用 parseInt() 函数将字符串转换成整数时，需要注意以下 5 点。

（1）非字符串类型转换为字符串类型

如果遇到传入的参数是非字符串类型的情况，则需要将其优先转换成字符串类型，即使传入的是整型数据。

```
parseInt('0x12', 16);  // 18
parseInt(0x12, 16);    // 24
```

第一条语句直接将字符串 "0x12" 转换为十六进制数，得到的结果为 $1 \times 16 + 2 = 18$；

第二条语句由于传入的是十六进制数，所以会先转换成十进制数 18，然后转换成字符串 "18"，再将字符串 "18" 转换成十六进制数，得到的结果为 $1 \times 16 + 8 = 24$。

（2）数据截取的前置匹配原则

parseInt() 函数在做转换时，对于传入的字符串会采用前置匹配的原则。即从字符串的第一个字符开始匹配，如果处于基数指定的范围，则保留并继续往后匹配满足条件的字符，直到某个字符不满足基数指定的数据范围，则从该字符开始，舍弃后面的全部字符。在获取到满足条件的字符后，将这些字符转换为整数。

```
parseInt("fg123", 16);  // 15
```

对于字符串 'fg123'，首先从第一个字符开始，'f' 是满足十六进制的数据，因为十六进制数据范围是 0 ～ 9，a ～ f(A ～ F)，所以保留 'f'；然后是第二个字符 'g'，它不满足十六进制数据范围，因此从第二个字符至最后一个字符全部舍弃，最终字符串只保留字符 'f'；然后将字符 'f' 转换成十六进制的数据，为 15，因此最后返回的结果为 "15"。

如果遇到的字符串是以 "0x" 开头的，那么在按照十六进制处理时，会计算后面满足条件的字符串；如果按照十进制处理，则会直接返回 "0"。

```
parseInt('0x12',16);   // 18 = 16 + 2
parseInt('0x12',10);   // 0
```

需要注意的一点是，如果传入的字符串中涉及算术运算，则不执行，算术符号会被当作字符处理；如果传入的参数是算术运算表达式，则会先运算完成得到结果，再参与 parseInt() 函数的计算。

```
parseInt(15 * 3, 10);     // 45，先运算完成得到 45，再进行 parseInt(45, 10) 的运算
parseInt('15 * 3', 10);   // 15，直接当作字符串处理，并不会进行乘法运算
```

9

（3）对包含字符 e 的不同数据的处理差异

处理的数据中包含字符 e 时，不同进制数的处理结果有很大不同。

当传入的参数本身就是 Number 类型时，会将 e 按照科学计数法计算后转换成字符串，然后按照对应的基数转换得到最终的结果。

如果传入的字符串中直接包含 e，那么并不会按照科学计数法处理，而是会判断字符 e 是否处在可处理的进制范围内，如果不在则直接忽略，如果在则转换成对应的进制数。

以下为几行代码以及相应的执行结果。

```
parseInt(6e3, 10);       // 6000
parseInt(6e3, 16);       // 24576
parseInt('6e3', 10);     // 6
parseInt('6e3', 16);     // 1763
```

对于上述 4 个不同的结果，详细解释如下。

第一条语句 parseInt(6e3, 10)，首先会执行 6e3=6000，然后转换为字符串 "6000"，实际执行的语句是 parseInt('6000', 10)，表示的是将字符串 "6000" 转换为十进制的整数，得到的结果为 6000。

第二条语句 parseInt(6e3, 16)，首先会执行 6e3=6000，然后转换为字符串 "6000"，实际执行的语句是 parseInt('6000', 16)，表示的是将字符串 "6000" 转换为十六进制的数，得到的结果是 $6 \times 16^3 = 24576$。

第三条语句 parseInt('6e3', 10)，表示的是将字符串 '6e3' 转换为十进制的整数，因为字符 'e' 不在十进制所能表达的范围内，所以会直接省略，实际处理的字符串只有 "6"，得到的结果为 6。

第四条语句 parseInt('6e3', 16)，表示的是将字符串 '6e3' 转换为十六进制的整数，因为字符 'e' 在十六进制所能表达的范围内，所以会转换为 14 进行计算，最后得到的结果为 $6 \times 16^2 + 14 \times 16 + 3 = 1763$。

（4）对浮点型数的处理

如果传入的值是浮点型数，则会忽略小数点及后面的数，直接取整。

```
parseInt('6.01', 10);  // 6
parseInt('6.99', 10);  // 6
```

经过上面的详细分析，我们再来看看以下语句的执行结果。以下语句都会返回"15"，这是为什么呢？

```
parseInt("0xF", 16);    // 十六进制的 F 为 15，返回"15"
parseInt("F", 16);      // 十六进制的 F 为 15，返回"15"
parseInt("17", 8);      // 八进制的 "17"，返回结果为 1×8 + 7 = 15
parseInt(021, 8);       // 021 先转换成十进制得到 17，然后转换成字符串 "17"，再转换成
                        // 八进制，返回结果为 1×8 + 7 = 15
```

```
parseInt("015", 10);        // 前面的 0 忽略，返回 "15"
parseInt(15.99, 10);        // 直接取整，返回 "15"
parseInt("15,123", 10);     // 字符串 "15,123" 一一匹配，得到 "15"，转换成十进制后返回 "15"
parseInt("FXX123", 16);     // 字符串 "FXX123" 一一匹配，得到 "F"，转换成十六进制后返回 "15"
parseInt("1111", 2);        // 1×2³ + 1×2² + 1×2 + 1 = 15
parseInt("15 * 3", 10);     // 字符串中并不会进行算术运算，实际按照 "15" 进行计算，返回 "15"
parseInt("15e2", 10);       // 实际按照字符串 "15" 运算，返回 "15"
parseInt("15px", 10);       // 实际按照字符串 "15" 运算，返回 "15"
parseInt("12", 13);         // 按照十三进制计算，返回结果为 1×13 + 2 = 15
```

（5）map() 函数与 parseInt() 函数的隐形坑

设想这样一个场景，存在一个数组，数组中的每个元素都是 Number 类型的字符串 ['1', '2', '3', '4']，如果我们想要将数组中的元素全部转换为整数，我们该怎么做呢？

我们可能会想到在 Array 的 map() 函数中调用 parseInt() 函数，代码如下。

```
var arr = ['1', '2', '3', '4'];

var result = arr.map(parseInt);

console.log(result);
```

但是在运行后，得到的结果是 [1, NaN, NaN, NaN]，与我们期望的结果 [1, 2, 3, 4] 差别很大，这是为什么呢？

其实这就是一个藏在 map() 函数与 parseInt() 函数中的隐形坑。

```
arr.map(parseInt);
```

上面的代码实际与下面的代码等效。

```
arr.map(function (val, index) {
    return parseInt(val, index);
});
```

parseInt() 函数接收的第二个参数实际为数组的索引值，所以实际处理的过程如下所示。

```
parseInt('1', 0);  // 1
parseInt('2', 1);  // NaN
parseInt('3', 2);  // NaN
parseInt('4', 3);  // NaN
```

任何整数以 0 为基数取整时，都会返回本身，所以第一行代码会返回 "1"。

第二行代码 parseInt('2', 1)，因为 parseInt() 函数对应的基数只能为 2 ~ 36，不满足基数的整数在处理后会返回 "NaN"；

第三行代码 parseInt('3', 2)，表示的是将 3 处理为二进制表示，实际上二进制时只有 0 和 1，3 超出了二进制的表示范围，无法转换，返回 "NaN"；

第四行代码 parseInt('4', 3)，与第三行类似，4 无法用三进制的数据表示，返回 "NaN"。

因此我们在 map() 函数中使用 parseInt() 函数时需要注意这一点，不能直接将 parseInt() 函数作为 map() 函数的参数，而是需要在 map() 函数的回调函数中使用，并尽量指定基数，代码如下所示。

```
var arr = ['1', '2', '3', '4'];

var result = arr.map(function (val) {
    return parseInt(val, 10);
});

console.log(result);  // [1, 2, 3, 4]
```

3. parseFloat()函数

parseFloat() 函数用于解析一个字符串，返回对应的浮点数。如果给定值不能转换为数值，则会返回"NaN"。

与 parseInt() 函数相比，parseFloat() 函数没有进制的概念，所以在转换时会相对简单些，但是仍有以下一些需要注意的地方。

① 如果在解析过程中遇到了正负号（＋/－）、数字 0～9、小数点或者科学计数法（e/E）以外的字符，则会忽略从该字符开始至结束的所有字符，然后返回当前已经解析的字符的浮点数形式。

其中，正负号必须出现在字符的第一位，而且不能连续出现。

```
parseFloat('+1.2');   // 1.2
parseFloat('-1.2');   // -1.2
parseFloat('++1.2');  // NaN，符号不能连续出现
parseFloat('--1.2');  // NaN，符号不能连续出现
parseFloat('1+1.2');  // 1, '+' 出现在第二位，不会当作符号位处理
```

② 字符串前面的空白符会直接忽略，如果第一个字符就无法解析，则会直接返回"NaN"。

```
parseFloat('  1.2'); // 1.2
parseFloat('f1.2');  // NaN
```

③ 对于字符串中出现的合法科学运算符 e，进行运算处理后会转换成浮点型数，这点与 parseInt() 函数的处理有很大的不同。

```
parseFloat('4e3');   // 4000
parseInt('4e3', 10); // 4
```

parseFloat() 函数在处理 '4e3' 时，会先进行科学计数法的运算，即 4e3 = 4 × 1000 = 4000，然后转换成浮点型数，返回"4000"；

parseInt() 函数在以十进制处理 '4e3' 时，不会进行科学计数法的运算，而是直接从第一个字符开始匹配，最终匹配成功的字符为 '4'，转换成整型后，返回整数"4"。

④ 对于小数点，只能正确匹配第一个，第二个小数点是无效的，它后面的字符也都将被忽略。

```
parseFloat('11.20');  // 11.2
parseFloat('11.2.1'); // 11.2
```

下面是使用 parseFloat() 函数的综合实例。

```
parseFloat("123AF");   // 123，匹配字符串 '123'
parseFloat("0xA");     // 0，匹配字符串 '0'
parseFloat("22.5");    // 22.5，匹配字符串 '22.5'
parseFloat("22.3.56"); // 22.3，匹配字符串 '22.3'
parseFloat("0908.5");  // 908.5，匹配字符串 '908.5'
```

4. 结论

虽然 Number()、parseInt() 和 parseFloat() 函数都能用于 Number 类型的转换，但是它们在处理方式上还是有一些差异的。

- Number()函数转换的是传入的整个值，并不是像parseInt()函数和parseFloat()函数一样会从首位开始匹配符合条件的值。如果整个值不能被完整转换，则会返回"NaN"。
- parseFloat()函数在解析小数点时，会将第一个小数点当作有效字符，而parseInt()函数在解析时如果遇到小数点会直接停止，因为小数点不是整数的一部分。
- parseFloat()函数在解析时没有进制的概念，而parseInt()函数在解析时会依赖于传入的基数做数值转换。

1.2.3　isNaN()函数与Number.isNaN()函数对比

Number 类型数据中存在一个比较特殊的数值 NaN（Not a Number），它表示应该返回数值却并未返回数值的情况。

NaN 存在的目的是在某些异常情况下保证程序的正常执行。例如 0/0，在其他语言中，程序会直接抛出异常，而在 JavaScript 中会返回"NaN"，程序可以正常执行。

NaN 有两个很明显的特点，第一个是任何涉及 NaN 的操作都会返回"NaN"，第二个是 NaN 与任何值都不相等，即使是与 NaN 本身相比。

```
NaN == NaN;  // false
```

在判断 NaN 时，ES5 提供了 isNaN() 函数，ECMAScript 6（后续简称 ES6）为 Number 类型增加了静态函数 isNaN()。

既然在 ES5 中提供了 isNaN() 函数，为什么要在 ES6 中专门增加 Number.isNaN() 函数呢？两者在使用上有什么区别呢？

1. isNaN()函数

首先我们来看看 isNaN() 函数的作用，它用来确定一个变量是不是 NaN。NaN 是一个 Number 类型的数值，只不过这个值无法用真实的数字表示。

如果传递的参数是 Number 类型数据，可以很容易判断是不是 NaN。如果传递的参数是非 Number 类型，它返回的结果往往会让人费解。

例如下面判断一个空对象 {} 的代码。

```
isNaN({}); // true
```

空对象 {} 明明不是一个 NaN 的数据，应该返回的是"false"，为什么会返回"true"呢？

这里我们首先要知道 NaN 产生的条件，一方面是在数据运算时，返回了一个无法表示的数值，例如 0 / 0 就会返回"NaN"。有一点需要注意的是除了 0 / 0，其他数据除以 0 都返回"Infinity"。

另一方面是在需要做强制类型转换时，某些数据不能直接转换为数值类型，就会返回"NaN"，例如 1 – 'a' = NaN，因为字符串 'a' 无法参与数值运算。

而 isNaN() 函数正好会进行数据的类型转换，它在处理的时候会去判断传入的变量值能否转换为数字，如果能转换成数字则会返回"false"，如果无法转换则会返回"true"。

接下来就通过下面这些代码来测试一下。

```
isNaN(NaN);          // true
isNaN(undefined);    // true
isNaN({});           // true

isNaN(true);         // false, Number(true) 会转换成数字 1
isNaN(null);         // false, Number(null) 会转换成数字 0
isNaN(1);            // false
isNaN('');           // false, Number('') 会转换为成数字 0
isNaN("1");          // false, 字符串 "1" 可以转换成数字 1
isNaN("JavaScript"); // true, 字符串 "JavaScript" 无法转换成数字
// Date 类型
isNaN(new Date());   // false
isNaN(new Date().toString()); // true
```

Date 是一种比较特殊的类型，当我们调用 new Date() 函数生成的实例并转换为数值类型时，会转换为对应的时间戳，例如下面的代码。

```
Number(new Date()); // 1543333199705
```

因此 isNaN(new Date()) 会返回"false"。

而当我们调用了 toString() 函数时，返回的是一串字符串表示的时间，无法转换成数值类型，因此 isNaN(new Date().toString()) 会返回"true"。

2. Number.isNaN()函数

既然在全局环境中有 isNaN() 函数，为什么在 ES6 中会专门针对 Number 类型增加一个 isNaN() 函数呢？

这是因为 isNaN() 函数本身存在误导性，而 ES6 中的 Number.isNaN() 函数会在真正意义上去判断变量是否为 NaN，不会做数据类型转换。只有在传入的值为 NaN 时，才会返回"true"，传入其他任何类型的值时会返回"false"。

我们可以通过以下这些代码做测试。

```
Number.isNaN(NaN);          // true
Number.isNaN(undefined);    // false
Number.isNaN(null);         // false
Number.isNaN(true);         // false
Number.isNaN('');           // false
Number.isNaN(123);          // false
```

上面代码运行后，除了传入 NaN 会返回"true"以外，传入其他的值都会返回"false"。

如果在非 ES6 环境中想用 ES6 中的 isNaN() 函数，该怎么办呢？我们有以下兼容性处理方案。

```
// 兼容性处理
if(!Number.isNaN) {
    Number.isNaN = function (n) {
        return n !== n;
    }
}
```

因为在所有类型的数据中，如果一个变量和自身作比较，只有在变量值为 NaN 时才会返回"false"，其他情况都是返回"true"。

所以 n !== n 返回"true"，只有在 n 为 NaN 的时候才成立。

3. 总结

isNaN() 函数与 Number.isNaN() 函数的差别如下。

- isNaN() 函数在判断是否为NaN时，需要先进行数据类型转换，只有在无法转换为数字时才会返回"true"；
- Number.isNaN() 函数在判断是否为NaN时，只需要判断传入的值是否为NaN，并不会进行数据类型转换。

1.2.4　浮点型运算

在 JavaScript 中，整数和浮点数都属于 Number 类型，它们都统一采用 64 位浮点数进行存储。

虽然它们存储数据的方式是一致的，但是在进行数值运算时，却会表现出明显的差异性。整数参与运算时，得到的结果往往会和我们所想的一样，例如下面的代码。

```
// 加法
1 + 2 = 3
7 + 1 = 8

// 减法
15 - 12 = 3
3 - 2 = 1

// 乘法
```

```
7 * 180 = 1260
97 * 100 = 9700

// 除法
3 / 1 = 3
69 / 10 = 6.9
```

而对于浮点型运算，有时却会出现一些意想不到的结果，如下面的代码所示。

```
// 加法
0.1 + 0.2 = 0.30000000000000004
0.7 + 0.1 = 0.7999999999999999

// 减法
1.5 - 1.2 = 0.30000000000000004
0.3 - 0.2 = 0.09999999999999998

// 乘法
0.7 * 180 = 125.99999999999999
9.7 * 100 = 969.9999999999999

// 除法
0.3 / 0.1 = 2.9999999999999996
0.69 / 10 = 0.0689999999999999
```

得到这样的结果，大家是不是觉得很奇怪呢？0.1 + 0.2 为什么不是等于 0.3，而是等于 0.30000000000000004 呢？接下来我们一探究竟。

1. 问题原因

首先我们来看看一个浮点型数在计算机中的表示，它总共长度是 64 位，其中最高位为符号位，接下来的 11 位为指数位，最后的 52 位为小数位，即有效数字的部分。

- 第0位：符号位sign表示数的正负，0表示正数，1表示负数。
- 第1位到第11位：存储指数部分，用e表示。
- 第12位到第63位：存储小数部分（即有效数字），用f表示，如图1-1所示。

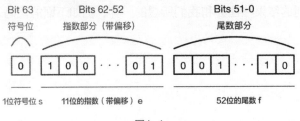

图1-1

因为浮点型数使用 64 位存储时，最多只能存储 52 位的小数位，对于一些存在无限循环的小数位浮点数，会截取前 52 位，从而丢失精度，所以会出现上面实例中的结果。

2．计算过程

接下来以 0.1 + 0.2 = 0.30000000000000004 的运算为例，看看为什么会得到这个计算结果。

首先将各个浮点数的小数位按照"乘 2 取整，顺序排列"的方法转换成二进制表示。

具体做法是用 2 乘以十进制小数，得到积，将积的整数部分取出；然后再用 2 乘以余下的小数部分，又得到一个积；再将积的整数部分取出，如此推进，直到积中的小数部分为零为止。

然后把取出的整数部分按顺序排列起来，先取的整数作为二进制小数的高位有效位，后取的整数作为低位有效位，得到最终结果。

0.1 转换为二进制表示的计算过程如下。

```
0.1 * 2 = 0.2 // 取出整数部分 0

0.2 * 2 = 0.4 // 取出整数部分 0

0.4 * 2 = 0.8 // 取出整数部分 0

0.8 * 2 = 1.6 // 取出整数部分 1

0.6 * 2 = 1.2 // 取出整数部分 1

0.2 * 2 = 0.4 // 取出整数部分 0

0.4 * 2 = 0.8 // 取出整数部分 0

0.8 * 2 = 1.6 // 取出整数部分 1

0.6 * 2 = 1.2 // 取出整数部分 1
```

1.2 取出整数部分 1 后，剩余小数为 0.2，与这一轮运算的第一位相同，表示这将是一个无限循环的计算过程。

```
0.2 * 2 = 0.4 // 取出整数部分 0

0.4 * 2 = 0.8 // 取出整数部分 0

0.8 * 2 = 1.6 // 取出整数部分 1

0.6 * 2 = 1.2 // 取出整数部分 1
...
```

因此 0.1 转换成二进制表示为 0.0 0011 0011 0011 0011 0011 0011……（无限循环）。

同理对 0.2 进行二进制的转换，计算过程与上面类似，直接从 0.2 开始，相比于 0.1，少了第一位的 0，其余位数完全相同，结果为 0.0011 0011 0011 0011 0011 0011……（无限循环）。

将 0.1 与 0.2 相加，然后转换成 52 位精度的浮点型表示。

```
  0.0001 1001 1001 1001 1001 1001 1001 1001 1001 1001 1001 1001 1001      (0.1)
+ 0.0011 0011 0011 0011 0011 0011 0011 0011 0011 0011 0011 0011 0011      (0.2)
= 0.0100 1100 1100 1100 1100 1100 1100 1100 1100 1100 1100 1100 1100
```

得到的结果为 0.0100 1100 1100 1100 1100 1100 1100 1100 1100 1100 1100 1100 1100，转换成十进制值为 0.30000000000000004。

3. 解决方案

通过上面详细的讲解，相信大家已经了解了对浮点数进行运算时会存在的问题，那么我们该如何解决呢？

这里提供一种方法，主要思路是将浮点数先乘以一定的数值转换为整数，通过整数进行运算，然后将结果除以相同的数值转换成浮点数后返回。

下面提供一套用于做浮点数加减乘除运算的代码。

```javascript
const operationObj = {
    /**
     * 处理传入的参数，不管传入的是数组还是以逗号分隔的参数都处理为数组
     * @param args
     * @returns {*}
     */
    getParam(args) {
        return Array.prototype.concat.apply([], args);
    },

    /**
     * 获取每个数的乘数因子，根据小数位数计算
     * 1.首先判断是否有小数点，如果没有，则返回1;
     * 2.有小数点时，将小数位数的长度作为 Math.pow() 函数的参数进行计算
     * 例如 2 的乘数因子为 1, 2.01 的乘数因子为 100
     * @param x
     * @returns {number}
     */
    multiplier(x) {
        let parts = x.toString().split('.');
        return parts.length < 2 ? 1 : Math.pow(10, parts[1].length);
    },

    /**
     * 获取多个数据中最大的乘数因子
     * 例如 1.3 的乘数因子为 10, 2.13 的乘数因子为 100
     * 则 1.3 和 2.13 的最大乘数因子为 100
     * @returns {*}
     */
    correctionFactor() {
```

18

```
        let args = Array.prototype.slice.call(arguments);
        let argArr = this.getParam(args);
        return argArr.reduce((accum, next) => {
            let num = this.multiplier(next);
            return Math.max(accum, num);
        }, 1);
    },


    /**
     * 加法运算
     * @param args
     * @returns {number}
     */
    add(...args) {
        let calArr = this.getParam(args);
        // 获取参与运算值的最大乘数因子
        let corrFactor = this.correctionFactor(calArr);
        let sum = calArr.reduce((accum, curr) => {
            // 将浮点数乘以最大乘数因子，转换为整数参与运算
            return accum + Math.round(curr * corrFactor);
        }, 0);
        // 除以最大乘数因子
        return sum / corrFactor;
    },


    /**
     * 减法运算
     * @param args
     * @returns {number}
     */
    subtract(...args) {
        let calArr = this.getParam(args);
        let corrFactor = this.correctionFactor(calArr);
        let diff = calArr.reduce((accum, curr, curIndex) => {
            // reduce() 函数在未传入初始值时，curIndex 从 1 开始，第一位参与运算的值需要
            // 乘以最大乘数因子
            if (curIndex === 1) {
                return Math.round(accum * corrFactor) - Math.round(curr * corrFactor);
            }
            // accum 作为上一次运算的结果，就无须再乘以最大因子
            return Math.round(accum) - Math.round(curr * corrFactor);
        });
        // 除以最大乘数因子
        return diff / corrFactor;
    },
```

```
    /**
     * 乘法运算
     * @param args
     * @returns {*}
     */
    multiply(...args) {
        let calArr = this.getParam(args);
        let corrFactor = this.correctionFactor(calArr);
        calArr = calArr.map((item) => {
            // 乘以最大乘数因子
            return item * corrFactor;
        });
        let multi = calArr.reduce((accum, curr) => {
            return Math.round(accum) * Math.round(curr);
        }, 1);
        // 除以最大乘数因子
        return multi / Math.pow(corrFactor, calArr.length);
    },

    /**
     * 除法运算
     * @param args
     * @returns {*}
     */
    divide(...args) {
        let calArr = this.getParam(args);
        let quotient = calArr.reduce((accum, curr) => {
            let corrFactor = this.correctionFactor(accum, curr);
            // 同时转换为整数参与运算
            return Math.round(accum * corrFactor) / Math.round(curr * corrFactor);
        });

        return quotient;
    }
};
```

接下来我们通过以下这些代码对加减乘除运算分别做测试，运算结果和我们期望的一致。

```
console.log(operationObj.add(0.1, 0.7));       // 0.8
console.log(operationObj.subtract(0.3, 0.2)); // 0.1
console.log(operationObj.multiply(0.7, 180)); // 126
console.log(operationObj.divide(0.3, 0.1));   // 3
```

▶1.3 String类型详解

JavaScript 中的 String 类型（字符串类型）既可以通过双引号 "" 表示，也可以通过单引

号 " 表示，而且是完全等效的，这点与 Java、PHP 等语言在字符串的处理上是不同的。

在程序处理时，我们同样不可避免地会遇到将其他类型转换为 String 类型的场景。如果是引用类型的数据，则在转换时总是会调用 toString() 函数，得到不同类型值的字符串表示；如果是基本数据类型，则会直接将字面值转换为字符串表示形式。

例如 null 值和 undefined 值转换为字符串时，会直接返回字面值，分别是 "null" 和 "undefined"。

在将某个数据转换为字符串时，有一个简单的方法是直接使用加号（＋）拼接一个空字符串（""）。

```
console.log(123 + '');    // '123'
console.log([1, 2, 3] + '');  // '1,2,3'
console.log(true + '');   // 'true'
```

1.3.1　String类型的定义与调用

在 JavaScript 中，有 3 种定义字符串的方式，分别是字符串字面量，直接调用 String() 函数与 new String() 构造函数。

1. 字符串字面量

字符串字面量就是直接通过单引号或者双引号定义字符串的方式。

需要注意的是，在 JavaScript 中，单引号和双引号是等价的，都可以用来定义字符串，只不过使用单引号开头的字符串就要使用单引号结尾，使用双引号开头的字符串就要使用双引号结尾。

```
var str = 'hello JavaScript';  // 正确写法
var str2 = "hello html";       // 正确写法
var str = 'hello css";         // 错误写法，首尾符号不一样
```

2. 直接调用String()函数

直接调用 String() 函数，会将传入的任何类型的值转换成字符串类型，在转换时遵循的规则如下。

① 如果是 Number 类型的值，则直接转换成对应的字符串。

```
String(123);    // '123'
String(123.12);  // '123.12'
```

② 如果是 Boolean 类型的值，则直接转换成 'true' 或者 'false'.

```
String(true);  // 'true'
String(false); // 'false'
```

③ 如果值为 null，则返回字符串 'null' ;

```
String(null);  // 'null'
```

④ 如果值为 undefined，则返回字符串 'undefined'；

```
String(undefined); // 'undefined'
```

⑤ 如果值为字符串，则直接返回字符串本身；

```
String('this is a string');  // 'this is a string'
```

⑥ 如果值为引用类型，则会先调用 toString() 函数获取返回值，将返回值按照上述步骤①~⑤判断能否转换字符串类型，如果都不满足，则会调用对象的 valueOf() 函数获取返回值，并将返回值重新按照步骤①~⑤判断能否转换成字符串类型，如果也不满足，则会抛出类型转换的异常。

以下是通过 toString() 函数将对象正确转换成 String 类型的示例。

```
var obj = {
    age: 21,
    valueOf: function () {
        return this.age;
    },
    toString: function () {
        return 'good';
    }
};

String(obj);  // 'good'
```

以下是通过 valueOf() 函数将对象正确转换成 String 类型的示例。

```
var obj = {
    age: '21',
    valueOf: function () {
        return this.age;
    },
    toString: function () {
        return [];
    }
};

String(obj);  // '21'
```

如果 toString() 函数和 valueOf() 函数返回的都是对象类型而无法转换成原生类型时，则会抛出类型转换的异常。

```
var obj = {
    age: '21',
    valueOf: function () {
```

```
        return [];
    },
    toString: function () {
        return [];
    }
};

String(obj);  // 抛出异常 TypeError: Cannot convert object to primitive value
```

3. new String()构造函数

new String() 构造函数使用 new 运算符生成 String 类型的实例，对于传入的参数同样采用和上述 String() 函数一样的类型转换策略，最后的返回值是一个 String 类型对象的实例。

```
new String('hello JavaScript'); // String {"hello JavaScript"}
```

4. 三者在作比较时的区别

使用第一种字符串字面量方式和第二种直接调用 String() 函数的方式得到的字符串都是基本字符串，而通过第三种方式，new 运算符生成的字符串是字符串对象。

基本字符串在作比较时，只需要比较字符串的值即可；而在比较字符串对象时，比较的是对象所在的地址。

我们看看以下用来测试相等的实例。

```
var str = 'hello';
var str2 = String(str);
var str3 = String('hello');
var str4 = new String(str);
var str5 = new String(str);
var str6 = new String('hello');

str === str2;  // true
str2 === str3;  // true
str3 === str4;  // false
str4 === str5;  // false
str5 === str6;  // false
```

首先对于 str、str2 和 str3，因为都是基本字符串，只需要比较字符串的值即可，三者字符串值都为 'hello'，所以三者是互相严格相等的。

```
str === str2;  // true
str2 === str3;  // true
```

其次，对于 str4、str5 和 str6，因为是使用 new 运算符生成的 String 类型的实例，所以在比较时需要判断变量是否指向同一个对象，即内存地址是否相同，很明显 str4、str5、str6 都是在内存中新生成的地址，彼此各不相同。

```
str4 !== str5;  // true
str5 !== str6;  // true
str4 !== str6;  // true
```

同样，对于基本字符串和字符串对象的比较，在判断严格相等时，也会返回"false"。

```
str === str4;   // false
str2 === str4;  // false
```

5. 函数的调用

在 String 对象的原型链上有一系列的函数，例如 indexOf() 函数、substring() 函数、slice() 函数等，通过 String 对象的实例可以调用这些函数做字符串的处理。

但是我们发现，采用字面量方式定义的字符串没有通过 new 运算符生成 String 对象的实例也能够直接调用原型链上的函数。

```
'hello'.indexOf('e');   // 1
'hello'.substring(1);   // 'ello'
'hello'.slice(1);       // 'ello'
```

这是为什么呢？

实际上基本字符串本身是没有字符串对象的函数，而在基本字符串调用字符串对象才有的函数时，JavaScript 会自动将基本字符串转换为字符串对象，形成一种包装类型，这样基本字符串就可以正常调用字符串对象的方法了。

基本字符串和字符串对象在经过 eval() 函数处理时，会产生不同的结果。

eval() 函数会将基本字符串作为源代码处理，如果涉及表达式会直接进行运算，返回运算后的结果；而字符串对象则会被看作对象处理，返回对象本身。

```
var s1 = '2 + 2';                 // 创建一个字符串字面量
var s2 = new String('2 + 2');     // 创建一个对象字符串
console.log(eval(s1));            // 4
console.log(eval(s2));            // String {"2 + 2"}
```

通过实例可以看出，在使用 eval() 函数处理字符串字面量时，进行了 2 + 2 = 4 的算术运算，并返回"4"；而使用 eval() 函数处理对象字符串时，会将 '2 + 2' 看成是一个对象，而不会进行运算，直接输出字符串本身。

1.3.2 String类型常见算法

在本小节中我们将会一起学习 String 类型中常见的算法，学习完本小节后，相信大家不仅能对 String 类型常见算法有更加详细的了解，在算法设计方面也会有一定的提高。

1. 字符串逆序输出

字符串的逆序输出就是将一个字符串以相反的顺序进行输出。

真实场景如下所示。

给定一个字符串 'abcdefg'，执行一定的算法后，输出的结果为 'gfedcba'。

针对这个场景，以下总结出了 5 种不同的处理函数。

算法 1

算法 1 的主要思想是借助数组的 reverse() 函数。

首先将字符串转换为字符数组，然后通过调用数组原生的 reverse() 函数进行逆序，得到逆序数组后再通过调用 join() 函数得到逆序字符串。

通过上述的思路，我们得到下面的代码。

```
// 算法1：借助数组的 reverse() 函数
function reverseString1(str) {
    return str.split('').reverse().join('');
}
```

然后通过以下的代码进行测试。

```
var str = 'abcdefg';
console.log(reverseString1(str));
```

输出的结果为 "gfedcba"，符合预期。

算法 2

算法 2 的主要思想是利用字符串本身的 charAt() 函数。

从尾部开始遍历字符串，然后利用 charAt() 函数获取字符并逐个拼接，得到最终的结果。charAt() 函数接收一个索引数字，返回该索引位置对应的字符。

通过上述的思路，我们得到下面的代码。

```
// 算法2：利用 charAt() 函数
function reverseString2(str) {
    var result = '';
    for(var i = str.length - 1; i >= 0; i--){
        result += str.charAt(i);
    }
    return result;
}
```

然后通过以下的代码进行测试。

```
var str = 'abcdefg';
console.log(reverseString2(str));
```

输出的结果为 "gfedcba"，符合预期。

算法 3

算法 3 的主要思想是通过递归实现逆序输出，与算法 2 的处理类似。

递归从字符串最后一个位置索引开始，通过 charAt() 函数获取一个字符，并拼接到结果字符串中，递归结束的条件是位置索引小于 0。

通过上述的思路，我们得到下面的代码。

```
// 算法 3：递归实现
function reverseString3(strIn,pos,strOut){
    if(pos<0)
       return strOut;
    strOut += strIn.charAt(pos--);
    return reverseString3(strIn,pos,strOut);
}
```

然后通过以下的代码进行测试。

```
var str = 'abcdefg';
var result = '';
console.log(reverseString3(str, str.length - 1, result));
```

输出的结果为"gfedcba"，符合预期。

算法 4

算法 4 的主要思想是通过 call() 函数来改变 slice() 函数的执行主体。

调用 call() 函数后，可以让字符串具有数组的特性，在调用未传入参数的 slice() 函数后，得到的是一个与自身相等的数组，从而可以直接调用 reverse() 函数，最后再通过调用 join() 函数，得到逆序字符串。

通过上述思路，我们得到下面的代码。

```
// 算法 4：利用 call() 函数
function reverseString4(str) {
    // 改变 slice() 函数的执行主体，得到一个数组
    var arr = Array.prototype.slice.call(str);
    // 调用 reverse() 函数逆序数组
    return arr.reverse().join('');
}
```

然后通过以下的代码进行测试。

```
var str = 'abcdefg';
console.log(reverseString4(str));
```

输出的结果为"gfedcba"，符合预期。

算法 5

算法 5 的主要思想是借助栈的先进后出原则。

由于 JavaScript 并未提供栈的实现，我们首先需要实现一个栈的数据结构，然后在栈中添加插入和弹出的函数，利用插入和弹出方法的函数字符串逆序。

首先，我们来看下基本数据结构——栈的实现。通过一个数组进行数据存储，通过一个

top 变量记录栈顶的位置，随着数据的插入和弹出，栈顶位置动态变化。

栈的操作包括两种，分别是出栈和入栈。出栈时，返回栈顶元素，即数组中索引值最大的元素，然后 top 变量减 1；入栈时，往栈顶追加元素，然后 top 变量加 1。

```javascript
// 栈
function Stack() {
    this.data = []; // 保存栈内元素
    this.top = 0;    // 记录栈顶位置
}
// 原型链增加出栈、入栈方法
Stack.prototype = {
    // 入栈：先在栈顶添加元素，然后元素个数加 1
    push: function push(element) {
        this.data[this.top++] = element;
    },
    // 出栈：先返回栈顶元素，然后元素个数减 1
    pop: function pop() {
        return this.data[--this.top];
    },
    // 返回栈内的元素个数，即长度
    length: function () {
        return this.top;
    }
};
```

然后通过自定义实现的栈来实现字符串的逆序输出。

```javascript
// 算法 5：自定义栈实现
function reverseString5(str) {
    // 创建一个栈的实例
    var s = new Stack();
    // 将字符串转成数组
    var arr = str.split('');
    var len = arr.length;
    var result = '';
    // 将元素压入栈内
    for(var i = 0; i < len; i++){
        s.push(arr[i]);
    }
    // 输出栈内元素
    for(var j = 0; j < len; j++){
        result += s.pop(j);
    }
    return result;
}
```

再通过以下的代码进行测试。

```
var str = 'abcdefg';
console.log(reverseString5(str));
```

输出的结果为"gfedcba",符合预期。

虽然从表面上看,我们为了实现字符串逆序输出,用很多代码自定义实现了一个栈,这看似有点大材小用,但我们却不能否认栈在其他方面所带来的巨大作用。大家可以通过此实例加深对栈的理解。

2. 统计字符串中出现次数最多的字符及出现的次数

真实场景如下所示。

假如存在一个字符串 'helloJavascripthellohtmlhellocss',其中出现次数最多的字符是l,出现的次数是 7 次。

针对这个场景,以下总结出了 5 种不同的处理算法。

算法 1

算法 1 的主要思想是通过 key-value 形式的对象来存储字符串以及字符串出现的次数,然后逐个判断出现次数最大值,同时获取对应的字符,具体实现如下。

- 首先通过key-value形式的对象来存储数据,key表示不重复出现的字符,value表示该字符出现的次数。
- 然后遍历字符串的每个字符,判断是否出现在key中。如果在,直接将对应的value值加1;如果不在,则直接新增一组key-value,value值为1。
- 得到key-value对象后,遍历该对象,逐个比较value值的大小,找出其中最大的值并记录key-value,即获得最终想要的结果。

通过以上的分析,可以得到如下的代码。

```
// 算法1
function getMaxCount(str) {
    var json = {};
    // 遍历 str 的每一个字符得到 key-value 形式的对象
    for (var i = 0; i < str.length; i++) {
        // 判断 json 中是否有当前 str 的值
        if (!json[str.charAt(i)]) {
            // 如果不存在,就将当前值添加到 json 中去
            json[str.charAt(i)] = 1;
        } else {
            // 如果存在,则让 value 值加 1
            json[str.charAt(i)]++;
        }
    }
    // 存储出现次数最多的值和出现次数
    var maxCountChar = '';
    var maxCount = 0;
    // 遍历 json 对象,找出出现次数最大的值
```

```
        for (var key in json) {
            // 如果当前项大于下一项
            if (json[key] > maxCount) {
                // 就让当前值更改为出现最多次数的值
                maxCount = json[key];
                maxCountChar = key;
            }
        }
        // 最终返回出现最多的值以及出现次数
        return '出现最多的值是' + maxCountChar + '，出现次数为' + maxCount;
}

var str = 'helloJavaScripthellohtmlhellocss';
getMaxCount(str); // '出现最多的值是1，出现次数为7'
```

通过上面的测试，结果符合预期。

算法2

算法2同样会借助于key-value形式的对象来存储字符与字符出现的次数，但是在运算上有所差别。

- 首先通过key-value形式的对象来存储数据，key表示不重复出现的字符，value表示该字符出现的次数。
- 然后将字符串处理成数组，通过forEach()函数遍历每个字符。在处理之前需要先判断当前处理的字符是否已经在key-value对象中，如果已经存在则表示已经处理过相同的字符，则无须处理；如果不存在，则会处理该字符item。
- 通过split()函数传入待处理字符，可以得到一个数组，该数组长度减1即为该字符出现的次数。
- 获取字符出现的次数后，立即与表示出现最大次数和最大次数对应的字符变量maxCount和maxCountChar相比，如果比maxCount大，则将值写入key-value对象中，并动态更新maxCount和maxCountChar的值，直到最后一个字符处理完成。
- 最后得到的结果即maxCount和maxCountChar两个值。

通过以上的描述，可以得到如下的代码。

```
// 算法2
function getMaxCount2(str) {
    var json = {};
    var maxCount = 0, maxCountChar = '';
    str.split('').forEach(function (item) {
        // 判断json对象中是否有对应的key
        if (!json.hasOwnProperty(item)) {
            // 当前字符出现的次数
            var number = str.split(item).length - 1;
            // 直接与出现次数最大值比较，并进行更新
```

```
                  if(number > maxCount) {
                       // 写入 json 对象
                       json[item] = number;
                       // 更新 maxCount 与 maxCountChar 的值
                       maxCount = number;
                       maxCountChar = item;
                  }
              }
       });

       return '出现最多的值是 ' + maxCountChar + ', 出现次数为 ' + maxCount;
}

var str = 'helloJavaScripthellohtmlhellocss';
getMaxCount2(str); // '出现最多的值是 l, 出现次数为 7'
```

通过上面的测试，结果符合预期。

算法 3

算法 3 的主要思想是对字符串进行排序，然后通过 lastIndexOf() 函数获取索引值后，判断索引值的大小以获取出现的最大次数。

- 首先将字符串处理成数组，调用 sort() 函数进行排序，处理成字符串。
- 然后遍历每个字符，通过调用 lastIndexOf() 函数，确定每个字符出现的最后位置，然后减去当前遍历的索引，就可以确定该字符出现的次数。
- 确定字符出现的次数后，直接与次数最大值变量 maxCount 进行比较，如果比 maxCount 大，则直接更新 maxCount 的值，并同步更新 maxCountChar 的值；如果比 maxCount 小，则不做任何处理。
- 计算完成后，将索引值设置为字符串出现的最后位置，进行下一轮计算，直到处理完所有字符。

通过以上的描述，可以得到如下的代码。

```
// 算法 3
function getMaxCount3(str) {
    // 定义两个变量，分别表示出现最大次数和对应的字符
    var maxCount = 0, maxCountChar = '';
    // 先处理成数组，调用 sort() 函数排序，再处理成字符串
    str = str.split('').sort().join('');
    for (var i = 0, j = str.length; i < j; i++) {
        var char = str[i];
        // 计算每个字符串出现的次数
        var charCount = str.lastIndexOf(char) - i + 1;
        // 与次数最大值作比较
        if (charCount > maxCount) {
            // 更新 maxCount 和 maxCountChar 的值
```

```
            maxCount = charCount;
            maxCountChar = char;
        }
        // 变更索引为字符出现的最后位置
        i = str.lastIndexOf(char);
    }
    return '出现最多的值是' + maxCountChar + ',出现次数为' + maxCount;
}

var str = 'helloJavaScripthellohtmlhellocss';
getMaxCount3(str);  // '出现最多的值是1,出现次数为7'
```

通过上面的测试,结果符合预期。

算法 4

算法 4 的主要思想是将字符串进行排序,然后通过正则表达式将字符串进行匹配拆分,将相同字符组合在一起,最后判断字符出现的次数。

- 首先将字符串处理成数组,调用sort()函数进行排序,处理成字符串。
- 然后设置正则表达式reg,对字符串使用match()函数进行匹配,得到一个数组,数组中的每个成员是相同的字符构成的字符串。
- 遍历数组,依次将成员字符串长度值与maxCount值进行比较,动态更新maxCount与maxCountChar的值,直到数组所有元素处理完成。

通过以上的描述,可以得到如下的代码。

```
// 算法 4
function getMaxCount4(str) {
    // 定义两个变量,分别表示出现最大次数和对应的字符
    var maxCount = 0, maxCountChar = '';
    // 先处理成数组,调用 sort() 函数排序,再处理成字符串
    str = str.split('').sort().join('');
    // 通过正则表达式将字符串处理成数组(数组每个元素为相同字符构成的字符串)
    var arr = str.match(/(\w)\1+/g);
    for (var i = 0; i < arr.length; i++) {
        // length 表示字符串出现的次数
        var length = arr[i].length;
        // 与次数最大值作比较
        if (length > maxCount) {
            // 更新 maxCount 和 maxCountChar
            maxCount = length;
            maxCountChar = arr[i][0];
        }
    }
    return '出现最多的值是' + maxCountChar + ',出现次数为' + maxCount;
}
```

```
var str = 'helloJavaScripthellohtmlhellocss';
getMaxCount4(str);  // '出现最多的值是l, 出现次数为7'
```

通过上面的测试，结果符合预期。

在本算法中，使用到了正则表达式 /(\w)\1+/g，其中 \1 表示的是 (\w) 匹配的内容，而 \w 表示的是匹配字符、数字、下画线，(\w)\1+ 正则的目的是匹配重复出现的字符。

算法 5

算法 5 的主要思想是借助 replace() 函数，主要实现方式如下。

- 通过while循环处理，跳出while循环的条件是字符串长度为0。
- 在while循环中，记录原始字符串的长度originCount，用于后面做长度计算处理。
- 获取字符串第一个字符char，通过replace()函数将char替换为空字符串''，得到一个新的字符串，它的长度remainCount相比于originCount会小，其中的差值 originCount − remainCount即为该字符出现的次数。
- 确定字符出现的次数后，直接与maxCount进行比较，如果比maxCount大，则直接更新maxCount的值，并同步更新maxCountChar的值；如果比maxCount小，则不做任何处理。
- 处理至跳出while循环，得到最终结果。

通过以上的描述，可以得到如下的代码。

```
// 算法5
function getMaxCount5(str) {
    // 定义两个变量，分别表示出现最大次数和对应的字符
    var maxCount = 0, maxCountChar = '';
    while (str) {
        // 记录原始字符串的长度
        var originCount = str.length;
        // 当前处理的字符
        var char = str[0];
        var reg = new RegExp(char, 'g');
        // 使用 replace() 函数替换处理的字符为空字符串
        str = str.replace(reg, '');
        var remainCount = str.length;
        // 当前字符出现的次数
        var charCount = originCount - remainCount;
        // 与次数最大值作比较
        if (charCount > maxCount) {
            // 更新 maxCount 和 maxCountChar 的值
            maxCount = charCount;
            maxCountChar = char;
        }
    }
    return '出现最多的值是' + maxCountChar + ', 出现次数为' + maxCount;
}
```

```
var str = 'helloJavaScripthellohtmlhellocss';
getMaxCount5(str);   // '出现最多的值是l，出现次数为7'
```

通过上面的测试，结果符合预期。

3. 去除字符串中重复的字符

真实场景如下所示。

假如存在一个字符串 'helloJavaScripthellohtmlhellocss'，其中存在大量的重复字符，例如 h、e、l 等，去除重复的字符，只保留一个，得到的结果应该是 'heloJavscriptm'。

针对这个场景，以下总结出了3种不同的处理算法。

算法 1

算法 1 的主要思想是使用 key-value 类型的对象存储，key 表示唯一的字符，处理完后将所有的 key 拼接在一起即可得到去重后的结果。

- 首先通过key-value形式的对象来存储数据，key表示不重复出现的字符，value为boolean类型的值，为true则表示字符出现过。
- 然后遍历字符串，判断当前处理的字符是否在对象中，如果在，则不处理；如果不在，则将该字符添加到结果数组中。
- 处理完字符串后，得到一个数组，转换为字符串后即可获得最终需要的结果。

通过以上的描述，可以得到如下的代码。

```
// 算法 1
function removeDuplicateChar1(str) {
    // 结果数组
    var result = [];
    // key-value 形式的对象
    var json = {};
    for (var i = 0; i < str.length; i++) {
        // 当前处理的字符
        var char = str[i];
        // 判断是否在对象中
        if(!json[char]) {
            // value 值设置为 false
            json[char] = true;
            // 添加至结果数组中
            result.push(char);
        }
    }
    return result.join('');
}

var str = 'helloJavaScripthellohtmlhellocss';
removeDuplicateChar1(str);  // 'heloJavscriptm'
```

通过上面的测试，结果符合预期。

算法 2

算法 2 的主要思想是借助数组的 filter() 函数，然后在 filter() 函数中使用 indexOf() 函数判断。

- 通过 call() 函数改变 filter() 函数的执行体，让字符串可以直接执行 filter() 函数。
- 在自定义的 filter() 函数回调中，通过 indexOf() 函数判断其第一次出现的索引位置，如果与 filter() 函数中的 index 一样，则表示第一次出现，符合条件则 return 出去。这就表示只有第一次出现的字符会被成功过滤出来，而其他重复出现的字符会被忽略掉。
- filter() 函数返回的结果便是已经去重的字符数组，将其转换为字符串输出即为最终需要的结果。

通过以上的描述，可以得到如下的代码。

```javascript
// 算法 2
function removeDuplicateChar2(str) {
    // 使用 call() 函数改变 filter 函数的执行主体
    let result = Array.prototype.filter.call(str, function (char, index, arr) {
        // 通过 indexOf() 函数与 index 的比较，判断是否是第一次出现的字符
        return arr.indexOf(char) === index;
    });
    return result.join('');
}

var str = 'helloJavaScripthellohtmlhellocss';
removeDuplicateChar2(str);  // 'heloJavscriptm'
```

通过上面的测试，结果符合预期。

借助于 ES6 的语法，以上方法体的执行代码还可以简写成一行的形式。

```javascript
return Array.prototype.filter.call(str, (char, index, arr) => arr.indexOf
(char) === index).join('');
```

算法 3

算法 3 的主要思想是借助 ES6 中的 Set 数据结构，Set 具有自动去重的特性，可以直接将数组元素去重。

- 将字符串处理成数组，然后作为参数传递给 Set 的构造函数，通过 new 运算符生成一个 Set 的实例。
- 将 Set 通过扩展运算符（...）转换成数组形式，最终转换成字符串获得需要的结果。

通过以上的描述，可以得到如下的代码。

```javascript
// 算法 3
function removeDuplicateChar3(str) {
    // 字符串转换的数组作为参数，生成 Set 的实例
    let set = new Set(str.split(''));
```

```
    // 将 set 重新处理为数组，然后转换成字符串
    return [...set].join('');
}

var str = 'helloJavaScripthellohtmlhellocss';
removeDuplicateChar3(str);  // 'heloJavscriptm'
```

通过上面的测试，结果符合预期。

4. 判断一个字符串是否为回文字符串

回文字符串是指一个字符串正序和倒序是相同的，例如字符串 'abcdcba' 是一个回文字符串，而字符串 'abcedba' 则不是一个回文字符串。

需要注意的是，这里不区分字符大小写，即 a 与 A 在判断时是相等的。

真实的场景如下。

给定两个字符串 'abcdcba' 和 'abcedba'，经过一定的算法处理，分别会返回"true"和"false"。

针对这个场景，以下总结出了 3 种不同的处理算法。

算法 1

算法 1 的主要思想是将字符串按从前往后顺序的字符与按从后往前顺序的字符逐个进行比较，如果遇到不一样的值则直接返回"false"，否则返回"true"。

```
// 算法1
function isPalindromicStr1(str) {
    // 空字符则直接返回"true"
    if (!str.length) {
        return true;
    }
    // 统一转换成小写，同时转换成数组
    str = str.toLowerCase().split('');
    var start = 0, end = str.length - 1;
    // 通过 while 循环判断正序和倒序的字母
    while(start < end) {
        // 如果相等则更改比较的索引
        if(str[start] === str[end]) {
            start++;
            end--;
        } else {
            return false;
        }
    }
    return true;
}

var str1 = 'abcdcba';
var str2 = 'abcedba';
```

```
isPalindromicStr1(str1);  // true
isPalindromicStr1(str2);  // false
```

通过上面的测试，结果符合预期。

算法 2

算法 2 与算法 1 的主要思想相同，将正序和倒序的字符逐个进行比较，与算法 1 不同的是，算法 2 采用递归的形式实现。

递归结束的条件有两种情况，一个是当字符串全部处理完成，此时返回"true"；另一个是当遇到首字符与尾字符不同，此时返回"false"。而其他情况会依次进行递归处理。

```
// 算法 2
function isPalindromicStr2(str) {
    // 字符串处理完成，则返回"true"
    if(!str.length) {
        return true;
    }
    // 字符串统一转换成小写
    str = str.toLowerCase();
    let end = str.length - 1;
    // 当首字符和尾字符不同，直接返回"false"
    if(str[0] !== str[end]) {
        return false;
    }
    // 删掉字符串首尾字符，进行递归处理
    return isPalindromicStr2(str.slice(1, end));
}

var str1 = 'abcdcba';
var str2 = 'abcedba';

isPalindromicStr2(str1);  // true
isPalindromicStr2(str2);  // false
```

通过上面的测试，结果符合预期。

算法 3

算法 3 的主要思想是将字符串进行逆序处理，然后与原来的字符串进行比较，如果相等则表示是回文字符串，否则不是回文字符串。

```
// 算法 3
function isPalindromicStr3(str) {
    // 字符串统一转换成小写
    str = str.toLowerCase();
    // 将字符串转换成数组
    var arr = str.split('');
    // 将数组逆序并转换成字符串
```

```
    var reverseStr = arr.reverse().join('');
    return str === reverseStr;
}

var str1 = 'abcdcba';
var str2 = 'abcedba';

isPalindromicStr3(str1);  // true
isPalindromicStr3(str2);  // false
```

通过上面的测试，结果符合预期。

1.4　运算符

在 JavaScript 中描述了一组用于操作数据值的运算符，包括算术运算符（加号、减号）、关系运算符（大于、小于）、等于运算符（双等于、三等于）、位运算符（与、或、非）等。

由于 JavaScript 是弱类型语言，因此在运算符的使用上更加灵活，接下来就对其中比较重要的一些运算符进行详细的讲解。

1.4.1　等于运算符

不同于其他编程语言，JavaScript 中相等的比较分为双等于（==）比较和三等于（===）比较。这是因为在 Java、C 等强类型语言中，一个变量在使用前必须声明变量类型，所以在比较的时候就无须判断变量类型，只需要有双等于即可。而 JavaScript 是弱类型语言，一个变量可以声明为任何类型的值，在比较时，采用的等于运算符不同，最后得到的结果也可能不同，具体表现如下。

- 双等于运算符在比较时，会将两端的变量进行隐式类型转换，然后比较值的大小。
- 三等于运算符在比较时，会优先比较数据类型，数据类型相同才去判断值的大小，如果类型不同则直接返回"false"。

对于不同类型的数据，在比较时需要遵循不同的规则。

1. 三等于运算符

① 如果比较的值类型不相同，则直接返回"false"。

```
1 === '1'; // false
true === 'true';  // false
```

需要注意的是，基本类型数据存在包装类型。在未使用 new 操作符时，简单类型的比较实际为值的比较，而使用了 new 操作符后，实际得到的是引用类型的值，在判断时会因为类型不同而直接返回"false"。

```
1 === Number(1);  // true
1 === new Number(1);  // false
```

```
'hello' === String('hello');  // true
'hello' === new String('hello'); // false
```

② 如果比较的值都是数值类型，则直接比较值的大小，相等则返回"true"，否则返回"false"。需要注意的是，如果参与比较的值中有任何一方为 NaN，则返回"false"。

```
23 === 23;   // true
34 === NaN;  // false
NaN === NaN; // false
```

③ 如果比较的值都是字符串类型，则判断每个位置的字符是否一样，如果一样则返回"true"，否则返回"false"。

```
'kingx' === 'kingx';   // true
'kingx' === 'kingx2';  // false
```

④ 如果比较的值都是 Boolean 类型，则两者同时为 true 或者 false 时，返回"true"，否则返回"false"。

```
false === false; // true
true === false;  // false
```

⑤ 如果比较的值都是 null 或者 undefined，则返回"true"；如果只有一方为 null 或者 undefined，则返回"false"。

```
null === null;   // true
undefined === undefined;   // true
null === undefined;   // false
```

⑥ 如果比较的值都是引用类型，则比较的是引用类型的地址，当两个引用指向同一个地址时，则返回"true"，否则返回"false"。

```
var a = [];
var b = a;
var c = [];
console.log(a === b); // true
console.log(a === c); // false
console.log({} === {}); // false
```

实际上，如果不是通过赋值运算符（=）将定义的引用类型的值赋予变量，那么引用类型的值在比较后都会返回"false"，所以我们会发现空数组或者空对象的直接比较返回的是"false"。

```
[] === []; // false
{} === {}; // false
```

引用类型变量的比较还有一个很明显的特点，即只要有一个变量是通过 new 操作符得到的，都会返回"false"，包括基本类型的包装类型。

```
'hello' === new String('hello');  // false
new String('hello') === new String('hello');  // false

// 函数对象类型
function Person(name) {
    this.name = name;
}
var p1 = new Person('zhangsan');
var p2 = new Person('zhangsan');
console.log(p1 === p2);  // false
```

2. 双等于运算符

相比于三等于运算符，双等于运算符在进行相等比较时，要略微复杂，因为它不区分数据类型，而且会做隐式类型转换。双等于运算符同样会遵循一些比较规则。

① 如果比较的值类型相同，则采用与三等于运算符一样的规则。

```
123 === 123;    // true
false == false; // true
[] == [];       // false
{} == {};       // false
```

② 如果比较的值类型不同，则会按照下面的规则进行转换后再进行比较。

• 如果比较的一方是null或者undefined，只有在另一方是null或者undefined的情况下才返回"true"，否则返回"false"。

```
null == undefined;      // true
null == 1;              // false
null == false;          // false
undefined == 0;         // false
undefined == false;     // false
```

• 如果比较的是字符串和数值类型数据，则会将字符串转换为数值后再进行比较，如果转换后的数值相等则返回"true"，否则返回"false"。

```
1 == '1';       // true
123 == '123';   // true
```

需要注意的是，如果字符串是十六进制的数据，会转换为十进制后再进行比较。

```
'0x15' == 21;   // true
```

字符串 '0x15' 实际为十六进制数，转换为十进制后为 $1 \times 16 + 5 = 21$，与 21 比较后返回"true"。

字符串并不支持八进制的数据，如果字符串以 0 开头，则 0 会直接省略，后面的值当作十进制返回。

```
'020' == 16;  // false
'020' == 20;  // true
```

'020'会被直接当作十进制处理，前面的0省略，得到的是20，然后与20比较后返回 "true"。

- 如果任一类型是boolean值，则会将boolean类型的值进行转换，true转换为1，false转换为0，然后进行比较。

```
'1' == true;    // true
'0' == false;   // true
'0.0' == false; // true
'true' == true; // false
```

上述代码中，true 会转换为 1，false 会转换为 0，字符串 '1' 会转换为 1，'0' 和 '0.0' 会转换为 0，然后进行比较。而字符串 'true' 不能正常转换为数字，最终转换为 NaN，所以 'true' 与 true 的比较会返回 "false"。

- 如果其中一个值是对象类型，另一个值是基本数据类型或者对象类型，则会调用对象的valueOf()函数或者toString()函数，将其转换成基本数据类型后再作比较，关于valueOf()函数和toString()函数会在1.5节中详细讲到。

1.4.2 typeof运算符

typeof 运算符用于返回操作数的数据类型，有以下两种使用形式。

```
typeof operand
typeof (operand)
```

其中 operand 表示需要返回数据类型的操作数，可以是引用类型，也可以是基本数据类型。

括号有的时候是必须的，如果不加上括号将会因为优先级的问题得不到我们想要的结果。

typeof 运算符在处理不同数据类型时会得到不同的结果，图 1-2 总结出了可能的返回值。

类型	结果
Undefined	"undefined"
Null	"object"
Boolean	"boolean"
Number	"number"
String	"string"
Symbol（ES6 新增）	"symbol"
函数对象	"function"
任何其他对象	"object"

图1-2

针对图 1-2 中不同的数据类型，下面总结了一些使用场景。

1. 处理Undefined类型的值

虽然 Undefined 类型的值只有一个 undefined，但是 typeof 运算符在处理以下 3 种值时都会返回 "undefined"。

- undefined本身。
- 未声明的变量。
- 已声明未初始化的变量。

```
var declaredButUndefinedVariable;
typeof undefined === 'undefined';        // true
typeof declaredButUndefinedVariable === 'undefined';  // true, 已声明未初始化的变量
typeof undeclaredVariable === 'undefined';  // true, 未声明的变量
```

2. 处理Boolean类型的值

Boolean 类型的值只有两个，分别是 true 和 false。typeof 运算符在处理这两个值以及它们的包装类型时都会返回 "boolean"，但是不推荐使用包装类型的写法。

```
typeof true === 'boolean';              // true
typeof false === 'boolean';             // true
typeof Boolean(true) === 'boolean';  // true, 不推荐这么写
```

3. 处理Number类型的值

对于 Number 类型的数据，可以概括为以下这些值，typeof 运算符在处理时会返回 "number"。

- 数字，如1、123、145。
- Number类型的静态变量，如Number.MAX_VALUE、Number.EPSILON等。
- Math对象的静态变量值，如Math.PI、Math.LN2（以e为底，2的对数）。
- NaN，虽然NaN是Not a Number的缩写，但它是Number类型的值。
- Infinity和-Infinity，表示的是无穷大和无穷小的数。
- 数值类型的包装类型，如Number(1)、Number(123)，虽然它们也会返回 "number"，但是并不推荐这么写。

通过上述的总结，我们可以快速完成以下这些测试。

```
typeof 37 === 'number';             // true
typeof 3.14 === 'number';           // true
typeof Math.LN2 === 'number';       // true
typeof Infinity === 'number';       // true
typeof NaN === 'number';            // true
typeof Number(1) === 'number';   // true, 不推荐这么写
```

4. 处理String类型的值

对于 String 类型的数据，可以概括为以下这些值，typeof 运算符在处理时会返回 "string"。

- 任何类型的字符串，包括空字符串和非空字符串。

- 返回值为字符串类型的表达式。
- 字符串类型的包装类型，例如String('hello')、String('hello' + 'world')，虽然它们也会返回"String"，但是并不推荐这么写。

通过上述的总结，我们可以快速完成以下这些测试。

```
typeof "" === 'string';              // true
typeof "bla" === 'string';           // true
typeof (typeof 1) === 'string';      // true，因为 typeof 会返回一个字符串
typeof String("abc") === 'string';   // true，不推荐这么写
```

5. 处理Symbol类型的值

Symbol 类型是在 ES6 中新增的原生数据类型，表示一个独一无二的值，typeof 运算符处理后得到的返回值为"symbol"。

```
typeof Symbol() === 'symbol';        // true
typeof Symbol('foo') === 'symbol';   // true
```

6. 处理Function类型的值

对于 Function 类型的数据，可以概括为以下这些值，typeof 运算符在处理时会返回"function"。

- 函数的定义，包括函数声明或者函数表达式两种形式。
- 使用class关键字定义的类，class是在ES6中新增的关键字，它不是一个全新的概念，原理依旧是原型继承，本质上仍然是一个Function。
- 某些内置对象的特定函数，例如Math.sin()函数、Number.isNaN()函数等。
- Function类型对象的实例，一般通过new关键字得到。

通过上述的总结，我们可以快速完成以下这些测试。

```
var foo = function () {};
function foo2() {}

typeof foo === 'function';           // true，函数表达式
typeof foo2 === 'function';          // true，函数声明
typeof class C{} === 'function';     // true
typeof Math.sin === 'function';      // true
typeof new Function() === 'function'; // true，new 操作符得到 Function 类型的实例
```

7. 处理Object类型的值

对于 Object 类型的数据，可以概括为以下这些值，typeof 运算符在处理时会返回"object"。

- 对象字面量形式，例如{name: 'kingx'}。
- 数组，例如[1，2，3]和Array(1，2，3)。
- 所有构造函数通过new操作符实例化后得到的对象，例如new Date()、new function(){}，但是new Function(){}除外。

- 通过new操作符得到的基本数据类型的包装类型对象，如new Boolean(true)、new Number(1)，但不推荐这么写。

细心的读者可能发现了，与基本数据类型的包装类型相关的部分，我们都有写"不推荐这么写"，这是为什么呢？

因为涉及包装类型时，使用了 new 操作符与没有使用 new 操作符得到的值在通过 typeof 运算符处理后得到的结果是不一样的，很容易让人混淆。

通过上述的总结，我们可以快速完成以下这些测试。

```javascript
typeof {a:1} === 'object';        // true，对象字面量
typeof [1, 2, 4] === 'object';    // true，数组
typeof new Date() === 'object';   // true，Date 对象的实例
// 下面的代码容易令人迷惑，不要使用！
typeof new Boolean(true) === 'object';   // true
typeof new Number(1) === 'object';       // true
typeof new String("abc") === 'object';   // true
```

typeof 运算符的使用在绝大部分情况下都是安全的，但是在 ES6 以后情况就不一样了。这里总结了使用 typeof 运算符时需要考虑的问题。

1. typeof运算符区分对待Object类型和Function类型

在 Nicholas C.Zakas 所著的《JavaScript 高级程序设计》一书中讲到，从技术角度讲，函数在 ECMAScript 中是对象，不是一种数据类型。然而，函数也确实有一些特殊的属性，因此通过 typeof 运算符来区分函数和其他对象是有必要的。

另外，在实际使用过程中，有必要区分 Object 类型和 Function 类型，而 typeof 运算符就能帮我们实现。

2. typeof运算符对null的处理

使用 typeof 运算符对 null 进行处理，返回的是"object"，这是一个让大家都感到惊讶的结果。因为 null 是一个原生类型的数据，为什么 typeof 运算符会返回"object"呢？

这是一个在 JavaScript 设计之初就存在的问题，这里简单介绍下。

在 JavaScript 中，每种数据类型都会使用 3bit 表示。

- 000表示Object类型的数据。
- 001表示Int类型的数据。
- 010表示Double类型的数据。
- 100表示String类型的数据。
- 110表示Boolean类型的数据。

由于 null 代表的是空指针，大多数平台中值为 0x00，因此 null 的类型标签就成了 0，所以使用 typeof 运算符时会判断为 object 类型，返回"object"。

虽然在后面的提案中有提出修复方案，但是因为影响面太大，所以并没有被采纳，从而导致这个问题一直存在。

3. typeof运算符相关语法的括号

在前文中有讲到，括号有时是必须存在的，如果不加上括号则会因为优先级的问题得不到我们想要的结果。

我们可以通过以下代码看看加不加括号在结果上的差异。

```
var number = 123;
typeof (number + ' hello');  // "string"
typeof number + ' hello';    // "number hello"
```

因为 typeof 运算符的优先级会高于字符串拼接运算符（+），但是优先级低于小括号 ()，所以在未使用括号时，会优先处理 typeof number，返回的是 "number"，然后与 "hello" 字符串进行拼接，得到结果 "number hello"。

下面是更能体现括号重要性的例子。

```
typeof 1 / 0;     // "NaN"
typeof (1 / 0);   // "number"
```

第一行代码中，因为没有小括号，实际会先运行 typeof 1，返回的是 "number"，然后除以 0，一个字符串除以 0，得到的是 "NaN"。

第二行代码中，因为使用了小括号，实际会先运行 1/0，得到的是 Infinity，而 Infinity 实际上为 Number 类型的值，通过 typeof 运算符处理后，得到的是 "number"。

因此在处理某些表达式时，需要将这些表达式用括号括起来以保证先运算表达式，再使用 typeof 运算符进行运算。

1.4.3 逗号运算符

小小的逗号在 JavaScript 中有很大的用处，一方面它是基本的分隔符，例如，函数传递多个参数时，使用逗号分隔。

```
console.log('我喜欢去%s上学习%s', '面试厅', 'JavaScript');
```

另一方面它可以作为一个运算符，作用是将多个表达式连接起来，从左至右依次执行。

逗号作为运算符的表现形式为：表达式 1，表达式 2，表达式 3，……，表达式 n。

它的求解过程将按照从左至右的顺序进行，优先执行表达式 1，然后执行表达式 2……直到执行表达式 n，最后返回表达式 n 的结果。

例如下面的表达式语句。

```
x = 8 * 2, x * 4
```

这是一个使用了逗号运算符的语句，首先执行左边的部分，x = 8×2，即 x = 16，然后执行右边的语句，x×4 = 16×4 = 64，并将其返回。

这个语句表达的意思是 x 的值为 16，返回的值为 "64"。如果将整个语句赋值给一个变量

y，则该变量 y 的值为 64。

本小节中我们将重点讲解逗号作为运算符的使用场景。

1. 在for循环中批量执行表达式

逗号运算符在 for 循环中的使用场景是批量执行表达式。如果一个 for 循环中有多个变量需要执行表达式，可以通过逗号运算符一次性执行。

```
for (var i = 0, j = 10; i < 10, j < 20; i++, j++) {
    console.log(i, j);
}
```

一般在 for 循环的末尾处，只允许执行单个表达式。在这里我们通过逗号运算符，将 i++ 和 j++ 两个表达式视为同一个表达式，因此可以一次执行，处理 i 与 j 两个变量的递增。

2. 用于交换变量，无须额外变量

在我们需要交换两个变量的值时，通常的做法如下所示。

```
var a = 'a';
var b = 'b';
var c;

c = a;
a = b;
b = c;
```

借助临时变量 c 先存储 a 的值，然后将 b 值赋给 a，再将 c 值赋给 b，这样就可以实现变量交换了。

如果我们不允许使用额外的变量存储，可不可以实现呢？

当然是可以的，这里提供了两种使用逗号运算符的方案。

```
var a = 'a';
var b = 'b';
// 方案1
a = [b, b = a][0];
// 方案2
a = [b][b = a, 0];
```

在方案 1 中，前一部分 [b, b = a] 是一个一维数组，数组第二项值是 b = a，实际会将 a 值赋给 b，然后返回 "'a'"，因此数组最终的值为 ['b', 'a']，然后取索引 0 的值为 'b'，赋给变量 a，最终实现 a = 'b'，b = 'a'。

在方案 2 中，前一部分 [b] 是一个一维数组，后一部分 [b = a, 0]，实际会先执行 b = a，将 a 值赋给 b，然后返回 "0"，因此后一部分实际是修改了 b 的值并返回索引 "0"，最终是 a = [b][0]，即 a = b，实现了 a 与 b 的交换。

3. 用于简化代码

因为逗号运算符可以使多个表达式先后执行，并且返回最后一个表达式的值，因此对于某些特定的函数，我们可以使用逗号运算符进行简写。

```
if (x) {
    foo();
    return bar();
} else {
    return 1;
}
// 使用逗号运算符简写后
x ? (foo(), bar()) : 1;
```

4. 用小括号保证逗号运算符的优先级

在所有的运算符中，逗号运算符的优先级是最低的，因此对于某些涉及优先级的问题，我们需要使用到小括号，将含有逗号运算符的表达式括起来。

```
var a = 20;
var b = ++a, 10;
console.log(b);  // Uncaught SyntaxError: Unexpected number
```

对于上面的语句，首先定义一个变量 a，然后使用逗号运算符对变量 a 执行自增操作，同时返回"10"，并将其赋值给变量 b。

我们可能会认为最后输出 b 的值为 10，但是运行后却抛出了异常，这是为什么呢？

在上面的代码中，同时出现了赋值运算符与逗号运算符，因为逗号运算符的优先级比较低，实际会先执行赋值运算符，即先执行 var b = ++a 语句，再去执行后面的 10，它不是一个合法的语句，所以会抛出异常。

那么我们该怎么解决这个问题呢？

那就是使用小括号，保证逗号运算符的优先级，将赋值语句后面的内容括起来，执行完含有逗号运算符的表达式后，再执行赋值语句。

```
var a = 20;
var b = (++a, 10);
console.log(b);  // 10
```

1.4.4　运算符优先级

在 JavaScript 中存在一系列的运算符，每个运算符都有各自的优先级，优先级决定了表达式在执行时的先后顺序，其中优先级最高的最先执行，优先级最低的最后执行。

我们以下面一个表达式为例。

```
a OP1 b OP2 c
```

当我们使用不同的 OP 运算符时，语句的执行顺序是不一样，以下面两个语句为例。

```
// 语句 1
a = b = c;  // a = b = 10;
```

```
// 语句 2
a > b > c;  // 6 > 4 > 3
```

在语句 1 中，将运算符 OP1 与 OP2 同时设置为赋值运算符，因为优先级相同，所以会从右到左依次运行，结果等同于下面的情况。

```
b = 10;
a = 10;
```

在语句 2 中，将运算符 OP1 与 OP2 同时设置为比较运算符，因为优先级相同，所以从左至右依次执行，结果等同于下面的情况。

```
6 > 4; // true
true > 3 // false
```

最终会返回 "false"。

下面总结了在 JavaScript 中存在的运算符，并将它们的优先级从高至低排列，如表 1-1 所示，方便大家查询。

表 1-1

优先级	运算类型	关联性	运算符
20	圆括号		(...)
19	成员访问	从左到右	... .
	需计算的成员访问	从左到右	... [...]
	new（带参数列表）		new ... (...)
	函数调用	从左到右	... (...)
18	new（无参数列表）	从右到左	new ...
17	后置递增（运算符在后）		... ++
	后置递减（运算符在后）		... --
16	逻辑非	从右到左	! ...
	按位非	从右到左	~ ...
	一元加法	从右到左	+ ...
	一元减法	从右到左	- ...
	前置递增（运算符在前）	从右到左	++ ...
	前置递减（运算符在前）	从右到左	-- ...
	typeof	从右到左	typeof ...
	void	从右到左	void ...
	delete	从右到左	delete ...
	await	从右到左	await ...

优先级	运算类型	关联性	运算符
15	幂	从右到左	... ** ...
14	乘法	从左到右	... * ...
	除法	从左到右	... / ...
	取模	从左到右	... % ...
13	加法	从左到右	... + ...
	减法	从左到右	... − ...
12	按位左移	从左到右	... << ...
	按位右移	从左到右	... >> ...
	无符号右移	从左到右	... >>> ...
11	小于	从左到右	... < ...
	小于等于	从左到右	... <= ...
	大于	从左到右	... > ...
	大于等于	从左到右	... >= ...
	in	从左到右	... in ...
	instanceof	从左到右	... instanceof ...
10	等号	从左到右	... == ...
	非等号	从左到右	... != ...
	全等号	从左到右	... === ...
	非全等号	从左到右	... !== ...
9	按位与	从左到右	... & ...
8	按位异或	从左到右	... ^ ...
7	按位或	从左到右	... | ...
6	逻辑与	从左到右	... && ...
5	逻辑或	从左到右	... || ...
4	条件运算符	从右到左	... ? ... : ...
3	赋值	从右到左	... = ...
			... += ...
			... −= ...
			... *= ...
			... /= ...
			... %= ...

续表

优先级	运算类型	关联性	运算符
3	赋值	从右到左	... <<= ... ... >>= ... ... >>>= ... ... &= ... ... ^= ... ... |= ...
2	yield	从右到左	yield ...
2	yield *	从右到左	yield * ...
1	展开运算符（...）		......
0	逗号	从左到右	... , ...

通过表 1-1 我们可以发现，在 JavaScript 中一共存在 20 种优先级的运算符，其中包含一些符号相同但是优先级不同的运算符，例如前置递增运算符和后置递增运算符。

另外，在一个语句中如果存在多个运算符时，需要我们熟练掌握各个运算符的优先级，才能得到正确的运算结果。

```
var arr = [];
var y = arr.length <= 0 || arr[0] === undefined ? x : arr[0];
```

上面的语句中存在小于等于（<=），逻辑或（||），全等号（===），条件运算符（？:）这 4 种运算符。

根据运算符优先级表格，我们知道运算符执行顺序为：小于等于（<=）、全等号（===）、逻辑或（||）、条件运算符（？:）。

因此实际执行的顺序如下。

```
var y = ((arr.length <= 0) || (arr[0] === undefined)) ? x : arr[0];
```

需要特别关注的是，小括号可以用来提高优先级，因为小括号在所有运算符的优先级中是最高的，所以在小括号中的表达式是最先执行的。

```
(3 + 4) * 5;
```

上面的语句因为小括号的存在，会优先执行 3 + 4 = 7，然后执行乘法 7 × 5 = 35。

运算符因为多样性的存在而导致优先级判断很复杂，因此建议使用小括号，以保证运算顺序清晰可读，这对代码的维护和除错至关重要。

但是，小括号并不是运算符，所以不具有求值作用，它只改变运算的优先级。

下面代码的第二行，如果小括号具有求值作用，那么就会变成 1 = 2，是会抛出异常的。但是，下面的代码可以运行，这验证了小括号只会改变优先级，不会求值。

```
var x = 1;
(x) = 2;
```

这也意味着，如果整个表达式都放在小括号之中，那么不会有任何效果。

```
(exprssion)
// 等同于
expression
```

函数放在小括号中，会返回函数本身。如果小括号紧跟在函数的后面，就表示调用函数。

```
function f() {
  return 1;
}

(f); // function f(){return 1;}
f(); // 1
```

小括号之中只能放置表达式，如果将语句放在小括号之中，就会报错。

```
(var a = 1);  // SyntaxError: Unexpected token var
```

1.5 toString()函数与valueOf()函数

在 1.4.1 小节关于等于运算符的内容中，如果比较的内容包含对象类型数据，则会涉及隐式转换，那么就会调用 toString() 函数和 valueOf() 函数。本节会详细讲解 toString() 函数与 valueOf() 函数，并通过实例来看看它们的使用场景。

在 JavaScript 中，toString() 函数与 valueOf() 函数解决的是值的显示和运算的问题，所有引用类型都拥有这两个函数。

1. toString()函数

toString() 函数的作用是把一个逻辑值转换为字符串，并返回结果。Object 类型数据的 toString() 函数默认的返回结果是 "[object Object]"，当我们自定义新的类时，可以重写 toString() 函数，返回可读性更高的结果。

在 JavaScript 中，Array，Function，Date 等类型都实现了自定义的 toString() 函数。

- Array的toString()函数返回值为以逗号分隔构成的数组成员字符串，例如[1，2，3].toString()结果为字符串'1,2,3'。
- Function的toString()函数返回值为函数的文本定义，例如(function(x){return x * 2;}).toString()的结果为字符串"function(x){return x * 2;}"。
- Date的toString()函数返回值为具有可读性的时间字符串，例如，new Date().toString()的结果为字符串"Sun Nov 25 2018 15:00:16 GMT+0800 (中国标准时间)"。

2. valueOf()函数

valueOf() 函数的作用是返回最适合引用类型的原始值，如果没有原始值，则会返回引用类型自身。Object 类型数据的 valueOf() 函数默认的返回结果是 "{}"，即一个空的对象字面量。

对于 Array、Function、Date 等类型，valueOf() 函数的返回值是什么呢？

- Array的valueOf()函数返回的是数组本身，例如[1，2，3].valueOf()返回的结果为"[1,2,3]"。
- function的valueOf()函数返回的是函数本身，例如(function(x){return x * 2;}).valueOf()返回的结果为函数本身"function(x){return x * 2;}"。
- Date的valueOf()函数返回的是指定日期的时间戳，例如new Date().valueOf()返回的结果为"1543130166771"。

如果一个引用类型的值既存在 toString() 函数又存在 valueOf() 函数，那么在做隐式转换时，会调用哪个函数呢？

这里我们可以概括成两种场景，分别是引用类型转换为 String 类型，以及引用类型转换为 Number 类型。

1. 引用类型转换为String类型

一个引用类型的数据在转换为String类型时，一般是用于数据展示，转换时遵循以下规则。

- 如果对象具有toString()函数，则会优先调用toString()函数。如果它返回的是一个原始值，则会直接将这个原始值转换为字符串表示，并返回该字符串。
- 如果对象没有toString()函数，或者toString()函数返回的不是一个原始值，则会再去调用valueOf()函数，如果valueOf()函数返回的结果是一个原始值，则会将这个结果转换为字符串表示，并返回该字符串。
- 如果通过toString()函数或者valueOf()函数都无法获得一个原始值，则会直接抛出类型转换异常。

我们通过以下代码进行测试。

```
var arr = [];

arr.toString = function () {
    console.log(' 执行了 toString() 函数 ');
    return [];
};

arr.valueOf = function () {
    console.log(' 执行了 valueOf() 函数 ');
    return [];
};

console.log(String(arr));
```

上面代码执行后的结果如下所示。

```
执行了 toString() 函数
执行了 valueOf() 函数
TypeError: Cannot convert object to primitive value
```

执行 String(arr) 代码时，需要将 arr 转换为字符串，则会优先执行 toString() 函数，但是其返回值为空数组 []，并不能转换为原生数据；然后调用 valueOf() 函数，其返回值同样为空数组 []；那么在调用完 toString() 函数和 valueOf() 函数后，均无法获取到原生数据类型表示，则抛出异常 TypeError，表示无法将对象类型转换为原生数据类型。

2. 引用类型转换为Number类型

一个引用类型的数据在转换为 Number 类型时，一般是用于数据运算，转换时遵循以下规则。

- 如果对象具有valueOf()函数，则会优先调用valueOf()函数，如果valueOf()函数返回一个原始值，则会直接将这个原始值转换为数字表示，并返回该数字。
- 如果对象没有valueOf()函数，或者valueOf()函数返回的不是原生数据类型，则会再去调用toString()函数，如果toString()函数返回的结果是一个原始值，则会将这个结果转换为数字表示，并返回该数字。
- 如果通过toString()函数或者valueOf()函数都无法获得一个原始值，则会直接抛出类型转换异常。

我们通过以下代码进行测试。

```
var arr = [];

arr.toString = function () {
    console.log(' 执行了 toString() 函数 ');
    return [];
};

arr.valueOf = function () {
    console.log(' 执行了 valueOf() 函数 ');
    return [];
};

console.log(Number(arr));
```

上面代码执行后的结果如下所示。

```
执行了 valueOf() 函数
执行了 toString() 函数
TypeError: Cannot convert object to primitive value
```

执行 Number(arr) 代码时，需要将 arr 转换为数字，则会优先执行 valueOf() 函数，但是

其返回值为空数组 []，并不能转换为原生数据；然后调用 toString() 函数，其返回值同样为空数组 []；那么在调用完 valueOf() 函数和 toString() 函数后，均无法获取到原生数据表示，则抛出异常 TypeError，表示无法将对象类型转换为原生数据类型。

事实上，对除了 Date 类型以外的引用类型数据转换为原生数据类型时，如果是用于数据运算，则会优先调用 valueOf() 函数，在 valueOf() 函数无法满足条件时，则会继续调用 toString() 函数，如果 toString() 函数也无法满足条件，则会抛出类型转换异常。

如果是用于数据展示，则会优先调用 toString() 函数，在 toString() 函数无法满足条件时，则会继续调用 valueOf() 函数，如果 valueOf() 函数也无法满足条件，则会抛出类型转换异常。

了解了 valueOf() 函数和 toString() 函数的关系后，我们再用下面两组代码深入拓展一下其他相关知识。

拓展 1

看看下面 3 行代码，它们的结果有什么不同。

```
[] == 0;   // true
[1] == 1;  // true
[2] == 2;  // true
```

在第一行中，空数组可以转换为数字 0；在第二行和第三行中，只有一个数字元素的数组可以转换为该数字。这是为什么呢？

因为数组继承了 Object 类型默认的 valueOf() 函数，这个函数返回的是数组自身，而不是原生数据类型，所以会继续调用 toString() 函数。数组调用 toString() 函数时会返回数组元素以逗号作为分隔符构成的字符串，那么空数组就转换为空字符串，而空字符串与数字 0 在非严格相等的情况下是相等的，即 "" == 0，返回"true"。

同样，只包含一个数字的数组 [1]，转换后为字符串 "1"，后判断 "1" == 1，返回"true"。

拓展 2

以下是另外一组 Object 类型的数据，请观察结果有什么不同。

```
var obj = {
    i: 10,
    toString: function () {
        console.log('toString');
        return this.i;
    },
    valueOf: function () {
        console.log('valueOf');
        return this.i;
    }
};

+obj;  // valueOf
'' + obj;  // valueOf
```

```
String(obj);   // toString
Number(obj);   // valueOf
obj == '10';   // valueOf, true
obj === '10';  // false
```

第一行执行代码为 +obj，将对象 obj 转换为原始值，用于数据运算，优先调用 valueOf() 函数，获得原始值，结果为数字 "10"。

第二行执行代码为 " + obj，将对象 obj 转换为原始值，用于数据运算，优先调用 valueOf() 函数，获取原始值，并与字符串进行拼接，结果为字符串 "10"。

第三行执行代码为 String(obj)，在 String() 函数中，用于数据展示，优先调用 toString() 函数获取对象的字符串表示，结果为字符串 "10"。

第四行执行代码为 Number(obj)，将对象 obj 转换为数值表示，用于数据运算，优先调用 valueOf() 函数，结果为数字 "10"。

第五行执行代码为 obj == '10'，将对象 obj 转换为原始值，用于数据运算，优先调用 valueOf() 函数，即将 10 与 '10' 进行比较，两者是相等的，结果为 "true"；

第六行执行代码为 obj === '10'，因为两者数据类型不一致，直接返回 "false"，并不会执行 toString() 函数或者 valueOf() 函数。

▶1.6 JavaScript中常用的判空方法

在 JavaScript 中判断一个变量是否为空时，我们往往会想到对变量取反，然后判断是否为 true。

```
if(!x){}
```

这是一个便捷判断变量是否为空的方法，但是其涉及的场景却很多，这里我们就分多种情况来讨论变量判空的方法。

1. 判断变量为空对象

（1）判断变量为 null 或者 undefined

判断一个变量是否为空时，可以直接将变量与 null 或者 undefined 相比较，需要注意双等于（==）和三等于（===）的区别。

```
if(obj == null) {}    // 可以判断 null 或者 undefined

if(obj === undefined) {}   // 只能判断 undefined
```

（2）判断变量为空对象 {}

判断一个变量是否为空对象时，可以通过 for…in 语句遍历变量的属性，然后调用 hasOwnProperty() 函数，判断是否有自身存在的属性，如果存在则不为空对象，如果不存在自身的属性（不包括继承的属性），那么变量为空对象。

```
// 判断变量为空
function isEmpty(obj) {
    for(let key in obj) {
        if(obj.hasOwnProperty(key)) {
            return false;
        }
    }
    return true;
}
```

我们通过以下语句来做测试。

```
// 定义空的对象字面量
var o = {};

function Person() {}
Person.prototype.name = 'kingx';
// 通过 new 操作符获取对象
var p = new Person();

console.log(isEmpty(o));  // true
console.log(isEmpty(p));  // true
```

针对变量 o，很明显是一个空对象，返回"true"。

而变量 p 是通过 new 操作符得到的 Person 对象的实例，所以 p 会继承 Person 原型链上的 name 属性，但是因为不是自身的属性，所以会被判为空，返回"true"。

2. 判断变量为空数组

判断变量是否为空数组时，首先需要判断变量是否为数组，然后通过数组的 length 属性确定。

```
arr instanceof Array && arr.length === 0
```

当以上两个条件都满足时，变量是一个空数组。

3. 判断变量为空字符串

判断变量是否为空字符串时，可以直接将其与空字符串相比较，或者调用 trim() 函数去掉前后的空格，然后判断字符串的长度。

```
str == '' || str.trim().length == 0;
```

当满足以上两个条件中任意一个时，变量是一个空字符串。

4. 判断变量为0或者NaN

当一个变量为 Number 类型时，判空即判断变量是否为 0 或者 NaN，因为 NaN 与任何值比较都为 false，所以我们可以通过取非运算符完成。

```
!(Number(num) && num) == true;
```

当上述语句返回"true"时，表示变量为 0 或者 NaN。

5. !x == true的所有情况

本小节一开始就讲到 !x 为 true 时，会包含很多种情况，这里我们一起来总结下。

- 变量为null。
- 变量为undefined。
- 变量为空字符串''。
- 变量为数字0，包括+0、-0。
- 变量为NaN。

1.7 JavaScript中的switch语句

switch 语句在不同的语言中都存在，例如 JavaScript、Java、C、C++ 等，但是在 JavaScript 中，switch 语句却具有不一样的特性。

1. switch语句的基本语法

switch 语句的基本语法如下所示。

```
switch(expression) {
    case value1:
        statement1;
        break;
    case value2:
        statement2;
        break;
    default:
        statement;
}
```

上面代码表示的是如果 expression 表达式等于 value1，则会执行 statement1 语句，并且执行 break 语句跳出 switch 语句；如果 expression 表达式等于 value2，则会执行 statement2 语句，并且执行 break 语句跳出 switch 语句；如果两者都不等于，则会执行默认的 statement 语句，并结束 switch 语句。

2. JavaScript中switch语句的不同之处

在 JavaScript 中，switch 语句可以用来判断任何类型的值，不一定是 Number 类型。

例如下面的代码中，是通过 switch 语句判断 String 类型的值。

```
function getString(str) {
    switch (str) {
        case '1':
            console.log('10');
            break;
        case '2':
            console.log('20');
```

```
            break;
        case '3':
            console.log('30');
            break;
        default:
            console.log('40');
    }
}

getString('2');  // 20
getString('4');  // 40
```

通过结果可以看出，switch 语句中传入的字符串 str 可以匹配到 case 中对应的字符串 '2' 和 '4'，从而输出对应的结果。

但是如果我们调用以下的语句，会输出什么结果呢?

```
getString(3);
```

如果对 switch 语句理解深刻的读者应该知道会输出什么，答案是 '40'，这是为什么呢?

因为在 JavaScript 中对于 case 的比较是采用严格相等 (===) 的。对于 getString(3)，传入的参数是 Number 类型的 3，而 case 中判断的是 String 类型的 '3'，两者采用严格相等比较是不相等的，所以最后调用了 default 部分的语句，输出了 '40'。

然后我们再通过以下两个语句来验证一下。

```
getString(String('3'));      // '30'
getString(new String('3')); // '40'
```

在 1.3.1 小节中有讲到，字符串字面量和直接调用 String() 函数生成的字符串都是基本字符串，它们在本质上是一样的，所以在进行严格相等的比较时是相等的。

```
String('3') === '3';  // true
```

所以在运行 getString(String('3')) 时，会输出 '30'。

而通过 new 运算符生成的是对象字符串，如果采用严格相等，需要比较的是对象字符串的地址是否相同，因此与字符串字面量比较时，会返回"false"。

```
new String('3') === '3'; // false
```

所以在运行 getString(new String('3')) 时，会输出 '40'。

switch 语句可以接收对象类型的处理，测试如下所示。

```
// 判断传入的对象，确定执行的语句
function getObj(obj) {
    switch (obj) {
        case firstObj:
```

```
            console.log(' 这就是第一个对象 ');
            break;
        case secondObj:
            console.log(' 这就是第二个对象 ');
            break;
        default:
            console.log(' 这是独一无二的对象 ');
    }
}

function Person() {}

var uniqueObj = new Person();
var firstObj = new Person();
var secondObj = new Person();

getObj(firstObj);     // ' 这就是第一个对象 '
getObj(secondObj);    // ' 这就是第二个对象 '
getObj(uniqueObj);    // ' 这是独一无二的对象 '
```

　　通过执行的结果可以看出，传入的 obj 参数分别执行了与 firstObj、secondObj 的比较。因为对象的比较需要是相同的值才会在严格相等的情况下返回 "true"，所以只有在传入 firstObj 时，才会输出 ' 这就是第一个对象 '，传入 secondObj 时，才会输出 ' 这就是第二个对象 '，不是这两个值中的任何一个，则会输出 ' 这是独一无二的对象 '。

第 **2** 章

引用数据类型

本章讲解的主要内容为 JavaScript 中的引用数据类型，学习完本章的内容，希望读者能掌握以下的知识。

- Object类型常用的实例函数和静态函数。
- Array类型中重要的filter()、reduce()、map()等函数。
- Array类型常见的算法。
- Date类型常见的日期格式化、日期计算。

那么何为引用数据类型呢?

引用数据类型主要用于区别基本数据类型，描述的是具有属性和函数的对象。JavaScript 中常用的引用数据类型包括 Object 类型、Array 类型、Date 类型、RegExp 类型、Math 类型、Function 类型以及基本数据类型的包装类型，如 Number 类型、String 类型、Boolean 类型等。

引用数据类型有不同于基本数据类型的特点，具体如下所示。

- 引用数据类型的实例需要通过new操作符生成，有的是显式调用，有的是隐式调用。
- 引用数据类型的值是可变的，基本数据类型的值是不可变的。
- 引用数据类型变量赋值传递的是内存地址。
- 引用数据类型的比较是对内存地址的比较，而基本数据类型的比较是对值的比较。

接下来我们挑选其中比较重要的 Object 类型、Array 类型、Date 类型进行详细的讲解。

2.1 Object类型及其实例和静态函数

Object 类型是目前 JavaScript 中使用最多的一个类型，目前读者使用的大部分引用数据类型都是 Object 类型。Object 类型使用的频率高是因为其对于数据存储和传输是非常理想的选择。

由于引用数据类型的实例都需要通过 new 操作符来生成，因此我们需要先了解 new 操作符的相关知识。

2.1.1 深入了解JavaScript中的new操作符

new 操作符在执行过程中会改变 this 的指向，所以在了解 new 操作符之前，我们先解释一下 this 的用法。

```
function Cat(name, age) {
    this.name = name;
    this.age = age;
}
console.log(new Cat('miaomiao',18));  // Cat {name: "miaomiao", age: 18}
```

输出的结果中包含了 name 与 age 的信息。

事实上我们并未通过 return 返回任何值，为什么输出的信息中会包含 name 和 age 属性呢？其中起作用的就是 this 这个关键字了。

我们通过以下代码输出 this，看看 this 具体的内容。

```
function Cat(name,age) {
    console.log(this);  // Cat {}
    this.name = name;
    this.age = age;
}
new Cat('miaomiao',18);
```

我们可以发现 this 的实际值为 Cat 空对象，后两句就相当于给 Cat 对象添加 name 和 age 属性，结果真的是这样吗？不如我们改写一下 Cat 函数。

```
function Cat(name,age){
    var Cat = {};
    Cat.name = name;
    Cat.age = age;
}
console.log(new Cat('miaomiao',18));  // Cat {}
```

输出结果中并未包含 name 和 age 属性，这是为什么呢？

因为在 JavaScript 中，如果函数没有 return 值，则默认 return this。而上面代码中的 this 实际是一个 Cat 空对象，name 和 age 属性只是被添加到了临时变量 Cat 中。为了能让输出结果包含 name 和 age 属性，我们将临时变量 Cat 进行 return 就可以了。

```
function Cat(name, age) {
    var Cat = {};
    Cat.name = name;
    Cat.age = age;
    return Cat;
}
console.log(new Cat('miaomiao', 18));  // {name: "miaomiao", age: 18}
```

最后的返回值中包含了 name 和 age 属性。

通过以上的分析，我们了解了构造函数中 this 的用法，那么它与 new 操作符之间有什么关系呢？

我们先来看看下面这行简单的代码，该代码的作用是通过 new 操作符生成一个 Cat 对象的实例。

```
var cat = new Cat();
```

从表面上看这行代码的主要作用是创建一个 Cat 对象的实例，并将这个实例值赋予 cat 变量，cat 变量就会包含 Cat 对象的属性和函数。

其实，new 操作符做了 3 件事情，如下代码所示。

```
1.var cat = {};
2.cat.__proto__ = Cat.prototype;
3.Cat.call(cat);
```

第一行：创建一个空对象。

第二行：将空对象的 __proto__ 属性指向 Cat 对象的 prototype 属性。

第三行：将 Cat() 函数中的 this 指向 cat 变量。

于是 cat 变量就是 Cat 对象的一个实例。

我们自定义一个类似 new 功能的函数，来具体讲解上面的 3 行代码。

```
function Cat(name, age) {
    this.name = name;
    this.age = age;
}
function New() {
    var obj = {};
    var res = Cat.apply(obj, arguments);
    return typeof res === 'object' ? res : obj;
}
console.log(New('mimi', 18));  //Object {name: "mimi", age: 18}
```

返回的结果中也包含 name 和 age 属性，这就证明了 new 运算符对 this 指向的改变。Cat.apply(obj, arguments) 调用后 Cat 对象中的 this 就指向了 obj 对象，这样 obj 对象就具有了 name 和 age 属性。

因此，不仅要关注 new 操作符的函数本身，也要关注它的原型属性。

我们对上面的代码进行改动，在 Cat 对象的原型上增加一个 sayHi() 函数，然后通过 New() 函数返回的对象，去调用 sayHi() 函数，看看执行情况如何。

```
function Cat(name, age) {
    this.name = name;
    this.age = age;
}

Cat.prototype.sayHi = function () {
    console.log('hi')
};

function New() {
    var obj = {};
    var res = Cat.apply(obj, arguments);
    return typeof res === 'object' ? res : obj;
}
console.log(New('mimi', 18).sayHi());
```

运行以上代码得到的结果如下所示。

```
Uncaught TypeError: New(...).sayHi is not a function
```

我们发现执行报错了，New() 函数返回的对象并没有调用 sayHi() 函数，这是因为 sayHi() 函数是属于 Cat 原型的函数，只有 Cat 原型链上的对象才能继承 sayHi() 函数，那么我们该怎么做呢？

这里需要用到的就是 __proto__ 属性，实例的 __proto__ 属性指向的是创建实例对象时，对应的函数的原型。设置 obj 对象的 __proto__ 值为 Cat 对象的 prototype 属性，那么 obj 对象就继承了 Cat 原型上的 sayHi() 函数，这样就可以调用 sayHi() 函数了。

```
function Cat(name, age) {
    this.name = name;
    this.age = age;
}

Cat.prototype.sayHi = function () {
    console.log('hi')
};

function New() {
    var obj = {};
    obj.__proto__ = Cat.prototype;   // 核心代码，用于继承
    var res = Cat.apply(obj, arguments);
    return typeof res === 'object' ? res : obj;
}
console.log(New('mimi', 18).sayHi());
```

结果输出"hi"，方法调用成功。

至此，关于 new 操作符的讲解就全部完成了。本小节讲解了 new 操作符的实际执行过程，以及 new 操作符与 this 和 prototype 属性之间的关系。

2.1.2　Object类型的实例函数

实例函数是指函数的调用是基于 Object 类型的实例的。代码如下所示。

```
var obj = new Object();
```

所有实例函数的调用都是基于 obj 这个实例。

Object 类型中有几个很重要的实例函数，这里分别进行详细的讲解。

1. hasOwnProperty(propertyName)函数

该函数的作用是判断对象自身是否拥有指定名称的实例属性，此函数不会检查实例对象原型链上的属性。

```
// 1.Object
var o = new Object();
o.name = '自定义属性'; // 定义一个实例属性
console.log(o.hasOwnProperty('name')); // true：name 属性为实例 o 自己定义的，而非继承
console.log(o.hasOwnProperty('toString')); // false：toString 为继承属性

// 2. 自定义对象
var Student = function (name) {
    this.name = name;
};

// 给 Student 的原型添加一个 sayHello() 函数
Student.prototype.sayHello = function () {
    alert('Hello,' + this.name);
};
// 给 Student 的原型添加一个 age 属性
Student.prototype.age = '';

var st = new Student('张三');   // 初始化对象 st
console.log(st.hasOwnProperty('name')); // true：调用构造函数时，通过 this.name 附加
                                        // 到实例对象上
console.log(st.hasOwnProperty('sayHello')); // false：sayHello() 函数为原型上的成员
console.log(st.hasOwnProperty('age')); // false：age 属性为原型上的成员
```

2. propertyIsEnumerable(propertyName)函数

该函数的作用是判断指定名称的属性是否为实例属性并且是否是可枚举的，如果是原型链上的属性或者不可枚举都将返回“false”。

```
// 1.数组
var array = [1, 2, 3];
array.name = 'Array';
```

```
console.log(array.propertyIsEnumerable('name')); // true : name 属性为实例属性
console.log(array.propertyIsEnumerable('join')); // false : join() 函数继承自 Array 类型
console.log(array.propertyIsEnumerable('length')); // false : length 属性继承自 Array 类型
console.log(array.propertyIsEnumerable('toString')); // false : toString() 函数
                                                      // 继承自 Object

// 2. 自定义对象
var Student = function (name) {
    this.name = name;
};
// 定义一个原型函数
Student.prototype.sayHello = function () {
    alert('Hello' + this.name);
};

var a = new Student('tom');
console.log(a.propertyIsEnumerable('name')); // true : name 为自身定义的实例属性
console.log(a.propertyIsEnumerable('age'));  // false : age 属性不存在, 返回 false
console.log(a.propertyIsEnumerable('sayHello')); // false : sayHello 属于原型函数

// 设置 name 属性为不可枚举的
Object.defineProperty(a, 'name', {
    enumerable: false
});
console.log(a.propertyIsEnumerable('name')); // false : name 设置为不可枚举
```

2.1.3 Object类型的静态函数

静态函数指的是方法的调用基于 Object 类型自身, 不需要通过 Object 类型的实例。

接下来对 Object 函数中几个重要的静态函数进行讲解。

1. Object.create()函数

该函数的主要作用是创建并返回一个指定原型和指定属性的对象。语法格式如下所示。

```
Object.create(prototype, propertyDescriptor)。
```

其中 prototype 属性为对象的原型, 可以为 null。若为 null, 则对象的原型为 undefined。
属性描述符的格式如下所示。

```
propertyName: {
    value: '', // 设置此属性的值
    writable: true, // 设置此属性是否可写入; 默认为 false : 只读
    enumerable: true, // 设置此属性是否可枚举; 默认为 false : 不可枚举
    configurable: true // 设置此属性是否可配置, 如是否可以修改属性的特性及是否可以删除属性;
                       // 默认为 false
}
```

我们可以通过以下的示例进行深入的了解。

```
// 建立一个自定义对象，设置 name 和 age 属性
var obj = Object.create(null, {
    name: {
        value: 'tom',
        writable: true,
        enumerable: true,
        configurable: true
    },
    age: {
        value: 22
    }
});
console.log(obj.name); // tom
console.log(obj.age); // 22
obj.age = 28;
console.log(obj.age); // 22 : age 属性的 writable 默认为 false, 此属性为只读
for (var p in obj) {
    console.log(p); // name : 只输出 name 属性; age 属性的 enumerable 默认为 false, 不能
                    // 通过 for...in 枚举
}
```

我们尝试用 polyfill 版本实现 Object.create() 函数，通过 polyfill 我们可以更清楚明白 Object.create() 函数的实现原理。

```
Object.create = function (proto, propertiesObject) {
    // 省去中间的很多判断
    function F() {}
    F.prototype = proto;

    return new F();
};
```

在 create() 函数中，首先声明一个函数为 F() 函数，然后将 F() 函数的 prototype 属性指向传入的 proto 参数，通过 new 操作符生成 F() 函数的实例。

假如 var f = new F()，f.__proto__ === F.prototype。实际上生成的对象实例会把属性继承到其 __proto__ 属性上。

我们再通过下面的实例来验证。

```
var test = Object.create({x:123, y:345});
console.log(test); // {}, 实际生成的对象为一个空对象
console.log(test.x); // 123
console.log(test.__proto__.x); // 123
console.log(test.__proto__.x === test.x); // true
```

实际生成的 test 为一个空对象 {}。但是我们可以访问其 x 属性，这是因为我们可以通过其

__proto__ 属性访问到 x 属性，所以我们通过 test 访问到 x 属性和 y 属性，实际是通过其 __proto__ 属性访问到的。

2. Object.defineProperties()函数

该函数的主要作用是添加或修改对象的属性值，语法格式如下所示。

```
Object.defineProperties(obj, propertyDescriptor)
```

其中的属性描述符 propertyDescriptor 同 Object.create() 函数一样。

例如，给一个空对象 {} 添加 name 和 age 属性，其代码如下所示。

```
var obj = {};
// 为对象添加 name 和 age 属性
Object.defineProperties(obj, {
    name: {
        value: 'tom',
        enumerable: true
    },
    age: {
        value: 22,
        enumerable: true
    }
});
for (var p in obj) {
    console.log(p); // name age : 输出 name 和 age 属性
}
obj.age = 23;
console.log(obj.age); // 22 : age 属性的 writable 默认为 false, 此属性为只读
```

3. Object.getOwnPropertyNames()函数

该函数的主要作用是获取对象的所有实例属性和函数，不包含原型链继承的属性和函数，数据格式为数组。

```
function Person(name, age, gender) {
    this.name = name;
    this.age = age;
    this.gender = gender;
    this.getName = function () {
        return this.name;
    }
}

Person.prototype.eat = function () {
    return '吃饭';
};
```

```
var p = new Person();
console.log(Object.getOwnPropertyNames(p)); //  ["name", "age", "gender", "getName"]
```

在上述例子中，Person 对象通过 this 给对象的实例添加了 name、age、gender、getName 这 4 个变量，其中 getName 变量值为一个函数。同时，在 Person 对象的原型链上添加一个 eat() 函数，通过 new 操作符获取 Person 对象的一个实例，在调用后就会返回 "["name", "age", "gender", "getName"]"。而 eat() 函数处在原型上，所以不会出现在结果数组中。

4. Object.keys()函数

该函数的主要作用是获取对象可枚举的实例属性，不包含原型链继承的属性，数据格式为数组。keys() 函数区别于 getOwnPropertyNames() 函数的地方在于，keys() 函数只获取可枚举类型的属性。

通过以下的测试代码可以看出两者的区别。

```
var obj = {
    name: 'tom',
    age: 22,
    sayHello: function () {
        alert('Hello' + this.name);
    }
};
// (1) getOwnPropertyNames() 函数与 keys() 函数返回的内容都相同
// ["name", "age", "sayHello"] : 返回对象的所有实例成员
console.log(Object.getOwnPropertyNames(obj));
// ["name", "age", "sayHello"] : 返回对象的所有可枚举成员
console.log(Object.keys(obj));
// 设置对象的 name 属性不可枚举
Object.defineProperty(obj, 'name', {
    enumerable: false
});
// (2) keys() 函数，只包含可枚举成员
// ["name", "age", "sayHello"] : 返回对象的所有实例成员
console.log(Object.getOwnPropertyNames(obj));
// ["age", "sayHello"] : 返回对象的所有可枚举成员
console.log(Object.keys(obj));
```

2.2　Array类型

Array 类型中提供了丰富的函数用于对数组进行处理，例如过滤、去重、遍历等。接下来会讲解在实际开发中，一些比较常见的数组处理场景。

2.2.1　判断一个变量是数组还是对象

很多人看到标题的时候可能会想到使用 typeof 运算符，因为 typeof 运算符是专门用于检

测数据类型的。但是 typeof 运算符真的可以达到此目的吗？

我们用以下一段代码来进行测试。

```
var a = [1, 2, 3];
console.log(typeof a);
```

发现输出值是"object"，这并不是我们期望的结果。

所以使用 typeof 运算符并不能直接判断一个变量是对象还是数组类型。实际上，typeof 运算符在判断基本数据类型时会很有用，但是在判断引用数据类型时，却显得很吃力。

接下来我们一起看看解决这个问题的方法吧。

1. instanceof运算符

instanceof 运算符用于通过查找原型链来检测某个变量是否为某个类型数据的实例，使用 instanceof 运算符可以判断一个变量是数组还是对象。

```
var a =  [1, 2, 3];
console.log(a instanceof Array);  // true
console.log(a instanceof Object); // true

var b = {name: 'kingx'};
console.log(b instanceof Array);  // false
console.log(b instanceof Object); // true
```

通过上面代码可以发现，数组不仅是 Array 类型的实例，也是 Object 类型的实例。因此我们在判断一个变量是数组还是对象时，应该先判断数组类型，然后再去判断对象类型。如果先判断对象，那么数组值也会被判断为对象类型，这无法满足要求。

我们可以得到以下的封装函数。

```
// 判断变量是数组还是对象
function getDataType(o) {
    if (o instanceof Array) {
        return 'Array'
    } else if (o instanceof Object) {
        return 'Object';
    } else {
        return 'param is not object type';
    }
}
```

虽然使用 instanceof 运算符可以解决这个问题，但是 instanceof 运算符存在一定的缺陷，这点在 4.6 节中会讲到。

2. 判断构造函数

判断一个变量是否是数组或者对象，从另一个层面讲，就是判断变量的构造函数是 Array 类型还是 Object 类型。因为一个对象的实例都是通过构造函数生成的，所以，我们可以直接判断一个变量的 constructor 属性。

```
var a = [1, 2, 3];
console.log(a.constructor === Array);  // true
console.log(a.constructor === Object); // false

var b = {name: 'kingx'};
console.log(b.constructor === Array);  // false
console.log(b.constructor === Object); // true
```

那么一个变量为什么会有 constructor 属性呢？这就要涉及原型链的知识了。

每个变量都会有一个 __proto__ 属性，表示的是隐式原型。一个对象的隐式原型指向的是构造该对象的构造函数的原型，这里用数组来举例，代码如下所示。

```
[].__proto__ === [].constructor.prototype;  // true
[].__proto__ === Array.prototype;  // true
```

上面直接通过 constructor 属性判断的语句也可以改写成下面的形式。

```
var a = [1, 2, 3];
console.log(a.__proto__.constructor === Array);  // true
console.log(a.__proto__.constructor === Object); // false
```

同样，我们可以将上面代码进行封装，得到一个判断变量是数组还是对象的通用函数。

```
// 判断变量是数组还是对象
function getDataType(o) {
    // 获取构造函数
    var constructor = o.__proto__.constructor || o.constructor;
    if (constructor === Array) {
        return 'Array';
    } else if (constructor === Object) {
        return 'Object';
    } else {
        return 'param is not object type';
    }
}
```

早期的 IE 浏览器并不支持 __proto__ 属性，因此这并不是一个解决问题的完美方案。

3. toString()函数

每种引用数据类型都会直接或间接继承自 Object 类型，因此它们都包含 toString() 函数。不同数据类型的 toString() 函数返回值也不一样，所以通过 toString() 函数就可以判断一个变量是数组还是对象。

这里我们会借助 call() 函数，直接调用 Object 原型上的 toString() 函数，把主体设置为需要传入的变量，然后通过返回值进行判断。

```
var a = [1, 2, 3];
var b = {name: 'kingx'};

console.log(Object.prototype.toString.call(a)); // [object Array]
console.log(Object.prototype.toString.call(b)); // [object Object]
```

其实任何类型的变量在调用 toString() 函数时，都会返回不同的结果。

```
Object.prototype.toString.call(1);       // [object Number]
Object.prototype.toString.call('kingx'); // [object String]
var c;
Object.prototype.toString.call(c);       // [object Undefined]
```

通过返回的结果字符串来判断，即可解决这个问题。我们将代码进行如下封装。

```
// 判断变量是数组还是对象
function getDataType(o) {
    var result = Object.prototype.toString.call(o);
    if (result === '[object Array]') {
        return 'Array';
    } else if (result === '[object Object]') {
        return 'Object';
    } else {
        return 'param is no object type';
    }
}
```

4. Array.isArray()函数

在 JavaScript 1.8.5 版本中，数组增加了一个 isArray() 静态函数，用于判断变量是否为数组。传入需要判断的变量，即可确定该变量是否为数组，使用起来很简单。

```
// 下面的函数调用都返回 "true"
Array.isArray([]);
Array.isArray([1]);
Array.isArray(new Array());
// 鲜为人知的事实：其实 Array.prototype 也是一个数组。
Array.isArray(Array.prototype);

// 下面的函数调用都返回 "false"
Array.isArray();
Array.isArray({});
Array.isArray(null);
Array.isArray(undefined);
Array.isArray(17);
Array.isArray('Array');
Array.isArray(true);
```

使用 Array.isArray() 函数只能判断出变量是否为数组，并不能确定是否为对象。

2.2.2　filter()函数过滤满足条件的数据

filter() 函数用于过滤出满足条件的数据，返回一个新的数组，不会改变原来的数组。它不仅可以过滤简单类型的数组，而且可以通过自定义方法过滤复杂类型的数组。

filter() 函数接收一个函数作为其参数，返回值为"true"的元素会被添加至新的数组中，返回值为"false"的元素则不会被添加至新的数组中，最后返回这个新的数组。如果没有符合条件的值则返回空数组。

接下来我们可以具体看看 filter() 函数的使用场景。

1. 针对简单类型的数组，找出数组中所有为奇数的数字

首先我们需要自定义过滤的函数，然后将数值对 2 取模，结果不是 0 则该数值为奇数。在 JavaScript 中数字不为 0，就可以返回"true"，恰好可以作为返回值。因此我们得到以下函数。

```
var filterFn = function (x) {
    return x % 2;
};
```

定义一个数组，调用 filter() 函数测试结果。

```
var arr = [1, 2, 4, 5, 6, 9, 10, 15];
var result = arr.filter(filterFn);
console.log(result);
```

得到的结果为"[1, 5, 9, 15]"，符合前面对 filter() 函数的描述。

2. 针对复杂类型的数组，找出所有年龄大于18岁的男生

通过描述我们可以知道这个数组元素是一个对象，并且有性别和年龄两个属性。我们需要过滤出其中年龄大于 18 岁和性别为男的对象。

首先定义一个数组对象，代码如下所示。

```
var arrObj = [{
    gender: '男',
    age: 20
}, {
    gender: '女',
    age: 19
}, {
    gender: '男',
    age: 14
}, {
    gender: '男',
    age: 16
}, {
    gender: '女',
```

```
        age: 17
}];
```

然后编写过滤函数，主要用于判断其中的 age 大于 18 和 gender 为 '男' 的元素值。

```
var filterFn = function (obj) {
    return obj.age > 18 && obj.gender === '男';
};
```

最后调用 filter() 函数得到测试的结果。

```
var result = arrObj.filter(filterFn);
console.log(result);
```

结果为 "[{gender: "男", age: 20}]"，符合前面对 filter() 函数的描述。

关于 filter() 函数，还有很重要的功能是可以进行数组去重，这一点会专门在 2.2.6 小节中讲到。

2.2.3 reduce()函数累加器处理数组元素

reduce() 函数拥有着强大的功能，但在使用上并不被人熟知。

reduce() 函数最主要的作用是做累加处理，即接收一个函数作为累加器，将数组中的每一个元素从左到右依次执行累加器，返回最终的处理结果。

由于 reduce() 函数的特殊性，我们需要理解其运算的过程，因此需要掌握其各个参数的含义。

reduce() 函数的语法如下所示。

```
arr.reduce(callback[, initialValue]);
```

initialValue 用作 callback 的第一个参数值，如果没有设置，则会使用数组的第一个元素值。

callback 会接收 4 个参数（accumulator、currentValue、currentIndex、array）。

- accumulator表示上一次调用累加器的返回值，或设置的initialValue值。如果设置了initialValue，则accumulator=initialValue；否则accumulator=数组的第一个元素值。
- currentValue表示数组正在处理的值。
- currentIndex表示当前正在处理值的索引。如果设置了initialValue，则currentIndex从0开始，否则从1开始。
- array表示数组本身。

在掌握了 reduce() 函数的语法后，我们列举出了几种灵活运用 reduce() 函数的场景，看看它是如何解决对应问题的。

1. 求数组每个元素相加的和

真实场景如下所述。

有一个数组为 [1, 7, 8, 3, 6]，通过一定的算法将数组的每个元素相加，返回结果为 25。

解决问题的思路如下。

reduce() 函数适合作为累加器，实现数组元素的相加。在不设置初始值的情况下，会自动将数组的第一个值作为初始值，然后从第二个元素开始往后累加计算；如果设置了初始值的话，则需要将初始值设置为 0，然后从第一个元素开始往后累加计算。

根据以上的分析，我们得到以下的代码。

```
var arr = [1, 2, 3, 4, 5];
var sum = arr.reduce(function (accumulator, currentValue) {
    return accumulator + currentValue;
}, 0);
console.log(sum);
```

设置 initialValue 为 0，在进行第一轮运算时，accumulator 为 0，currentValue 从 1 开始，第一轮计算完成累加的值为 0+1=1；在进入第二轮计算时，accumulator 为 1，currentValue 为 2，第二轮计算完成累加的值为 1+2=3；以此类推，在进行 5 轮计算后最终的输出结果为"15"。

2. 统计数组中每个元素出现的次数

真实场景如下所述。

假如存在一个数组为 [1, 2, 3, 2, 2, 5, 1]，通过一定的算法，统计出其中数字 1 出现的次数为 2，2 出现的次数为 3，3 出现的次数为 1，5 出现的次数为 1。

解决问题的思路如下。

虽然通过 for 循环可以轻松实现这个功能，但我们也可以使用 reduce() 函数来实现。

接下来是问题分析的过程。我们利用 key-value 对象的形式，统计出每个元素出现的次数。其中 key 表示数组元素，value 表示元素出现的次数。

将 initialValue 设置为一个空对象 {}，initialValue 作为累加器 accumulator 的初始值，依次往后执行每个元素。如果执行的元素在 accumulator 中存在，则将其计数加 1，否则将当前执行元素作为 accumulator 的 key，其 value 为 1。依次执行完所有元素后，最终返回的 accumulator 的值就包含了每个元素出现的次数。

根据以上的分析，我们可以得到以下的代码。

```
var countOccurrences = function(arr) {
    return arr.reduce(function(accumulator, currentValue) {
        accumulator[currentValue] ? accumulator[currentValue]++ :
                            accumulator[currentValue] = 1;
        return accumulator;
    }, {});
};
// 测试代码
countOccurrences([1, 2, 3, 2, 2, 5, 1]);
```

上面代码的运行结果为"{1: 2, 2: 3, 3: 1, 5: 1}"，符合预期。

3. 多维度统计数据

真实场景如下所述。

我们在知道不同币值汇率的情况下，将一组人民币的值分别换算成美元和欧元的等量值。
首先我们需要有一组人民币值，假设如下。

```
var items = [{price: 10}, {price: 50}, {price: 100}];
```

此时查到人民币：美元汇率为 1：0.1478，人民币：欧元汇率为 1：0.1265。通过一定的算
法，需要计算出这些人民币值对应的美元是 23.792，对应的欧元是 20.240。

解决问题的思路如下。

因为涉及不同汇率的计算，reduce() 函数的第一个 callback 参数可以封装为一个 reducers
数组。数组中的每个元素实际为一个函数，利用 reduce() 函数单独完成一个汇率的计算。

```
var reducers = {
    totalInEuros : function(state, item) {
        return state.euros += item.price * 0.1265;
    },
    totalInDollars : function(state, item) {
        return state.dollars += item.price * 0.1487;
    }
};
```

上面的 reducers 通过一个 manager() 函数，利用 object.keys() 函数同时执行多个函数，
每个函数完成各自的汇率计算。

```
var manageReducers = function(reducers) {
    return function(state, item) {
        return Object.keys(reducers).reduce(
                function(nextState, key) {
                    reducers[key](state, item);
                    return state;
                },
                {}
        );
    }
};
```

然后对上面的一组人民币值 items 数组进行运算。

```
var bigTotalPriceReducer = manageReducers(reducers);
var initialState = {euros: 0, dollars: 0};
var totals = items.reduce(bigTotalPriceReducer, initialState);
console.log(totals);
```

运行结束后得到的结果为 "{euros: 20.240, dollars: 23.792}"，符合预期。

filter() 函数与 reduce() 函数虽然是 Array 数组的原生函数，但可以解决很多实际的问题。
在接下来的小节中，我们会整理出一些在平时开发中可能会遇到的情况，看看我们的解题思路

是什么样的。

2.2.4 求数组的最大值和最小值

真实场景如下所述。

给定一个数组 [2，4，10，7，5，8，6]，编写一个算法，得到数组的最大值为 10，最小值为 2。

关于这个场景，我们总结出了 6 种算法，接下来会一一讲解。

1. 通过prototype属性扩展min()函数和max()函数

算法 1 的主要思想是在自定义的 min() 函数和 max() 函数中，通过循环由第一个值依次与后面的值作比较，动态更新最大值和最小值，从而找到结果。

根据以上的算法分析，得到以下的代码。

```
// 最小值
Array.prototype.min = function() {
    var min = this[0];
    var len = this.length;
    for (var i = 1; i < len; i++){
        if (this[i] < min){
            min = this[i];
        }
    }
    return min;
};
// 最大值
Array.prototype.max = function() {
    var max = this[0];
    var len = this.length;
    for (var i = 1; i < len; i++){
        if (this[i] > max) {
            max = this[i];
        }
    }
    return max;
};
```

然后定义一个数组 arr=[2，4，10，7，5，8，6]，运行相应的算法。

```
var arr1 = [2,4,10,7,5,8,6];
console.log(arr1.min()); // 2
console.log(arr1.max()); // 10
```

得到数组的最小值为 "2"，最大值为 "10"。

2. 借助Math对象的min()函数和max()函数

算法 2 的主要思想是通过 apply() 函数改变函数的执行体，将数组作为参数传递给 apply() 函数。这样数组就可以直接调用 Math 对象的 min() 函数和 max() 函数来获取返回值。

根据以上的分析，得到以下的代码。

```
// 最大值
Array.max = function(array) {
    return Math.max.apply(Math, array);
};
// 最小值
Array.min = function(array) {
    return Math.min.apply(Math, array);
};
```

然后定义一个数组 arr=[2, 4, 10, 7, 5, 8, 6]，去运行相应的算法。

```
var arr2 = [2, 4, 10, 7, 5, 8, 6];
console.log(Array.min(arr2)); // 2
console.log(Array.max(arr2)); // 10
```

得到数组的最小值为 "2"，最大值为 "10"。

3. 算法2的优化

在算法 2 中将 min() 函数和 max() 函数作为 Array 类型的静态函数，但并不支持链式调用，我们可以利用对象字面量进行简化。

根据以上的描述，得到以下的代码。

```
// 最大值
Array.prototype.max = function() {
    return Math.max.apply({}, this);
};
// 最小值
Array.prototype.min = function() {
    return Math.min.apply({}, this);
};
```

与算法 2 不同的是，在验证时因为 min() 函数和 max() 函数属于实例方法，所以可以直接通过数组调用。

```
var arr3 = [2, 4, 10, 7, 5, 8, 6];
console.log(arr3.min());  // 2
console.log(arr3.max());  // 10
```

上面的算法代码中 apply() 函数传入的第一个值为 {}，实际表示当前执行环境的全局对象。第二个参数 this 指向需要处理的数组。

由于 apply() 函数的特殊性，我们还可以得到其他几种实现方法。将 apply() 函数的第一个参数设置为 null、undefined 或 {} 都会得到相同的效果。

```
// 最大值
Array.prototype.max = function() {
    return Math.max.apply(null, this);
```

```
};
// 最小值
Array.prototype.min = function() {
    return Math.min.apply(null, this);
};
```

4. 借助Array类型的reduce()函数

在上一小节中讲过 reduce() 函数的应用场景，在这里它同样适用。

算法 4 的主要思想是 reduce() 函数不设置 initialValue 初始值，将数组的第一个元素直接作为回调函数的第一个参数，依次与后面的值进行比较。当需要找最大值时，每轮累加器返回当前比较中大的值；当需要找最小值时，每轮累加器返回当前比较中小的值。

根据以上的分析，得到以下的代码。

```
// 最大值
Array.prototype.max = function () {
    return this.reduce(function (preValue, curValue) {
        return preValue > curValue ? preValue : curValue;  // 比较后，返回大的值
    });
};
// 最小值
Array.prototype.min = function () {
    return this.reduce(function (preValue, curValue) {
        return preValue > curValue ? curValue : preValue;  // 比较后，返回小的值
    });
};
```

定义一个数组 arr=[2, 4, 10, 7, 5, 8, 6]，运行相应的算法。

```
var arr4 = [2,4,10,7,5,8,6];
console.log(arr4.min()); // 2
console.log(arr4.max()); // 10
```

得到数组的最小值为"2"，最大值为"10"。

5. 借助Array类型的sort()函数

算法 5 的主要思想是借助数组原生的 sort() 函数对数组进行排序，排序完成后首尾元素即是数组的最小、最大元素。

默认的 sort() 函数在排序时是按照字母顺序排序的，数字都会按照字符串处理，例如数字 11 会被当作 "11" 处理，数字 8 会被当作 "8" 处理。在排序时是按照字符串的每一位进行比较的，因为 "1" 比 "8" 要小，所以 "11" 在排序时要比 "8" 小。对于数值类型的数组来说，这显然是不合理的，所以需要我们自定义排序函数。

根据以上的分析，得到以下的代码。

```
var sortFn = function (a, b) {
    return a - b;
```

```
};
var arr5 = [2, 4, 10, 7, 5, 8, 6];
var sortArr = arr5.sort(sortFn);
// 最小值
console.log(sortArr[0]); // 2
// 最大值
console.log(sortArr[sortArr.length - 1]); // 10
```

得到数组的最小值为"2",最大值为"10"。

6. 借助ES6的扩展运算符

算法 6 的主要思想是借助于 ES6 中增加的扩展运算符（...），将数组直接通过 Math.min() 函数与 Math.max() 函数的调用，找出数组中的最大值和最小值。

根据以上的分析，得到以下的代码。

```
var arr6 = [2, 4, 10, 7, 5, 8, 6];
// 最小值
console.log(Math.min(...arr6));
// 最大值
console.log(Math.max(...arr6));
```

得到数组的最小值为"2",最大值为"10"。

本小节一共讲解了 6 种求数组中最大值和最小值的方法。实际运用时推荐算法 3，如果追求代码的简洁，推荐算法 6，不过它需要 ES6 提供支持。

2.2.5 数组遍历的7种方法及兼容性处理（polyfill）

数组的遍历在数组的所有操作中应该算是最频繁的，这里总结出了 7 种常用的数组遍历方法供大家选择。

1. 最原始的for循环

相信这是大多数人都会写的遍历方法，不多赘述，直接看代码与实际运行结果。

```
var arr1 = [11, 22, 33];
for (var i = 0; i < arr1.length; i++) {
    console.log(arr1[i]);
}
```

最终的输出结果为"[11, 22, 33]"。

2. 基于forEach()函数的方法

forEach() 函数算是在数组实例方法中用于遍历调用次数最多的函数。forEach() 函数接收一个回调函数，参数分别表示当前执行的元素值、当前值的索引和数组本身。在方法体中输出每个数组元素即可完成遍历。

根据以上的分析，得到以下的代码。

```
var arr2 = [11, 22, 33];
arr2.forEach(function (element, index, array) {
    console.log(element);
});
```

最终输出结果为"[11, 22, 33]"。

forEach() 函数是在 ES5 中新添加的，它可能不兼容只支持低版本 JS 的浏览器，这里我们提供一个 polyfill 来实现。

通过 for 循环，在循环中判断 this 对象，即数组本身是否包含遍历的索引。如果包含则利用 call() 函数去调用回调函数，传入回调函数所需要的参数。

```
// forEach() 函数兼容性处理
Array.prototype.forEach = Array.prototype.forEach ||
    function (fn, context) {
        for (var k = 0, length = this.length; k < length; k++) {
            if (typeof fn === "function"
                && Object.prototype.hasOwnProperty.call(this, k)) {
                fn.call(context, this[k], k, this);
            }
        }
    };
```

3. 基于map()函数的方法

map() 函数在用于在数组遍历的过程中，将数组中的每个元素做处理，得到新的元素，并返回一个新的数组。map() 函数并不会改变原数组，其接收的参数和 forEach() 函数一样。

我们需要将一个数组中的每个元素都做平方运算，而通过 map() 函数就很容易做到。

```
var arr3 = [1, 2, 3];
var arrayOfSquares = arr3.map(function (element) {
    return element * element;
});
console.log(arrayOfSquares);
```

得到的输出结果是"[1, 4, 9]"。

需要注意的一点是，在 map() 函数的回调函数中需要通过 return 返回处理后的值，否则会返回"undefined"。

```
var arr4 = [1, 2, 3];
var arrayOfSquares = arr4.map(function (element) {
    element * element;
});
console.log(arrayOfSquares);
```

在以上 map() 函数中，在没有通过 return 返回处理后的值的情况下，最终的结果为 [undefined, undefined, undefined]。

同 forEach() 函数一样，map() 函数同样需要提供 polyfill 的处理。

map() 函数最终会在运算后得到一个新的数组。只需要事先定义一个数组，在循环中通过 call() 函数调用回调函数得到返回值，将这个返回值 push 到数组中，最后返回这个数组即可。

```
// map() 函数兼容性处理
Array.prototype.map = Array.prototype.map ||
    function (fn, context) {
        var arr = [];
        if (typeof fn === "function") {
            for (var k = 0, length = this.length; k < length; k++) {
                if(typeof fn === "function"
                    &&Object.prototype.hasOwnProperty.call(this, k)){
                    arr.push(fn.call(context, this[k], k, this));
                }
            }
        }
        return arr;
    };
```

4. 基于filter()函数的方法

filter() 函数在 2.2.2 小节中有讲到过，这里只提供其 polyfill 的处理。

其大部分代码与 map() 函数的 polyfill 类似，只有少许变动。因为 filter() 函数是通过判断返回值是否为 "true" 来决定是否将返回值 push 至新的数组中，所以可以利用短路原理，通过一行代码解决。

```
// filter() 函数兼容性处理
Array.prototype.filter = Array.prototype.filter ||
    function (fn, context) {
        var arr = [];
        if (typeof fn === "function") {
            for (var k = 0, length = this.length; k < length; k++) {
                if(typeof fn === "function"
                    &&Object.prototype.hasOwnProperty.call(this, k)){
                    fn.call(context, this[k], k, this) && arr.push(
                this[k]);
                }
            }
        }
        return arr;
    };
```

5. 基于some()函数与every()函数的方法

some() 函数与 every() 函数的相似之处在于都用于数组遍历的过程中，判断数组是否有满足条件的元素，满足条件则返回 "true"，否则返回 "false"。some() 函数与 every() 函数的区别在于 some() 函数只要数组中某个元素满足条件就返回 "true"，不会对后续元素进行判断；

而 every() 函数是数组中每个元素都要满足条件时才返回"true"。

例如，需要判断数组中是否有大于 4 的元素时，可以通过 some() 函数处理；判断数组中是否所有元素都大于 4 时，则可以通过 every() 函数处理。

```javascript
// 定义判断的函数
function isBigEnough(element, index, array) {
    return element > 4;
}

// 测试 some() 函数
var passed1 = [1, 2, 3, 4].some(isBigEnough);
var passed2 = [1, 2, 3, 4, 5].some(isBigEnough);
console.log(passed1); // false
console.log(passed2); // true

// 测试 every() 函数
var passed3 = [2, 3, 4].every(isBigEnough);
var passed4 = [5, 6].every(isBigEnough);
console.log(passed3); // false
console.log(passed4); // true
```

some() 函数与 every() 函数的兼容性处理很类似。some() 函数是对 true 的判断，如果某个处理返回了"true"，则直接返回"true"，否则返回最后一次迭代的结果。而 every() 函数是对 false 的判断，如果某个处理返回了"false"，则最终返回"false"，否则返回最后一次迭代的结果。

因此得到以下关于 some() 函数和 every() 函数的 polyfill。

```javascript
// some() 函数兼容性处理
Array.prototype.some = Array.prototype.some ||
    function (fn, context) {
        var passed = false;
        if (typeof fn === "function"
          &&Object.prototype.hasOwnProperty.call(this, k)) {
            for (var k = 0, length = this.length; k < length; k++) {
                if (passed === true) break; // 如果有返回值为"true"，直接跳出循环
                passed = !!fn.call(context, this[k], k, this);
            }
        }
        return passed;
    };

// every() 函数兼容性处理
Array.prototype.every = Array.prototype.every ||
    function (fn, context) {
        var passed = true;
```

```
        if (typeof fn === "function"
            &&Object.prototype.hasOwnProperty.call(this, k)) {
            for (var k = 0, length = this.length; k < length; k++) {
                if (passed === false) break; // 如果有返回值为"false"，直接跳出循环
                passed = !!fn.call(context, this[k], k, this);
            }
        }
        return passed;
    };
```

6. 基于reduce()函数的方法

在 2.2.3 小节中已经具体讲过了 reduce() 函数，这里我们重点提供其 polyfill 的处理。

reduce() 函数的重点是每次处理完后的值，都要赋给累加器作为下一次计算的开始值。

```
// reduce() 函数兼容性处理
Array.prototype.reduce = Array.prototype.reduce ||
    function (callback, initialValue) {
        var previous = initialValue, k = 0, length = this.length;
        if (typeof initialValue === "undefined") {
            previous = this[0];
            k = 1;
        }
        if (typeof callback === "function") {
            for (k; k < length; k++) {
                // 每轮计算完后，需要将计算后的返回值重新赋给累加函数的第一个参数
                this.hasOwnProperty(k)
                    && (previous = callback(previous, this[k], k, this));
            }
        }
        return previous;
    };
```

7. 基于find()函数的方法

find() 函数用于数组遍历的过程中，找到第一个满足条件的元素值时，则直接返回该元素值；如果都不满足条件，则返回"undefined"。

其接收的参数与 forEach()、map() 等函数一样，基本使用方法如下。

```
var value = [1, 5, 10, 15].find(function (element, index, array) {
    return element > 9;
});
var value2 = [1, 5, 10, 15].find(function (element, index, array) {
    return element > 20;
});

console.log(value); // 10
console.log(value2); // undefined
```

find() 函数和前面其他函数的 polyfill 实现方法一样，只需修改返回值即可。

```
// find() 函数兼容性处理
Array.prototype.find = Array.prototype.find ||
    function (fn, context) {
        if (typeof fn === "function") {
            for (var k = 0, length = this.length; k < length; k++) {
                if (fn.call(context, this[k], k, this)) {
                    return this[k];
                }
            }
        }
        return undefined;
    };
```

至此，本小节中讲解了 7 个与数组遍历有关的方法，以及它们的 polyfill 实现，有助于大家理解每个函数的内部实现。

2.2.6　数组去重的7种算法

数组去重是指当数组中出现重复的元素时，通过一定的算法达到去掉重复元素的目的。

真实场景如下所述。

例如存在一个数组 [1, 4, 5, 7, 4, 8, 1, 10, 4]，通过一定的算法，需要得到的数组为 [1, 4, 5, 7, 8, 10]。

针对这个场景，以下总结出了 7 种不同的处理算法。

1. 遍历数组

算法 1 的主要思想是在函数内部新建一个数组，对传入的数组进行遍历。如果遍历的值不在新数组中就添加进去，如果已经存在就不做处理。

```
function arrayUnique(array) {
    var result = [];
    for (var i = 0; i < array.length; i++) {
        if(result.indexOf(array[i]) === -1) {
            result.push(array[i]);
        }
    }
    return result;
}
var array = [1, 4, 5, 7, 4, 8, 1, 10, 4];
console.log(arrayUnique(array));
```

以上代码在运行后得到的结果为 "[1, 4, 5, 7, 8, 10]"。

2. 利用对象键值对

算法 2 的主要思想是新建一个 JS 对象以及一个新的数组，对传入的数组进行遍历，判断当前遍历的值是否为 JS 对象的键。如果是，表示该元素已出现过，则不做处理；如果不是，表示该元素第一次出现，则给该 JS 对象插入该键，同时插入新的数组，最终返回新的数组。

```javascript
function arrayUnique2(array) {
    var obj = {}, result = [], val, type;
    for (var i = 0; i < array.length; i++) {
        val = array[i];
        if (!obj[val]) {
            obj[val] = 'yes';
            result.push(val);
        }
    }
    return result;
}
var array = [1, 4, 5, 7, 4, 8, 1, 10, 4];
console.log(arrayUnique2(array));
```

以上代码的运行结果为"[1, 4, 5, 7, 8, 10]"。

上面的代码存在些许缺陷，即不能判断 Number 类型和 String 类型的数字。因为不管是 Number 类型的 1，还是 String 类型的 "1"，作为对象的 key 都会被当作先插入类型的 1 处理。所以会把 Number 类型和 String 类型相等的数字作为相等的值来处理，但实际上它们并非是重复的值。

对于数组 [1, 4, 5, 7, 4, 8, 1, 10, 4, '1'] 的处理结果为"[1, 4, 5, 7, 8, 10]"，这显然是不合理的，正确结果应为"[1, 4, 5, 7, 8, 10, '1']"。

为了解决这个问题，我们需要将数据类型作为 key 的 value 值。这个 value 值为一个数组，判断 key 的类型是否在数组中，如果在，则代表元素重复，否则不重复，并将数据类型 push 到 value 中去。

根据以上分析，得到以下代码，其中 obj 为键值对象，result 为最终返回结果。

```javascript
function arrayUnique2(array) {
    var obj = {}, result = [], val, type;
    for (var i = 0; i < array.length; i++) {
        val = array[i];
        type = typeof val;
        if (!obj[val]) {
            obj[val] = [type];
            result.push(val);
        } else if (obj[val].indexOf(type) < 0) {    // 判断数据类型是否存在
            obj[val].push(type);
            result.push(val);
        }
    }
    return result;
}
```

```
var array2 = [1, 4, 5, 7, 4, 8, 1, 10, 4, '1'];
console.log(arrayUnique2(array2));
```

以上的代码运行后得到的结果为"[1, 4, 5, 7, 8, 10, '1']",可以发现 1 与 '1' 不为重复的元素,满足实际情况。

3. 先排序,再去重

算法 3 的主要思想是借助原生的 sort() 函数对数组进行排序,然后对排序后的数组进行相邻元素的去重,将去重后的元素添加至新的数组中,返回这个新数组。

根据以上分析,得到以下代码。

```
function arrayUnique3(array) {
    var result = [array[0]];
    array.sort(function(a,b){return a-b});
    for (var i = 0; i < array.length; i++) {
        if (array[i] !== result[result.length - 1]) {
            result.push(array[i]);
        }
    }
    return result;
}
var array3 = [1, 4, 5, 7, 4, 8, 1, 10, 4];
console.log(arrayUnique3(array3));
```

以上代码的运行结果为"[1, 4, 5, 7, 8, 10]"。

4. 优先遍历数组

算法 4 的主要思想是利用双层循环,分别指定循环的索引 i 与 j,j 的初始值为 i+1。在每层循环中,比较索引 i 和 j 的值是否相等,如果相等则表示数组中出现了相同的值,则需要更新索引 i 与 j,操作为 ++i;同时将其赋值给 j,再对新的索引 i 与 j 的值进行比较。循环结束后会得到一个索引值 i,表示的是右侧没有出现相同的值,将其 push 到结果数组中,最后返回结果数组。

根据以上的分析,得到以下的代码。

```
function arrayUnique4(array) {
    var result = [];
    for (var i = 0, l = array.length; i < array.length; i++) {
        for (var j = i + 1; j < l; j++) {
            // 依次与后面的值进行比较,如果出现相同的值,则更改索引值
            if (array[i] === array[j]) {
                j = ++i;
            }
        }
        // 每轮比较完毕后,索引为 i 的值为数组中只出现一次的值
        result.push(array[i]);
    }
    return result;
```

```
    }
    var array4 = [1, 4, 5, 7, 4, 8, 1, 10, 4];
    console.log(arrayUnique4(array4));
```

以上代码的运行结果为"[1, 4, 5, 7, 8, 10]"。

5. 基于reduce()函数

算法 5 的主要思想是利用 reduce() 函数，类似于算法 2，需要借助一个 key-value 对象。在 reduce() 函数的循环中判断 key 是否重复，如果为是，则将当前元素 push 至结果数组中。实际做法是设置 initialValue 为一个空数组 []，同时将 initialValue 作为最终的结果进行返回。在 reduce() 函数的每一轮循环中都会判断数据类型，如果数据类型不同，将表示为不同的值，如 1 和 "1"，将作为不重复的值。

根据以上的分析，得到以下的代码。

```
function arrayUnique5(array) {
    var obj = {}, type;
    return array.reduce(function (preValue, curValue) {
        type = typeof curValue;
        if (!obj[curValue]) {
            obj[curValue] = [type];
            preValue.push(curValue);
        } else if (obj[curValue].indexOf(type) < 0) {    // 判断数据类型是否存在
            obj[curValue].push(type);
            preValue.push(curValue);
        }
        return preValue;
    }, []);
}
var array5 = [1, 4, 5, 7, 4, 8, 1, 10, 4, '1'];
console.log(arrayUnique5(array4));
```

以上代码的运行结果为"[1, 4, 5, 7, 8, 10, "1"]"。

6. 借助ES6的Set数据结构

算法 6 的主要思想是借助于 ES6 中新增的 Set 数据结构，它类似于数组，但是有一个特点，即成员都是唯一的，所以 Set 具有自动去重的功能。

在 ES6 中，Array 类型增加了一个 from() 函数，用于将类数组对象转化为数组，然后再结合 Set 可以完美实现数组的去重。

根据以上的分析，得到以下的代码。

```
function arrayUnique6(array) {
    return Array.from(new Set(array));
}
var arr6 = [1, 4, 5, 7, 4, 8, 1, 10, 4, '1'];
console.log(arrayUnique6(arr6));
```

以上代码的运行结果为"[1, 4, 5, 7, 8, 10, "1"]"。

7. 借助ES6的Map数据结构

算法 7 的主要思想是借助于 ES6 中新增的 Map 数据结构，它是一种基于 key-value 存储数据的结构，每个 key 都只对应唯一的 value。如果将数组元素作为 Map 的 key，那么判断 Map 中是否有相同的 key，就可以判断出元素的重复性。

Map 还有一个特点是 key 会识别不同数据类型的数据，即 1 与 "1" 在 Map 中会作为不同的 key 处理，不需要通过额外的函数来判断数据类型。

基于 Map 数据结构，通过 filter() 函数过滤，即可获得去重后的结果。

根据以上的分析，得到以下的代码。

```
function arrayUnique7(array) {
    var map = new Map();
    return array.filter((item) => !map.has(item) && map.set(item, 1));
}
var arr7 = [1, 4, 5, 7, 4, 8, 1, 10, 4, '1'];
console.log(arrayUnique7(arr7));
```

以上代码的运行结果为"[1, 4, 5, 7, 8, 10, "1"]"。

2.2.7 找出数组中出现次数最多的元素

这里指通过一系列的算法，找出数组中出现次数最多的元素。

真实场景如下所述。

存在一个数组为 [3, 5, 6, 5, 9, 8, 10, 5, 7, 7, 10, 7, 7, 10, 10, 10, 10, 10]，通过一定的算法，找出次数最多的元素为 10，其出现次数为 7 次。

针对这个场景，以下总结出了 4 种不同的处理算法。

1. 利用键值对

算法 1 的主要思想是利用 key-value 型的键值对对数据进行存储，可以分解为两个步骤。

• 定义一个对象，在遍历数组的时候，将数组元素作为对象的键，将出现的次数作为值。

• 获取键值对后进行遍历，获取值最大的那个元素，即为最终结果。

根据以上分析，得到以下代码。

```
function findMost1(arr) {
    if (!arr.length) return;
    if (arr.length === 1) return 1;
    var res = {};
    // 遍历数组
    for (var i = 0, l = arr.length; i < l; i++) {
        if (!res[arr[i]]) {
            res[arr[i]] = 1;
        } else {
```

```
            res[arr[i]]++;
        }
    }
    // 遍历 res
    var keys = Object.keys(res);
    var maxNum = 0, maxEle;
    for (var i = 0, l = keys.length; i < l; i++) {
        if (res[keys[i]] > maxNum) {
            maxNum = res[keys[i]];
            maxEle = keys[i];
        }
    }
    return '出现次数最多的元素为:' + maxEle + ',出现次数为:' + maxNum;
}
```

然后通过下面的代码进行测试。

```
var arr1 = [3, 5, 6, 5, 9, 8, 10, 5, 7, 7, 10, 7, 7, 10, 10, 10, 10, 10];
console.log(findMost1(arr1));
```

得到的结果为出现次数最多的元素为 10，出现次数为 7。

因为算法 1 首先会对数组进行遍历，然后对对象进行遍历，所以实现效率比较低，不推荐使用。

2．对算法1的优化

算法 2 的主要思想同算法 1 一样，都是基于键值对对对象的遍历。不过其优于算法 1 的地方在于，将 2 次遍历减少为 1 次遍历，将值的判断过程放在同一次遍历中。

主要做法是在循环外层设置初始的出现次数最大值 maxNum 为 0，然后在每次循环中处理当前元素的出现次数时，将出现次数值与 maxNum 比较。如果其比 maxNum 大，则更改 maxNum 值为当前元素出现次数，否则不变，最终返回 maxNum 作为结果。

根据以上分析，得到以下代码。

```
function findMost2(arr) {
    var h = {};
    var maxNum = 0;
    var maxEle = null;
    for (var i = 0; i < arr.length; i++) {
        var a = arr[i];
        h[a] === undefined ? h[a] = 1 : (h[a]++);
        // 在当前循环中直接比较出现次数最大值
        if (h[a] > maxNum) {
            maxEle = a;
            maxNum = h[a];
        }
    }
```

```
        return '出现次数最多的元素为:' + maxEle + ',出现次数为:' + maxNum;
    }
```

然后通过以下的代码进行测试。

```
var arr2 = [3, 5, 6, 5, 9, 8, 10, 5, 7, 7, 10, 7, 7, 10, 10, 10, 10, 10];
console.log(findMost2(arr2));
```

得到的结果为出现次数最多的元素为 10，出现次数为 7。

3. 借助Array类型的reduce()函数

算法 3 的主要思想是使用 Array 类型的 reduce() 函数，优先设置初始的出现次数最大值 maxNum 为 1，设置 initialValue 为一个空对象 {}，每次处理中优先计算当前元素出现的次数，在每次执行完后与 maxNum 进行比较，动态更新 maxNum 与 maxEle 的值，最后获得返回的结果。

根据以上的分析，得到以下的代码。

```
function findMost3(arr) {
    var maxEle;
    var maxNum = 1;
    var obj = arr.reduce(function (p, k) {
        p[k] ? p[k]++ : p[k] = 1;
        if (p[k] > maxNum) {
            maxEle = k;
            maxNum++;
        }
        return p;
    }, {});
    return '次数最多的元素为:' + maxEle + ',次数为:' + obj[maxEle];
}
```

然后通过以下的代码进行测试。

```
var arr3 = [3, 5, 6, 5, 9, 8, 10, 5, 7, 7, 10, 7, 7, 10, 10, 10, 10, 10];
console.log(findMost3(arr3));
```

得到的结果为出现次数最多的元素为 10，出现次数为 7。

4. 借助ES6与逗号运算符进行代码优化

算法 4 的主要思想是通过 ES6 与逗号运算符进行代码优化。虽然这个方法的代码比较精简，但是理解起来却需要花费一定的功夫，建议先学习下 ES6 函数语法及逗号运算符的相关知识。

```
Array.prototype.getMost4 = function () {
    var obj = this.reduce((p, n) =>
            (p[n]++ || (p[n] = 1), (p.max = p.max >= p[n] ? p.max : p[n]),
                (p.key = p.max > p[n] ? p.key : n), p),
```

```
    {});
    return '次数最多的元素为：' + obj.key + '，次数为：' + obj.max;
}
```

然后通过以下的代码进行测试。

```
var arr4 = [3, 5, 6, 5, 9, 8, 10, 5, 7, 7, 10, 7, 7, 10, 10, 10, 10, 10];
console.log(arr4.getMost4());
```

得到的结果为出现次数最多的元素为 10，出现次数为 7。

2.3 Date类型

Date 类型的操作在前端开发中也是出现次数比较多的，例如日期的格式化、日期校验等。目前已经出现了一些成型的、与日期相关的第三方类库，如 Moment.js、Date.js 等。

本节内容将主要从原生 JavaScript 层面，探讨 Date 类型常用操作的实现。

2.3.1 日期格式化

日期格式化的主要目的是以对用户友好的形式，将日期、时间等数据展示出来。例如 2018 年 7 月 31 日 12 点 23 分 34 秒，常见的展示形式为 "2018-07-31 12:23:34"，下面将展示 3 种实现方法。

1. 基于严格的时间格式解析

方法 1 实现的方式对时间格式有较强的限制，例如，yyyy 表示的是年份，MM 表示的是月份，dd 表示的是天数等。在方法设计上只针对性地处理 yyyy/MM/dd/HH/mm/ss 等常用的时间格式。如匹配到 yyyy 字符串就返回时间的年份值，匹配到 MM 字符串就返回时间的月份值。

根据以上的分析，得到以下的代码。

```
/**
 * 方法1
 * @description 对 Date 的扩展，将 Date 转换为指定格式的 String
 *   月 (MM)、日 (dd)、小时 (HH)、分 (mm)、秒 (ss) 固定用两个占位符
 *   年 (yyyy) 固定用 4 个占位符
 * @param fmt
 * @example
 *   (new Date()).format("yyyy-MM-dd HH:mm:ss") // 2018-07-31 20:09:04
 *   (new Date()).format("yyyy-MM-dd") // 2018-07-31 20:08
 * @returns {*}
 */
Date.prototype.format = function (pattern) {
    function zeroize(num) {
        return num < 10 ? "0" + num : num;
```

```
    }
    var pattern = pattern;      // YYYY-MM-DD 或 YYYY-MM-DD HH:mm:ss
    var dateObj = {
        "y": this.getFullYear(),
        "M": zeroize(this.getMonth() + 1),
        "d": zeroize(this.getDate()),
        "H": zeroize(this.getHours()),
        "m": zeroize(this.getMinutes()),
        "s": zeroize(this.getSeconds())
    };
    return pattern.replace(/yyyy|MM|dd|HH|mm|ss/g, function (match) {
        switch (match) {
            case "yyyy" :
                return dateObj.y;
            case "MM" :
                return dateObj.M;
            case "dd" :
                return dateObj.d;
            case "HH" :
                return dateObj.H;
            case "mm" :
                return dateObj.m;
            case "ss" :
                return dateObj.s;
        }
    });
};
```

通过以下代码进行测试。

```
var d = new Date();

console.log(d.format('yyyy-MM-dd HH:mm:ss'));  // 2017-11-26 15:50:00
console.log(d.format('yyyy-MM-dd'));  // 2017-11-26
console.log(d.format('yyyy-MM-dd HH:mm'));  // 2017-11-26 15:50
```

通过上面的测试代码及结果可以发现，结果符合预期。

2. 对方法1的优化

　　方法 2 是对方法 1 的优化，两者都是通过正则表达式来实现想要的效果。只是方法 1 对时间格式字符串的要求比较严格，实际运用的场景比较少。方法 2 对时间格式字符串的要求相对宽松，只要能匹配到 y、M、d、H、m、s 等即可，并不要求出现的次数，最后的返回值会根据匹配到的字符次数进行动态展示。

　　在方法 2 的设计中，时间格式基本包括年、月、日、时、分、秒、毫秒，有时会包含季度。其中年用 y 表示，使用 1～4 个占位符；月用 M 表示，日用 d 表示，小时用 H 表示，分钟用

m 表示，秒用 s 表示，季度用 q 表示，可以使用 1 ～ 2 字符；毫秒用 S 表示，实际值为 1 ～ 3 位的数字，使用 1 个占位符。

主要的设计思路如下。

- 整体通过正则表达式匹配。
- 预先定义一个对象，key 为可能的正则表达式，即上述的 y、M、d、H、m、s、q、S 等，value 为每个正则表达式对应的实际值。
- 预先匹配年份，确定年份的值。
- 然后遍历对象，确定可能有的月份、天、时、分和秒。

根据以上的分析，得到以下的代码。

```
/**
 * 方法 2
 * @description 对 Date 的扩展，将 Date 转换为指定格式的 String
 *   月 (M)、日 (d)、小时 (H)、分 (m)、秒 (s)、季度 (q) 可以用 1~2 个占位符，
 *   年 (y) 可以用 1~4 个占位符，毫秒 (S) 只能用 1 个占位符 ( 是 1~3 位的数字 )
 * @param fmt
 * @example
 * (new Date()).format("yyyy-MM-dd HH:mm:ss") // 2018-07-31 20:09:04
 * (new Date()).format("yyyy-M-d H:m")  // 2018-07-31 20:09
 * @returns {*}
 */
Date.prototype.format = function (fmt) {
    var o = {
        "M+": this.getMonth() + 1, // 月份
        "d+": this.getDate(), // 日
        "H+": this.getHours(), // 小时
        "m+": this.getMinutes(), // 分
        "s+": this.getSeconds(), // 秒
        "q+": Math.floor((this.getMonth() + 3) / 3), // 季度
        "S": this.getMilliseconds() // 毫秒
    };
    if (/(y+)/.test(fmt))
        fmt = fmt.replace(RegExp.$1, (this.getFullYear() + "").substr(4 -
RegExp.$1.length));
    for (var k in o)
        if (new RegExp("(" + k + ")").test(fmt))
            fmt = fmt.replace(RegExp.$1, (RegExp.$1.length == 1) ? (o[k]) :
(("00" + o[k]).substr(("" + o[k]).length)));
    return fmt;
};
```

接下来我们通过以下的代码进行测试。

```
var d = new Date();
console.log(d.format('yyyy-MM-dd HH:mm:ss.S')); // 2017-11-26 14:46:13.894
```

```
console.log(d.format('yyyy-MM-dd'));  // 2017-11-26
console.log(d.format('yyyy-MM-dd q HH:mm:ss'));  // 2017-11-26 4 14:46:13
```

通过以上的结果可以看出，传递不同格式的字符串，可以返回对应的时间字符串，可见上述的方法在实现上是满足条件的。

3. 基于成型的类库Moment.js

方法 1 和方法 2 都是基于原生的 JavaScript 实现。这里在方法 3 中推荐一款非常好用的时间处理工具库 Moment.js，它是一款专门用于处理时间的库，支持多种不同的格式化类型。

Moment.js 有多种不同的安装方法。

```
bower install moment --save   # bower
npm install moment --save     # npm
Install-Package Moment.js     # NuGet
spm install moment --save     # spm
meteor add moment:moment      # meteor
```

Moment.js 主要通过传递不同的字符串格式来输出对应的时间。

```
moment().format('MMMM Do YYYY, h:mm:ss a'); // 七月 31 日 2018, 10:33:34 晚上
moment().format('dddd');                    // 星期二
moment().format("MMM Do YY");               // 7 月 31 日 18
moment().format('YYYY [escaped] YYYY');     // 2018 escaped 2018
```

Moment.js 还支持相对时间、日历时间、多语言等，如果读者感兴趣的话，可以深入学习 Moment.js 的内容。

2.3.2　日期合法性校验

日期的合法性校验主要是指校验日期时间是否合法。例如，用户录入生产日期时，需要判断录入的时间是否为合法的日期值。

真实场景如下所述。

假如需要用户输入产品的保质期时，输入的值为 2018-09-40，那么将返回 "false"，因为 9 月份不存在 40 号，它是一个非法的日期数据。

校验日期合法性的主要思想是利用正则表达式，将正则表达式按分组处理，匹配到不同位置的数据后，得到一个数组。利用数组的数据构造一个 Date 对象，获得 Date 对象的年、月、日的值，再去与数组中表示年、月、日的值比较。如果都相等的话则为合法的日期，如果不相等的话则为不合法的日期。

例如，给定一个日期值 2018-09-40，将年、月、日的值构造成一个新的 Date 对象，即 new Date(2018, 9, 40)，返回的实际 Date 值是 "2019-10-09"。在判断的时候，月份值 09!==10，是一个非法的日期值。

根据以上的分析，得到以下的代码。

```javascript
function validateDate(str) {
    var reg = /^(\d+)-(\d{1,2})-(\d{1,2})$/;
    var r = str.match(reg);
    if (r == null) return false;
    r[2] = r[2] - 1;
    var d = new Date(r[1], r[2], r[3]);
    if (d.getFullYear() != r[1]) return false;
    if (d.getMonth() != r[2]) return false;
    if (d.getDate() != r[3]) return false;
    return true;
}
```

通过以下的代码进行验证。

```javascript
console.log(validateDate ('2018-08-20')); // true
console.log(validateDate ('2018-08-40')); // false
```

通过以上代码的运行结果可以看出，该方法是可行的。

上述方法中验证的日期格式为 yyyy-MM-dd，如果想要验证 yyyy-MM-dd HH:mm:ss 或者其他自定义的时间格式，可以修改正则表达式匹配值。和年、月、日的值的判断方法一样，判断时、分、秒的值是否为新生成的 Date 对象的时、分、秒值时，如果相等则为合法的时间值，如果不相等则为不合法的时间值。

2.3.3 日期计算

在 JavaScript 中关于 Date 类型的计算是很常见的，例如比较日期大小、计算当前日期前后 N 天的日期、计算两个日期的时间差。

1. 比较日期大小

真实场景如下所述。

一个开始时间为 2018-07-31 7:30，一个结束时间为 2018-08-01 8:30，需要判断开始时间是否在结束之间之前。

日期大小比较的主要思想是在 JavaScript 中，以斜线（/）作为分隔符的时间类型字符串，可以直接转换为 Date 类型对象并直接进行比较，即对于 "2018-07-31 7:30" 与 "2018-08-01 8:30"，可以直接判断出前者比后者要小。

常用的作为时间类型字符串分隔符的有斜线（/）和短横线（-），但是不同的浏览器支持的程度不同，为了最大化兼容不同浏览器的特性，统一使用斜线作为时间类型字符串的分隔符。

主要实现步骤如下。

• 将传入的两个带有 "-" 分隔符的时间字符串，通过正则表达式匹配替换为 "/"。

- 将转换后的字符串转换为新的Date对象，然后直接比较大小，返回结果。

根据以上的分析，得到以下的代码。

```
function CompareDate(dateStr1, dateStr2) {
    var date1 = dateStr1.replace(/-/g, "\/");
    var date2 = dateStr2.replace(/-/g, "\/");
    return new Date(date1) > new Date(date2);
}
```

然后通过以下的代码进行测试。

```
var dateStr1 = "2018-07-30 7:31";
var dateStr2 = "2018-07-31 7:30";
var dateStr3 = "2018-08-01 17:31";
var dateStr4 = "2018-08-01 17:30";
CompareDate(dateStr1, dateStr2);  // false
CompareDate(dateStr3, dateStr4);  // true
```

通过以上的测试代码的结果可以看出，该方法是可行的。

2. 计算当前日期前后N天的日期

真实场景如下所述。

假如知道一个日期为 2018-08-01，需要求出该时期前、后 3 天的日期。前 3 天日期为 2018-07-29，后 3 天日期为 2018-08-04。

获取前后 N 天的日期的主要思想是对 date 值的设置，在 Date 对象的实例函数中提供 setDate() 函数，用于设置日期值。对返回时间的格式进行处理，月份与日期不够 10 的补充 0，标签字符串如 2018-08-01 这种格式的字符串。

根据以上的分析，得到以下的代码。

```
function GetDateStr(AddDayCount) {
    var dd = new Date();
    dd.setDate(dd.getDate() + AddDayCount);  // 获取 AddDayCount 天后的日期
    var y = dd.getFullYear();
    // 获取当前月份的日期，不足 10 补 0
    var m = (dd.getMonth() + 1) < 10 ? "0" + (dd.getMonth() + 1) : (dd.getMonth() + 1);
    var d = dd.getDate() < 10 ? "0" + dd.getDate() : dd.getDate();  // 获取当前几号，
                                                                    // 不足 10 补 0
    return y + "-" + m + "-" + d;
}
```

然后通过一系列的情况进行测试，例如半年前、3 个月前、昨天、今天、明天、1 个月后等。

```
console.log(" 半年前:"+GetDateStr(-180)); // 半年前:2018-02-02
console.log(" 三月前:"+GetDateStr(-90));  // 三月前:2018-05-03
console.log(" 一月前:"+GetDateStr(-30));  // 一月前:2018-07-02
```

```
console.log(" 昨天: "+GetDateStr(-1));        // 昨天: 2018-07-31
console.log(" 今天: "+GetDateStr(0));         // 今天: 2018-08-01
console.log(" 明天: "+GetDateStr(1));         // 明天: 2018-08-02
console.log(" 后天: "+GetDateStr(2));         // 后天: 2018-08-03
console.log(" 一月后: "+GetDateStr(30));      // 一月后: 2018-08-31
console.log(" 三月后: "+GetDateStr(90));      // 三月后: 2018-10-30
console.log(" 半年后: "+GetDateStr(180));     // 半年后: 2019-01-28
```

3. 计算两个日期的时间差

真实场景如下所述。

给定两个日期值 2018-07-30 18:12:34 和 2018-08-01 20:17:30，需要确定这两个时间在不同维度的时间差。例如以天的维度，两者相差 2 天；以小时的维度，两者相差 39 小时。

设计的规则是向下取整法。大于 1 天，不满 2 天的按照 1 天处理；大于 1 小时，不满 2 小时的按照 1 小时处理。

计算两个日期的时间差的主要思路如下。

• 将传入的时间字符串中的"-"分隔符转换为"/"。

• 将转换后的字符串构造成新的 Date 对象。

• 以毫秒作为最小的处理单位，然后根据处理维度，进行相应的描述计算。例如天换算成毫秒，就为"1000 * 3600 * 24"。

• 两个时间都换算成秒后，进行减法运算，与维度值相除即可得到两个时间的差值。

根据以上的分析，得到以下的代码。

```
function GetDateDiff(startTime, endTime, diffType) {
    // 将 yyyy-MM-dd 的时间格式转换为 yyyy/MM/dd 的时间格式
    startTime = startTime.replace(/\-/g, "/");
    endTime = endTime.replace(/\-/g, "/");
    // 将计算间隔类性字符转换为小写
    diffType = diffType.toLowerCase();
    var sTime = new Date(startTime);  // 开始时间
    var eTime = new Date(endTime);   // 结束时间
    //作为除数的数字
    var divNum = 1;
    switch (diffType) {
        case "second":
            divNum = 1000;
            break;
        case "minute":
            divNum = 1000 * 60;
            break;
        case "hour":
            divNum = 1000 * 3600;
            break;
```

```
        case "day":
            divNum = 1000 * 3600 * 24;
            break;
        default:
            break;
    }
    return parseInt((eTime.getTime() - sTime.getTime()) / parseInt(divNum));
}
```

然后通过以下的代码进行测试。

```
var result1 = GetDateDiff("2018-07-30 18:12:34", '2018-08-01 9:17:30', "day");
var result2 = GetDateDiff("2018-07-29 20:56:34", '2018-08-01 9:17:30', "hour");
console.log(" 两者时间差为:" + result1 + " 天。");
console.log(" 两者时间差为:" + result2 + " 小时。");
```

返回的结果如下所示。

```
两者时间差为:1 天。
两者时间差为:60 小时。
```

第**3**章

函数

在 JavaScript 中，要说理解起来，难度最大的就是函数了。函数中包括作用域、原型链、闭包等核心知识点，熟练地掌握这些知识点，就可以在进阶的道路上更进一步。

学习完本章的内容，希望读者掌握如下知识点。

- 函数的定义与调用。
- 函数参数。
- 构造函数。
- 变量提升与函数提升。
- 闭包。
- this使用详解。
- call()函数、apply()函数、bind()函数的使用与区别。

接下来我们由浅入深地学习，一起领略 JavaScript 中函数带给我们的乐趣。

▶ 3.1 函数的定义与调用

在 JavaScript 中，函数实际也是一种对象，每个函数都是 Function 类型的实例，能够定义不同类型的属性与方法。

在使用函数之前，我们得先学会定义函数，函数的定义大体上可以分为 3 种，分别是函数声明、函数表达式和 Function 构造函数。

3.1.1 函数的定义

1. 函数声明

函数声明是直接使用 function 关键字接一个函数名，函数名后是接收函数的形参，示例如下。

```
// 函数声明式
function sum(num1, num2) {
    return num1 + num2;
}
```

2. 函数表达式

函数表达式的形式类似于普通变量的初始化，只不过这个变量初始化的值是一个函数，示例如下。

```
// 函数表达式
var sum = function (num1, num2) {
    return num1 + num2;
};
```

这个函数表达式没有名称，属于匿名函数表达式。

使用函数声明和匿名函数表达式定义的函数，在进行函数调用时，都只需要使用函数名，传入对应的实际参数（后文简称为实参）即可，示例如下。

```
console.log(sum(1, 3));  // 4
```

需要注意的是，函数表达式也可以定义具有名称的函数，函数名称即跟在 function 关键字后的值。

```
// 具有函数名的函数表达式
var sum = function foo(num1, num2) {
    return num1 + num2;
};
```

其中 foo 是函数名称，它实际是函数内部的一个局部变量，在函数外部是无法直接调用的，示例如下。

```
console.log(foo(1, 3)); // ReferenceError: foo is not defined
```

在调用 foo 时，会直接抛出 foo 未定义的异常。

3. Function()构造函数

使用 new 操作符，调用 Function() 构造函数，传入对应的参数，也可以定义一个函数，示例如下。

```
var add = new Function("a", "b", "return a + b");
```

其中的参数，除了最后一个参数是执行的函数体，其他参数都是函数的形参。

相比于函数声明和函数表达式这两种方式，Function() 构造函数的使用比较少，主要有以下两个原因。

第一个原因是 Function() 构造函数每次执行时，都会解析函数主体，并创建一个新的函数对象，所以当在一个循环或者频繁执行的函数中调用 Function() 构造函数时，效率是非常低的。

第二个原因是使用 Function() 构造函数创建的函数，并不遵循典型的作用域，它将一直作为顶级函数执行。所以在一个函数 A 内部调用 Function() 构造函数时，其中的函数体并不能访问到函数 A 中的局部变量，而只能访问到全局变量。

下面的代码段中，使用 Function() 构造函数创建的函数的函数体 'return y'，其中变量 y 只能访问到在全局环境定义的值，并不能访问到 constructFunction() 函数局部环境定义的值，因此最后输出的值为 'global'。

```
var y = 'global';  // 全局环境定义的 y 值
function constructFunction() {
    var y = 'local';  // 局部环境定义的 y 值
    return new Function('return y');  // 无法获取局部环境定义的值
}
console.log(constructFunction()()); // 输出 'global'
```

4．函数表达式的应用场景

函数表达式存在很多的应用场景，我们主要针对函数递归与代码模块化这两个应用场景进行讲解。

（1）函数递归

通过函数表达式可以定义具有名称的函数，它作为函数内部的一个局部变量，指向函数自身，我们可以利用这一点很好实现递归的功能。

对于斐波那契数列问题，通过函数声明实现的代码如下。

```
function fibonacci(num) {
    if (num === 1 || num === 2) {
        return 1;
    };
    return fibonacci(num - 2) + fibonacci(num - 1);
}
```

而通过函数表达式实现的代码如下。

```
var fibonacci = function(num) {
    if (num === 1 || num === 2) {
        return 1;
    };
    return fibonacci(num - 2) + fibonacci(num - 1);
}
```

其中函数名为 fa，在函数内部可以直接通过 fa 访问到函数，从而传递新的参数进入下一轮循环，直到结束。

（2）代码模块化

在 ES6 以前，JavaScript 中是没有块级作用域的，但是我们可以通过函数表达来间接地实现模块化，将特定的模块代码封装在一个函数中，只对外暴露接口，使用者也不用关心具体细节，这样做可以很好地避免全局环境的污染。

```
var person = (function () {
    var _name = "";
    return {
        getName: function () {
            return _name;
        },
        setName: function (newName) {
            _name = newName;
        }
    };
}());
person.setName('kingx');
person.getName();    // 'kingx'
```

在上面代码中，我们创建了一个立即执行的匿名函数表达式，返回的是一个对象，使用者只需要调用 getName() 函数和 setName() 函数，而不用关心 person 私有的 _name 属性。

5. 函数声明与函数表达式的区别

函数声明与函数表达式虽然是常用的两种定义函数的方式，但是 JavaScript 解释器在处理两者时却不是一视同仁的，接下来我们就一起看看两者的区别吧。

（1）函数名称

在使用函数声明时，是必须设置函数名称的，这个函数名称相当于一个变量，以后函数的调用也会通过这个变量进行。

而对于函数表达式来说，函数名称是可选的，我们可以定义一个匿名函数表达式，并赋给一个变量，然后通过这个变量进行函数的调用。

```
// 函数声明，函数名称 sum 必须设置
function sum(num1, num2) {
    return num1 + num2;
}

// 没有函数名称的匿名函数表达式
var sum = function (num1, num2) {
    return num1 + num2;
};

// 具有函数名的函数表达式，其中 foo 为函数名称
```

```
var sum = function foo(num1, num2) {
    return num1 + num2;
};
```

（2）函数提升

对于函数声明，存在函数提升，所以即使函数的调用在函数的声明之前，仍然可以正常执行。

对于函数表达式，不存在函数提升，所以在函数定义之前，不能对其进行调用，否则会抛出异常。

```
console.log(add(1, 2));    // "3"
console.log(sub(5, 3));    // Uncaught TypeError: sub is not a function
// 函数声明
function add(a1, a2) {
    return a1 + a2;
}
// 函数表达式
var sub = function (a1, a2) {
    return a1 - a2;
};
```

关于函数提升，我们将在 3.4 节中做详细讲解，这里暂不做详细描述。

3.1.2 函数的调用

当我们定义好一个函数后，如何执行函数中的代码呢？这就是本小节所要讲的函数的调用。

函数的调用存在 5 种模式，分别是函数调用模式，方法调用模式，构造器调用模式，call() 函数、apply() 函数调用模式，匿名函数调用模式。这 5 种模式在使用时都有很明显的特征，接下来将一一讲解。

1. 函数调用模式

函数调用模式是通过函数声明或者函数表达式的方式定义函数，然后直接通过函数名调用的模式。

```
// 函数声明
function add(a1, a2) {
    return a1 + a2;
}
// 函数表达式
var sub = function (a1, a2) {
    return a1 - a2;
};

add(1, 3);
sub(4, 1);
```

2. 方法调用模式

方法调用模式会优先定义一个对象 obj，然后在对象内部定义值为函数的属性 property，通过对象 obj.property() 来进行函数的调用。

```
// 定义对象
var obj = {
    name: 'kingx',
    // 定义 getName 属性，值为一个函数
    getName: function () {
        return this.name;
    }
};
obj.getName();   // 通过对象进行调用
```

函数还可以通过中括号来调用，即对象名 [' 函数名 ']，那么上面的实例代码，我们还可以改写成如下代码。

```
obj['getName']();
```

如果在某个方法中返回的是函数对象本身 this，那么可以利用链式调用原理进行连续的函数调用。

```
var obj2 = {
    name: 'kingx',
    getName: function () {
        console.log(this.name);
    },
    setName: function (name) {
        this.name = name;
        return this;   // 在函数内部返回函数对象本身
    }
};
obj2.setName('kingx2').getName();   // 链式函数调用
```

3. 构造器调用模式

构造器调用模式会定义一个函数，在函数中定义实例属性，在原型上定义函数，然后通过 new 操作符生成函数的实例，再通过实例调用原型上定义的函数。

```
// 定义函数对象
function Person(name) {
    this.name = name;
}
// 原型上定义函数
Person.prototype.getName = function () {
    return this.name;
```

```
};
// 通过 new 操作符生成实例
var p = new Person('kingx');
// 通过实例进行函数的调用
p.getName();
```

4. call()函数、apply()函数调用模式

通过 call() 函数或者 apply() 函数可以改变函数执行的主体，使得某些不具有特定函数的对象可以直接调用该特定函数。

```
// 定义一个函数
function sum(num1, num2) {
    return num1 + num2;
}
// 定义一个对象
var person = {};
// 通过 call() 函数与 apply() 函数调用 sum() 函数
sum.call(person, 1, 2);
sum.apply(person, [1, 2]);
```

通过 call() 函数与 apply() 函数，使得没有 sum() 函数的 person 对象也可以直接调用 sum() 函数，具体关于 call() 函数与 apply() 函数的知识点会在后面的 3.7 节中讲到。

5. 匿名函数调用模式

匿名函数，顾名思义就是没有函数名称的函数。匿名函数的调用有两种方式，一种是通过函数表达式定义函数，并赋给变量，通过变量进行调用。

```
// 通过函数表达式定义匿名函数，并赋给变量 sum
var sum = function(num1, num2){
    return num1 + num2;
};
// 通过 sum() 函数进行匿名函数调用
sum(1, 2);
```

另一种是使用小括号 () 将匿名函数括起来，然后在后面使用小括号 ()，传递对应的参数，进行调用。

```
(function (num1, num2) {
    return num1 + num2;
})(1, 2);   // 3
```

上述方式中，使用小括号括住的函数声明实际上是一个函数表达式，紧随其后的小括号表示会立即调用这个函数。

需要注意的是，如果前半部分的函数声明没有使用小括号括住，则直接进行函数的调用时，会抛出语法异常。

```
function (num1, num2) {
    return num1 + num2;
}(1, 2);    // Uncaught SyntaxError: Unexpected token (
```

因为 JavaScript 解释器在解析语句时，会将 function 关键字当作函数声明的开始，函数的声明是需要有函数名称的，而上面的代码却并没有函数名称，所以会抛出语法异常。

事实上，就算我们在函数声明中写上了函数名称，结果也并不是如我们所想的一样。

```
function sum(num1, num2) {
    console.log(num1 + num2);
}(1, 2);
```

上面代码运行后，控制台并没有输出"3"，这是为什么呢？

实际上，在函数声明后增加的小括号相当于一个分组操作符，两部分内容是完全独立的，并不会起到立即执行的作用，与下列语句等价。

```
// 函数声明
function sum(num1, num2) {
    console.log(num1 + num2);
}
// 表达式
(1, 2);
```

如果需要小括号产生立即执行的作用，该怎么实现呢？

这里有两个方法，第一个是让小括号前面的语句是一段函数表达式，则函数表达式后面跟的小括号表示的是函数立即执行。

```
var sum = function (num1, num2) {
    return num1 + num2;
}(1, 2);
console.log(sum);  // 3
```

第二个是使用小括号将整个语句全部括起来，当作一个完整的函数表达式调用。

```
(function sum(num1, num2) {
    console.log(num1 + num2);
}(1, 2));
```

3.1.3 自执行函数

自执行函数即函数定义和函数调用的行为先后连续产生。它需要以一个函数表达式的身份进行函数调用，上面的匿名函数调用也属于自执行函数的一种。

接下来我们一起看看自执行函数的多种表现形式。

```
function (x) {
    alert(x);
```

```
}(5); // 抛出异常, Uncaught SyntaxError: Unexpected token (

var aa = function (x) {
    console.log(x);
}(1); // 1

true && function (x) {
    console.log(x);
}(2); // 2

0, function (x) {
    console.log(x);
}(3); // 3

!function (x) {
    console.log(x);
}(4); // 4

~function (x) {
    console.log(x);
}(5); // 5

-function (x) {
    console.log(x);
}(6); // 6

+function (x) {
    console.log(x);
}(7); // 7

new function (){
    console.log(8); // 8
};

new function (x) {
    console.log(x);
}(9); // 9
```

3.2 函数参数

3.2.1 形参和实参

函数的参数分为两种，分别是形参和实参。

形参全称为形式参数（后文全部使用形参表述），是在定义函数名称与函数体时使用的参数，目的是用来接收调用该函数时传入的参数。

实参全称为实际参数（后文全部使用实参表述），是在调用时传递给函数的参数，实参可以是常量、变量、表达式、函数等类型。

形参和实参的区别有以下几点。

（1）形参出现在函数的定义中，只能在函数体内使用，一旦离开该函数则不能使用；实参出现在主调函数中，进入被调函数后，实参也将不能被访问。

如下代码段，fn1() 函数作为主调函数，在内部调用 fn2() 函数，对于 fn2() 函数来说，param 变量是实参，arg 变量是形参。在主调函数 fn1() 函数中访问 fn2() 函数的形参 arg，会抛出异常，在 fn2() 函数中访问实参 param，也会抛出异常。

```
function fn1() {
    var param = 'hello';
    fn2(param);
    console.log(arg);     // 在主调函数中不能访问到形参 arg，会抛出异常
}
function fn2(arg) {
    console.log(arg);     // 在函数体内能访问到形参 arg，输出 "hello"
    console.log(param);   // 在函数体内不能访问到实参 param，会抛出异常
}
fn1();
```

（2）在强类型语言中，定义的形参和实参在数量、数据类型和顺序上要保持严格一致，否则会抛出"类型不匹配"的异常。

（3）在函数调用过程中，数据传输是单向的，即只能把实参的值传递给形参，而不能把形参的值反向传递给实参。因此在函数执行时，形参的值可能会发生变化，但不会影响到实参中的值。

```
var arg = 1;
function fn(param) {
    param = 2;
}
fn(arg);
console.log(arg); // 输出 "1"，实参 arg 的值仍然不变
```

（4）当实参是基本数据类型的值时，实际是将实参的值复制一份传递给形参，在函数运行结束时形参被释放，而实参中的值不会变化。当实参是引用类型的值时，实际是将实参的内存地址传递给形参，即实参和形参都指向相同的内存地址，此时形参可以修改实参的值，但是不能修改实参的内存地址。

下面的代码段定义了一个实参 arg 为一个对象，name 属性值为 kingx，在调用 fn() 函数时，首先修改了形参 param 的 name 属性值为 kingx2，此时形参 param 与实参 arg 指向的是同一个内存地址（假设为 A），因此 arg 的值也会发生变化。

然后将形参 param 重新赋值为一个空对象，表示的是将形参 param 指向了一个新的内存地址（假设为 B），但是这并不会影响实参 arg 的值，它仍然指向原来的内存地址 A，因此最后

的输出结果为 "{name: "kingx2"}"。

```javascript
var arg = {name: 'kingx'};
function fn(param) {
    param.name = 'kingx2';
    param = {};
}
fn(arg);
console.log(arg); // {name: "kingx2"}
```

由于 JavaScript 是一门弱类型的语言，函数参数在遵循上述规则的基础上，还具有以下几个特性。

- 函数可以不用定义形参，可以在函数体中通过arguments对象获取传递的实参并进行处理。
- 在函数定义了形参的情况下，传递的实参与形参的个数并不需要相同，实参与形参会从前到后匹配，未匹配到的形参被当作undefined处理。
- 实参并不需要与形参的数据类型一致，因为形参的数据类型只有在执行期间才能确定，并且还存在隐式数据类型的转换。

由于这些特点的存在，函数参数的处理非常灵活，其中最关键的一点是，JavaScript 为函数增加了一个内置的 arguments 对象。接下来会重点对 arguments 对象进行讲解。

3.2.2 arguments对象的性质

arguments 对象是所有函数都具有的一个内置局部变量，表示的是函数实际接收的参数，是一个类数组结构。

之所以说 arguments 对象是一个类数组结构，是因为它除了具有 length 属性外，不具有数组的一些常用方法。

接下来会讲解 arguments 对象所具有的性质。

1. 函数外部无法访问

arguments 对象只能在函数内部使用，无法在函数外部访问到 arguments 对象。同时 arguments对象存在于函数级作用域中，一个函数无法直接获取另一个函数的arguments对象。

```javascript
console.log(typeof arguments); // undefined

function foo() {
    console.log(arguments.length); // 3
    function foo2() {
        console.log(arguments.length); // 0
    }
    foo2();
}

foo(1, 2, 3);
```

2. 可通过索引访问

arguments 对象是一个类数组结构，可以通过索引访问，每一项表示对应传递的实参值，如果该项索引值不存在，则会返回"undefined"。

```
function sum(num1, num2) {
    console.log(arguments[0]);   // 3
    console.log(arguments[1]);   // 4
    console.log(arguments[2]);   // undefined
}

sum(3, 4);
```

3. 由实参决定

arguments 对象的值由实参决定，而不是由定义的形参决定，形参与 arguments 对象占用独立的内存空间。关于 arguments 对象与形参之间的关系，可以总结为以下几点。

- arguments对象的length属性在函数调用的时候就已经确定，不会随着函数的处理而改变。
- 指定的形参在传递实参的情况下，arguments对象与形参值相同，并且可以相互改变。
- 指定的形参在未传递实参的情况下，arguments对象对应索引值返回"undefined"。
- 指定的形参在未传递实参的情况下，arguments对象与形参值不能相互改变。

```
function foo(a, b, c) {
    console.log(arguments.length);   // 2

    arguments[0] = 11;
    console.log(a);    // 11

    b = 12;
    console.log(arguments[1]);   // 12

    arguments[2] = 3;
    console.log(c);   // undefined

    c = 13;
    console.log(arguments[2]);   // 3

    console.log(arguments.length);   // 2
}

foo(1, 2);
```

在上面的代码中，函数定义的形参有a、b、c共3个，在调用时传递的实参有1和2这两个。

- 因为arguments对象的length属性是由实际传递的参数个数决定的，所以arguments.length会输出"2"。
- 在形参a、b都传递了实参的情况下，对应的arguments[0]与arguments[1]与a和b相互影响，因此输出a与arguments[1]时，会输出"11"与"12"。

- 在形参c未传递实参的情况下，对arguments[2]值的设置不会影响到c值，对c值的设置也不会影响到arguments[2]。
- 因为arguments对象的长度从一开始foo(1，2)调用时就已经确定，所以即使在函数处理时给arguments[2]赋值，都不会影响到arguments对象的length属性，输出"2"。

4. 特殊的arguments.callee属性

arguments 对象有一个很特殊的属性 callee，表示的是当前正在执行的函数，在比较时是严格相等的。

```
function foo() {
    console.log(arguments.callee === foo);  // true
}
foo();
```

通过 arguments.callee 属性获取到函数对象后，可以直接传递参数重新进行函数的调用，这个属性在匿名的递归函数中非常有用。

```
function create() {
    return function (n) {
        if (n <= 1)
            return 1;
        return n * arguments.callee(n - 1);
    };
}

var result = create()(5); // returns 120 (5 * 4 * 3 * 2 * 1)
```

在上面的代码中，create() 函数返回一个匿名函数，在匿名函数内部需要对自身进行调用，因为匿名函数没有函数名称，所以只能通过 arguments.callee 属性获取函数自身，同时传递参数进行函数调用。

尽管 arguments.callee 属性可以用于获取函数本身去做递归调用，但是我们并不推荐广泛使用 arguments.callee 属性，其中有一个主要原因是使用 arguments.callee 属性后会改变函数内部的 this 值。

```
var sillyFunction = function (recursed) {
    if (!recursed) {
        console.log(this);  // Window {}
        return arguments.callee(true);
    }
    console.log(this);  // Arguments {}
};
sillyFunction();
```

上面的代码定义了一个 sillyFunction() 函数并完成调用。由于调用时未传递 recursed 参数，程序会进入 if 判断的内部，此时输出 this 值得到的是全局对象 Window。紧接着程序调用 arguments.callee() 函数并传递 recursed 参数为 true，重新进入函数内部调用，此时程序会跳过 if 判断并输出 this 值，得到的是 Arguments{} 对象值，并不是和第一次输出的全局对象 Window 一样，这时就会给程序的执行带来一定的隐患，因此我们并不推荐广泛使用 arguments.callee 属性。

如果需要在函数内部进行递归调用，推荐使用函数声明或者使用函数表达式，给函数一个明确的函数名。

3.2.3　arguments对象的应用

我们将通过以下 3 个场景让读者了解如何应用 arguments 对象。

1. 实参的个数判断

定义一个函数，明确要求在调用时只能传递 3 个参数，如果传递的参数个数不等于 3，则直接抛出异常。

```
function f(x, y, z) {
    // 检查传递的参数个数是否正确
    if (arguments.length !== 3) {
        throw new Error(" 期望传递的参数个数为 3，实际传递个数为 " + arguments.length);
    }
    // ...do something
}

f(1, 2); // Uncaught Error：期望传递的参数个数为 3，实际传递个数为 2
```

2. 任意个数的参数处理

定义一个函数，该函数只会特定处理传递的前几个参数，对于后面的参数不论传递多少个都会统一处理，这种场景下我们可以使用 arguments 对象。

例如，定义一个函数，需要将多个字符串使用分隔符相连，并返回一个结果字符串。此时第一个参数表示的是分隔符，而后面的所有参数表示待相连的字符串，我们并不关心后面待连接的字符串有多少个，通过 arguments 对象统一处理即可。

```
function joinStr(seperator) {
    // arguments 对象是一个类数组结构，可以通过 call() 函数间接调用 slice() 函数，得到一个数组
    var strArr = Array.prototype.slice.call(arguments, 1);
    // strArr 数组直接调用 join() 函数
    return strArr.join(seperator);
}

joinStr('-', 'orange', 'apple', 'banana'); // orange-apple-banana
joinStr(',', 'orange', 'apple', 'banana'); // orange,apple,banana
```

3. 模拟函数重载

函数重载表示的是在函数名相同的情况下，通过函数形参的不同参数类型或者不同参数个数来定义不同的函数。

我们都知道在 JavaScript 中是没有函数重载的，主要有以下几点原因。

- JavaScript是一门弱类型的语言，变量只有在使用时才能确定数据类型，通过形参是无法确定数据类型的。
- 无法通过函数的参数个数来指定调用不同的函数，函数的参数个数是在函数调用时才确定下来的。
- 使用函数声明定义的具有相同名称的函数，后者会覆盖前者。

```javascript
function sum(num1, num2) {
    return num1 + num2;
}

function sum(num1, num2, num3) {
    return num1 + num2 + num3;
}

sum(1, 2);    // NaN
sum(1, 2, 3); // 6
```

上面的代码中，定义了两个 sum() 函数，但是实际上后定义的 sum() 函数会覆盖前一个定义的 sum() 函数。在实际调用时，会直接调用后一个 sum() 函数。

对于 sum(1，2)，因为没有传递第三个参数，第三个参数就为 undefined，实际执行的是 1 + 2 + undefined = NaN，所以返回 "NaN"。

对于 sum(1，2，3)，执行的就是 1 + 2 + 3 = 6，返回结果 "6"。

那么遇到这种情况，我们该如何写出一个通用的函数，来实现任意个数字的加法运算求和呢？

答案就是使用 arguments 对象处理传递的参数。

首先通过 call() 函数间接调用数组的 slice() 函数以得到函数参数的数组；

然后调用数组的 reduce() 函数进行多个值的求和并返回。

```javascript
// 通用求和函数
function sum() {
    // 通过 call() 函数间接调用数组的 slice() 函数得到函数参数的数组
    var arr = Array.prototype.slice.call(arguments);
    // 调用数组的 reduce() 函数进行多个值的求和
    return arr.reduce(function (pre, cur) {
        return pre + cur;
    }, 0)
}
```

```
sum(1, 2);          // 3
sum(1, 2, 3);       // 6
sum(1, 2, 3, 4);    // 10
```

▶ 3.3 构造函数

在函数中存在一类比较特殊的函数——构造函数。当我们创建对象的实例时，通常会使用到构造函数，例如对象和数组的实例化可以通过相应的构造函数 Object() 和 Array() 完成。

构造函数与普通函数在语法的定义上没有任何区别，主要的区别体现在以下 3 点。

- 构造函数的函数名的第一个字母通常会大写。
- 在函数体内部使用this关键字，表示要生成的对象实例，构造函数并不会显式地返回任何值，而是默认返回"this"。

在下面的代码段中，Person() 函数并没有使用 return 关键字返回任何信息，但是输出的变量 p 是一个具有 name 属性值的 Person 实例。

```
function Person(name) {
    this.name = name;
}
var p = new Person('kingx');
console.log(p); // Person {name: "kingx"}
```

- 作为构造函数调用时，必须与new操作符配合使用。

这一点也是最重要的一点，一个函数只有在配合new操作符调用时才能当作一个构造函数，如果不使用 new 操作符，则只是一个普通函数。

一个函数在当作构造函数使用时，能通过 new 操作符创建对象的实例，并通过实例调用对应的函数。

```
// 构造函数
function Person(name, age) {
    this.name = name;
    this.age = age;
    this.sayName = function () {
        alert(this.name);
    };
}
var person = new Person('kingx', '12');
person.sayName(); // 'kingx'
```

一个函数在当作普通函数使用时，函数内部的 this 会指向 window。

```
Person('kingx', '12');
window.sayName(); // 'kingx'
```

使用构造函数可以在任何时候创建我们想要的对象实例，构造函数在执行时会执行以下4步。

- 通过 new 操作符创建一个新的对象，在内存中创建一个新的地址。
- 为构造函数中的 this 确定指向。
- 执行构造函数代码，为实例添加属性。
- 返回这个新创建的对象。

以前面生成 person 实例的代码为例。

第一步：为 person 实例在内存中创建一个新的地址。

第二步：确定 person 实例的 this 指向，指向 person 本身。

第三步：为 person 实例添加 name、age 和 sayName 属性，其中 sayName 属性值是一个函数。

第四步：返回这个 person 实例。

以上通过构造函数创建实例的方法的确很方便，是不是没有缺点呢？

并不是的，其中隐藏了一个很大的问题，即对函数的处理。

在构造函数中为 this 添加了一个 sayName 属性，它的值为一个函数，这样在每次创建一个新的实例时，都会给实例新增一个 sayName 属性，而且不同实例中的 sayName 属性是不同的。

```
var person1 = new Person();
var person2 = new Person();
console.log(person1.sayName === person2.sayName); // false
```

事实上，当我们在创建对象的实例时，对于相同的函数并不需要重复创建，而且由于 this 的存在，总是可以在实例中访问到它具有的属性。因此，我们需要使用一种更好的方式来处理函数类型的属性。大家可能会想到设置全局访问的函数，这样就可以被所有实例访问到，而不用重复创建。

但是这样也会存在一个问题，如果为一个对象添加的所有函数都处理成全局函数，这样会污染到全局作用域空间，而且也无法完成对一个自定义类型对象的属性和函数的封装，因此这不是一个好的解决办法。

那么有什么更好的方法吗？

这里就要引入原型的概念了，使用原型可以很好地解决这个问题，关于原型的内容将在 4.4 节中详细讲解。

3.4 变量提升与函数提升

在 JavaScript 中，会存在一些比较奇怪的现象。例如，一个函数体内，变量在定义之前就可以被访问到，而不会抛出异常。

```
function fn() {
    console.log(a); // 输出 "undefined"，不会抛出异常
    var a = 1;
}
```

函数也有类似的表现，函数在定义之前就可以被调用，而不会抛出异常。

```
fn();  // 函数正常执行，输出 "函数得到调用"
function fn() {
    console.log(' 函数得到调用 ');
}
```

为什么会出现这样的现象呢？这是因为 JavaScript 中存在一种特殊的变量提升和函数提升机制，接下来我们进行详细讲解。

3.4.1 作用域

在 JavaScript 中，一个变量的定义与调用都是会在一个固定的范围中的，这个范围我们称之为作用域。

作用域可以分为全局作用域、函数作用域和块级作用域。

如果变量定义在全局环境中，那么在任何位置都可以访问到这个变量；如果变量定义在函数内部，那么只能在函数内部访问到这个变量；如果变量定义在一个代码块中，那么只能在代码块中访问到这个变量。

需要注意的是块级作用域是在 ES6 中新增的，需要使用特定的 let 或者 const 关键字定义变量。

如果在各自支持的作用域外部调用变量，则会抛出变量未定义的异常。

```
// 全局作用域内的变量 a
var a = 'global variable';

function foo() {
    // 函数作用域内的变量 b
    var b = 'function variable';

    console.log(a);  // global variable
    console.log(b);  // function variable
}

// 块级作用域内的变量 c
{
    let c = 'block variable';
    console.log(c);  // block variable
}

console.log(c);  // Uncaught ReferenceError: c is not defined
```

全局作用域和块级作用域的使用相对简单，而函数作用域则不一样，主要是因为在函数内部使用 var 定义的变量时，函数中会存在变量提升的问题，具体表现我们可以看看以下两段代码。

```
// 代码段 1
var v = 'Hello World';
(function () {
    console.log(v);
})();

// 代码段 2
var v = 'Hello World';
(function () {
    console.log(v);
    var v = 'Hello JavaScript';
})();
```

代码段 1 输出 "Hello World", 代码段 2 输出 "undefined", 是不是很奇怪呢? 这是因为代码段 2 中涉及了变量提升。

3.4.2 变量提升

变量提升是将变量的声明提升到函数顶部的位置，而变量的赋值并不会被提升。

需要注意的一点是，会产生提升的变量必须是通过 var 关键字定义的，而不通过 var 关键字定义的全局变量是不会产生变量提升的。

通过下面的代码可以发现，变量 v 的定义未使用 var 关键字，那么它是一个全局变量，不会产生变量提升，直接进行输出，抛出一个变量 v 未定义的异常。

```
(function () {
    console.log(v);  // Uncaught ReferenceError: v is not defined
    v = 'Hello JavaScript';
})();
```

接下来我们看看前面两段代码的执行过程。

1. 代码段1的执行过程

在全局对象 window 上定义一个变量 v，并赋值为 Hello World。然后定义一个立即执行函数，这个立即执行函数的作用域为 window。在函数内部引用变量 v，然后会顺着作用域寻找，最终会在 window 上找到这个变量 v，因此输出 "Hello World"。

2. 代码段2的执行过程

代码段 2 中出现了变量提升，在立即执行函数的内部，变量 v 的定义会提升到函数顶部，实际执行过程的代码如下所示。

```
var v = 'Hello World';

(function () {
    var v;   // 变量的声明得到提升
    console.log(v);
```

```
        v = 'Hello JavaScript';  // 变量的赋值并未提升
    })();
```

同代码段 1 的分析，在 window 上定义一个变量 v，赋值为 Hello World，而且在立即执行函数的内部同样定义了一个变量 v，但是赋值语句并未提升，因此 v 为 undefined。在输出时，会优先在函数内部作用域中寻找变量，而变量已经在内部作用域中定义，因此直接输出"undefined"。

3.4.3 函数提升

不仅通过 var 定义的变量会出现提升的情况，使用函数声明方式定义的函数也会出现提升，如下面一段代码所示。

```
// 函数提升
foo();  // 我来自 foo
function foo() {
    console.log("我来自 foo");
}
```

在上面的代码中，foo() 函数的声明在调用之后，但是却可以调用成功，因为 foo() 函数被提升至作用域顶部，相当于如下所示代码。

```
function foo() {
    console.log("我来自 foo");
}
foo();  // 我来自 foo
```

需要注意的是函数提升会将整个函数体一起进行提升，包括里面的执行逻辑。

而对于函数表达式，是不会进行函数提升的。

```
foo();  // Uncaught TypeError: foo is not a function
var foo = function () {
    console.log('我自来 foo');
};
```

我们可以通过以下这段代码来看看两者同时使用时的情况。

```
show();  // 你好
var show;
// 函数声明，会被提升
function show() {
    console.log('你好');
}
// 函数表达式，不会被提升
show = function () {
    console.log('hello');
};
```

由于函数声明会被提升，因此最后输出的结果为"你好"。

3.4.4　变量提升与函数提升的应用

接下来我们通过以下几段代码来加深对变量提升和函数提升的理解。

1．关于函数提升

```
function foo() {
    function bar() {
        return 3;
    }

    return bar();

    function bar() {
        return 8;
    }
}
console.log(foo()); // 8
```

代码中使用函数声明定义了两个相同的 bar() 函数。由于变量提升的存在，两段代码都会被提升至 foo() 函数的顶部，而且后一个函数会覆盖前一个 bar() 函数，因此最后输出值为"8"。

2．变量提升和函数提升同时使用

```
var a = true;
foo();

function foo() {
    if(a) {
        var a = 10;
    }
    console.log(a); // undefined
}
```

首先在全局作用域中定义一个变量 a，值为 true，然后调用 foo() 函数。foo() 函数是通过函数声明定义的，会进行函数提升，因此 foo() 函数会正常调用。

在 foo() 函数内部，首先判断变量 a 的值，由于变量 a 在函数内部重新通过 var 关键字声明了一次，因此 a 会出现变量提升，a 会提升至 foo() 函数的顶部，此时 a 的值为 undefined。那么通过 if 语句进行判断时，返回"false"，并未执行 a = 10 的赋值语句，因此最后输出"undefined"。

整体的执行过程可以改写为以下代码段。

```
var a;
a = true;
function foo() {
    var a;
```

```
    if(a) {
        a = 10;
    }
    console.log(a); // undefined
}
foo();
```

3. 变量提升和函数提升优先级

```
function fn() {
    console.log(typeof foo); // function
    // 变量提升
    var foo = 'variable';
    // 函数提升
    function foo() {
        return 'function';
    }
    console.log(typeof foo); // string
}
fn();
```

在上面的代码中，同时存在变量提升和函数提升，但是变量提升的优先级要比函数提升的优先级高，因此实际执行过程可以改写为以下代码段。

```
function fn() {
    // 变量提升至函数顶部
    var foo;
    // 函数提升，但是优先级低，出现在变量声明后面，则 foo 是一个函数
    function foo() {
        return 'function';
    }
    console.log(typeof foo);  // function

    foo = 'variable';  // 变量赋值
    console.log(typeof foo); // string
}
fn();
```

4. 变量提升和函数提升整体应用

```
function foo() {
    var a = 1;
    function b() {
        a = 10;
        return;
        function a() {}
    }
    b();
```

```
    console.log(a);  // 1
}
foo();
```

代码中首先定义了一个变量 a 并赋值为 1，然后声明了一个 b() 函数，并在后面直接进行调用，最后输出变量 a 的值。

在 b() 函数中，赋值的变量 a 并未使用 var 关键字，因此变量 a 是一个全局环境的变量。而在 return 语句之后出现了一个变量 a 的函数声明，则会进行提升，执行 return 语句后，变量 a 的值仍然为 1，整体执行过程可以改写为以下代码段。

```
function foo() {
    // 变量 a 的提升
    var a;
    // 函数声明 b 的提升
    function b() {
        // 内部的函数声明 a 的提升
        function a() {}
        a = 10;
        return;
    }
    a = 1;
    b();
    console.log(a);  // 1
}
foo();
```

理解变量提升和函数提升可以使我们更了解这门语言，更好地驾驭它。但是在开发中，我们不应该使用这些技巧，而是要规范我们的代码，尽可能提高代码的可读性和可维护性。

具体的做法是：无论变量还是函数，都做到先声明后使用。

```
// 定义变量
var name = 'Scott';
// 先定义函数
var sayHello = function(guest) {
    console.log(name, 'says hello to', guest);
};
// 预先定义将要使用到的变量
var i;
var guest;
var guests = ['John', 'Tom', 'Jack'];

for (i = 0; i < guests.length; i++) {
    // 使用变量
    guest = guests[i];
    // 使用预先定义的 sayHello() 函数
```

```
    sayHello(guest);
}
```

对于 ES6 语法编写的代码，则全部使用 let 或者 const 关键字。

```
const name = 'Scott';
let sayHello = function(guest) {
    console.log(name, 'says hello to', guest);
};

let guests = ['John', 'Tom', 'Jack'];

for (let i = 0; i < guests.length; i++) {
    let guest = guests[i];
    sayHello(guest);
}
```

3.5 闭包

在正常情况下，如果定义了一个函数，就会产生一个函数作用域，在函数体中的局部变量会在这个函数作用域中使用。一旦函数执行完成，函数所占空间就会被回收，存在于函数体中的局部变量同样会被回收，回收后将不能被访问到。那么如果我们期望在函数执行完成后，函数中的局部变量仍然可以被访问到，这能不能实现呢？

答案是可以的，使用本节将要讲到的闭包，就可以实现这个目标。

在学习闭包之前，我们需要掌握一个概念——执行上下文环境。

3.5.1 执行上下文环境

JavaScript 每段代码的执行都会存在于一个执行上下文环境中，而任何一个执行上下文环境都会存在于整体的执行上下文环境中。根据栈先进后出的特点，全局环境产生的执行上下文环境会最先压入栈中，存在于栈底。当新的函数进行调用时，会产生的新的执行上下文环境，也会压入栈中。当函数调用完成后，这个上下文环境及其中的数据都会被销毁，并弹出栈，从而进入之前的执行上下文环境中。

需要注意的是，处于活跃状态的执行上下文环境只能同时有一个，即图 3-1 所示的深色背景的部分。

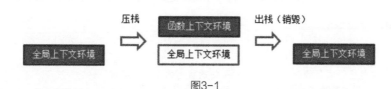

图3-1

我们再通过以下这段代码来看看执行上下文环境的变化过程。

```
1  var a = 10;     // 1.进入全局执行上下文环境
2  var fn = function (x) {
3      var c = 10;
4      console.log(c + x);
5  };
6  var bar = function (y) {
7      var b = 5;
8      fn(y + b);   // 3.进入 fn() 函数执行上下文环境
9  };
10 bar(20);  // 2.进入 bar() 函数执行上下文环境
```

从第 1 行代码开始，进入全局执行上下文环境，此时执行上下文环境中只存在全局执行上下文环境。

```
        执行上下文环境
 |                     |
 |                     |
 |                     |
 |    全局执行上下文环境    |   <---- 活跃状态的上下文环境
 _____
```

当代码执行到第 10 行时，调用 bar() 函数，进入 bar() 函数执行上下文环境中。

```
        执行上下文环境
 |                     |
 |                     |
 |  bar() 函数执行上下文环境 |   <---- 活跃状态的上下文环境
 |    全局执行上下文环境    |
 _____
```

执行到第 10 行后，进入 bar() 函数中，执行到第 8 行时，调用 fn() 函数，进入 fn() 函数执行上下文环境中。

```
        执行上下文环境
 |                     |
 |  fn 函数执行上下文环境   |   <---- 活跃状态的上下文环境
 |  bar 函数执行上下文环境  |
 |    全局执行上下文环境    |
 _____
```

进入 fn() 函数中，执行完第 5 行代码后，fn() 函数执行上下文环境将会被销毁，从而弹出栈。

```
        执行上下文环境
 |                     |
 |                     |
 |  bar 函数执行上下文环境  |   <---- 活跃状态的上下文环境
 |    全局执行上下文环境    |
 _____
```

　　fn() 函数执行上下文环境被销毁后，回到 bar() 函数执行上下文环境中，执行完第 9 行代码后，bar() 函数执行上下文环境也将被销毁，从而弹出栈。

```
        执行上下文环境
|                        |
|                        |
|                        |
|    全局执行上下文环境    |  <---- 活跃状态的上下文环境
_____
```

　　最后全局上下文环境执行完毕，栈被清空，流程执行结束。

　　像上面这种代码执行完毕，执行上下文环境就会被销毁的场景，是一种比较理想的情况。

　　有另外一种情况，虽然代码执行完毕，但执行上下文环境却被无法干净地销毁，这就是我们要讲到的闭包。

3.5.2　闭包的概念

　　对于闭包的概念，官方有一个通用的解释：一个拥有许多变量和绑定了这些变量执行上下文环境的表达式，通常是一个函数。

　　闭包有两个很明显的特点。

- 函数拥有的外部变量的引用，在函数返回时，该变量仍然处于活跃状态。
- 闭包作为一个函数返回时，其执行上下文环境不会被销毁，仍处于执行上下文环境中。

　　在 JavaScript 中存在一种内部函数，即函数声明和函数表达式可以位于另一个函数的函数体内，在内部函数中可以访问外部函数声明的变量，当这个内部函数在包含它们的外部函数之外被调用时，就会形成闭包。

　　我们来看看下面这段代码。

```
1  function fn() {
2      var max = 10;
3      return function bar(x) {
4          if (x > max) {
5              console.log(x);
6          }
7      };
8  }
9  var f1 = fn();
10 f1(11);  // 11
```

　　代码开始执行后，生成全局上下文环境，并将其压入栈中。

```
        执行上下文环境
|                        |
|                        |
```

代码执行到第 9 行时，进入 fn() 函数中，生成 fn() 函数执行上下文环境，并将其压入栈中。

fn() 函数返回一个 bar() 函数，并将其赋给变量 f1。

当代码执行到第 10 行时，调用 f1() 函数，注意此时是一个关键的节点，因为 f1() 函数中包含了对 max 变量的引用，而 max 变量是存在于外部函数 fn() 中的，此时 fn() 函数执行上下文环境并不会被直接销毁，依然存在于执行上下文环境中。

```
              执行上下文环境
    |                        |
    |   bar 函数执行上下文环境   |   <---- 活跃状态的上下文环境
    |    fn 函数执行上下文环境   |
    |    全局执行上下文环境     |
    _____
```

等到第 10 行代码执行结束后，bar() 函数执行完毕，bar() 函数执行上下文环境才会被销毁，同时因为 max 变量引用会被释放，fn() 函数执行上下文环境也一同被销毁。

最后全局上下文环境执行完毕，栈被清空，流程执行结束。

从分析就可以看出闭包所存在的最大的一个问题就是消耗内存，如果闭包使用越来越多，内存消耗将越来越大。

3.5.3　闭包的用途

在了解了什么是闭包之后，我们可以结合闭包的特点，写出一些更加简洁优雅的代码，并且能在某些方面提升代码的执行效率。

1. 结果缓存

在开发过程中，我们可能会遇到这样的场景，假如有一个处理很耗时的函数对象，每次调用都会消耗很长时间。

我们可以将其处理结果在内存中缓存起来。这样在执行代码时，如果内存中有，则直接返回；如果内存中没有，则调用函数进行计算，更新缓存并返回结果。

因为闭包不会释放外部变量的引用，所以能将外部变量值缓存在内存中。

```
var cachedBox = (function () {
    // 缓存的容器
    var cache = {};
    return {
        searchBox: function (id) {
            // 如果在内存中,则直接返回
            if(id in cache) {
                return '查找的结果为:' + cache[id];
            }
            // 经过一段很耗时的 dealFn() 函数处理
            var result = dealFn(id);
            // 更新缓存的结果
            cache[id] = result;
            // 返回计算的结果
            return '查找的结果为:' + result;
        }
    };
})();
// 处理很耗时的函数
function dealFn(id) {
    console.log('这是一段很耗时的操作');
    return id;
}
// 两次调用 searchBox() 函数
console.log(cachedBox.searchBox(1));
console.log(cachedBox.searchBox(1));
```

在上面的代码中,末尾两次调用 searchBox(1)() 函数,在第一次调用时,id 为 1 的值并未在缓存对象 cache 中,因为会执行很耗时的函数,输出的结果为 "1"。

```
这是一段很耗时的操作
查找的结果为:1
```

而第二次执行 searchBox(1) 函数时,由于第一次已经将结果更新到 cache 对象中,并且该对象引用并未被回收,因此会直接从内存的 cache 对象中读取,直接返回 "1",最后输出的结果为 "1"。

```
查找的结果为:1
```

这样并没有执行很耗时的函数,还间接提高了执行效率。

2. 封装

在 JavaScript 中提倡的模块化思想是希望将具有一定特征的属性封装到一起,只需要对外暴露对应的函数,并不关心内部逻辑的实现。

例如,我们可以借助数组实现一个栈,只对外暴露出表示入栈和出栈的 push() 函数和 pop() 函数,以及表示栈长度的 size() 函数。

```
var stack = (function () {
    // 使用数组模仿栈的实现
    var arr = [];
    // 栈
    return {
        push: function (value) {
            arr.push(value);
        },
        pop: function () {
            return arr.pop();
        },
        size: function () {
            return arr.length;
        }
    };
})();

stack.push('abc');
stack.push('def');
console.log(stack.size());  // 2
stack.pop();
console.log(stack.size());  // 1
```

上面的代码中存在一个立即执行函数，在函数内部会产生一个执行上下文环境，最后返回一个表示栈的对象并赋给 stack 变量。在匿名函数执行完毕后，其执行上下文环境并不会被销毁，因为在对象的 push()、pop()、size() 等函数中包含了对 arr 变量的引用，arr 变量会继续存在于内存中，所以后面几次对 stack 变量的操作会使 stack 变量的长度产生变化。

接下来我们将通过几道练习题加深大家对闭包的理解。

1．ul中有若干个li，每次单击li，输出li的索引值

如题目所述，大多数人会很快写出如下代码。

```
<ul>
    <li>1</li>
    <li>2</li>
    <li>3</li>
    <li>4</li>
    <li>5</li>
</ul>
<script>
    var lis = document.getElementsByTagName('ul')[0].children;
    for (var i = 0; i < lis.length; i++) {
        lis[i].onclick = function () {
            console.log(i);
        };
    }
</script>
```

但是真正运行后却发现，结果并不如自己所想，每次单击后输出的并不是索引值，而一直都是"5"。

这是为什么呢？因为在我们单击 li，触发 li 的 click 事件之前，for 循环已经执行结束了，而 for 循环结束的条件就是最后一次 i++ 执行完毕，此时 i 的值为 5，所以每次单击 li 后返回的都是"5"。

采取使用闭包的方法可以很好地解决这个问题。

```
<script>
    var lis = document.getElementsByTagName('ul')[0].children;
    for (var i = 0; i < lis.length; i++) {
        (function (index) {
            lis[index].onclick = function () {
                console.log(index);
            };
        })(i);
    }
</script>
```

在每一轮的 for 循环中，我们将索引值 i 传入一个匿名立即执行函数中，在该匿名函数中存在对外部变量 lis 的引用，因此会形成一个闭包。而闭包中的变量 index，即外部传入的 i 值会继续存在于内存中，所以当单击 li 时，就会输出对应的索引 index 值。

2. 定时器问题

定时器 setTimeout() 函数和 for 循环在一起使用，总会出现一些意想不到的结果，我们看看下面的代码。

```
var arr = ['one', 'two', 'three'];
for(var i = 0; i < arr.length; i++) {
    setTimeout(function () {
        console.log(arr[i]);
    }, i * 1000);
}
```

在这道题目中，我们期望通过定时器从第一个元素开始往后，每隔一秒输出 arr 数组中的一个元素。

但是运行过后，我们却会发现结果是每隔一秒输出一个"undefined"，这是为什么呢？

setTimeout() 函数与 for 循环在调用时会产生两个独立执行上下文环境，当 setTimeout() 函数内部的函数执行时，for 循环已经执行结束，而 for 循环结束的条件是最后一次 i++ 执行完毕，此时 i 的值为 3，所以实际上 setTimeout() 函数每次执行时，都会输出 arr[3] 的值。而因为 arr 数组最大索引值为 2，所以会间隔一秒输出"undefined"。

通过闭包可以解决这个问题，代码如下所示。

```
var arr = ['one', 'two', 'three'];
for(var i = 0; i < arr.length; i++) {
```

```
        (function (time) {
            setTimeout(function () {
                console.log(arr[time]);
            }, time * 1000);
        })(i);
    }
```

通过立即执行函数将索引 i 作为参数传入，在立即函数执行完成后，由于 setTimeout() 函数中有对 arr 变量的引用，其执行上下文环境不会被销毁，因此对应的 i 值都会存在内存中。所以每次执行 setTimeout() 函数时，i 都会是数组对应的索引值 0、1、2，从而间隔一秒输出 "one" "two" "three"。

3. 作用域链问题

闭包往往会涉及作用域链问题，尤其是包含 this 属性时。

```
var name = 'outer';
var obj = {
    name: 'inner',
    method: function () {
        return function () {
            return this.name;
        }
    }
};
console.log(obj.method()());  // outer
```

在调用 obj.method() 函数时，会返回一个匿名函数，而该匿名函数中返回的是 this.name，因为引用到了 this 属性，在匿名函数中，this 相当于一个外部变量，所以会形成一个闭包。

在 JavaScript 中，this 指向的永远是函数的调用实体，而匿名函数的实体是全局对象 window，因此会输出全局变量 name 的值 "outer"。

如果想要输出 obj 对象自身的 name 属性，应该如何修改呢？简单来说就是改变 this 的指向，将其指向 obj 对象本身。

```
var name = 'outer';
var obj = {
    name: 'inner',
    method: function () {
        // 用 _this 保存 obj 中的 this
        var _this = this;
        return function () {
            return _this.name;
        }
    }
};
console.log(obj.method()());  // inner
```

在 method() 函数中利用 _this 变量保存 obj 对象中的 this，在匿名函数的返回值中再去调用 _this.name，此时 _this 就指向 obj 对象了，因此会输出 "inner"。

关于 this 的知识点将会在 3.6 节详细讲解。

4．多个相同函数名问题

```
// 第一个 foo() 函数
function foo(a, b) {
    console.log(b);
    return {
        // 第二个 foo() 函数
        foo: function (c) {
            // 第三个 foo() 函数
            return foo(c, a);
        }
    }
}
var x = foo(0); x.foo(1); x.foo(2); x.foo(3);
var y = foo(0).foo(1).foo(2).foo(3);
var z = foo(0).foo(1); z.foo(2); z.foo(3);
```

在上面的代码中，出现了 3 个具有相同函数名的 foo() 函数，返回的第三个 foo() 函数中包含了对第一个 foo() 函数参数 a 的引用，因此会形成一个闭包。

在完成这道题目之前，我们需要搞清楚这 3 个 foo() 函数的指向。

首先最外层的 foo() 函数是一个具名函数，返回的是一个具体的对象。

第二个 foo() 函数是最外层 foo() 函数返回对象的一个属性，该属性指向一个匿名函数。

第三个 foo() 函数是一个被返回的函数，该 foo() 函数会沿着原型链向上查找，而 foo() 函数在局部环境中并未定义，最终会指向最外层的第一个 foo() 函数，因此第三个和第一个 foo() 函数实际是指向同一个函数。

理清 3 个 foo() 函数的指向后，我们再来看看具体的执行过程。

```
var x = foo(0); x.foo(1); x.foo(2); x.foo(3);
```

（1）在执行 foo(0) 时，未传递 b 值，所以输出 "undefined"，并返回一个对象，将其赋给变量 x。

在执行 x.foo(1) 时，foo() 函数闭包了外层的 a 值，就是第一次调用的 0，此时 c=1，因为第三层和第一层为同一个函数，所以实际调用为第一层的 foo(1, 0)，此时 a 为 1，b 为 0，输出 "0"。

执行 x.foo(2) 和 x.foo(3) 时，和 x.foo(1) 是相同的原理，因此都会输出 "0"。

第一行输出结果为 "undefined, 0, 0, 0"。

```
var y = foo(0).foo(1).foo(2).foo(3);
```

（2）在执行 foo(0) 时，未传递 b 值，所以输出 "undefined"，紧接着进行链式调用 foo(1)，其实这部分与（1）中的第二部分分析一样，实际调用为 foo(1，0)，此时 a 为 1，b 为 0，会输出"0"。

　　foo(1) 执行后返回的是一个对象，其中闭包了变量 a 的值为 1，当 foo(2) 执行时，实际是返回 foo(2，1)，此时的 foo() 函数指向第一个函数，因此会执行一次 foo(2，1)，此时 a 为 2，b 为 1，输出"1"。

　　foo(2) 执行后返回一个对象，其中闭包了变量 a 的值为 2，当 foo(3) 执行时，实际是返回 foo(3，2)，因此会执行一次 foo(3，2)，此时 a 为 3，b 为 2，输出"2"。

　　第二行输出结果为"undefined，0，1，2"。

```
var z = foo(0).foo(1); z.foo(2); z.foo(3);
```

　　（3）前两步 foo(0).foo(1) 的执行结果与（1）、（2）的分析相同，输出"undefined"和"0"。

　　foo(0).foo(1) 执行完毕后，返回的是一个对象，其中闭包了变量 a 的值为 1，当调用 z.foo(2) 时，实际是返回 foo(2，1)，因此会执行 foo(2，1)，此时 a 为 2，b 为 1，输出"1"。

　　执行 z.foo(3) 时，与 z.foo(2) 一样，实际是返回 foo(3，1)，因此会执行 foo(3，1)，此时 a 为 3，b 为 1，输出"1"。

　　第三行输出结果为"undefined，0，1，1"。

3.5.4　小结

　　闭包如果使用合理，在一定程度上能提高代码执行效率；如果使用不合理，则会造成内存浪费，性能下降。接下来总结闭包的优点和缺点。

1. 闭包的优点

- 保护函数内变量的安全，实现封装，防止变量流入其他环境发生命名冲突，造成环境污染。
- 在适当的时候，可以在内存中维护变量并缓存，提高执行效率。

2. 闭包的缺点

- 消耗内存：通常来说，函数的活动对象会随着执行上下文环境一起被销毁，但是，由于闭包引用的是外部函数的活动对象，因此这个活动对象无法被销毁，这意味着，闭包比一般的函数需要消耗更多的内存。
- 泄漏内存：在IE9之前，如果闭包的作用域链中存在DOM对象，则意味着该DOM对象无法被销毁，造成内存泄漏。

```
function closure() {
    var element = document.getElementById("elementID");
    element.onclick = function () {
        console.log(element.id);
    };
}
```

在 closure() 函数中，给一个 element 元素绑定了 click 事件，而在这个 click 事件中，输出了 element 元素的 id 属性，即在 onclick() 函数的闭包中存在了对外部元素 element 的引用，那么该 element 元素在网页关闭之前会一直存在于内存之中，不会被释放。

如果这样的事件处理的函数很多，将会导致大量内存被占用，进而严重影响性能。

对应的解决办法是：先将需要使用的属性使用临时变量进行存储，然后在事件处理函数时使用临时变量进行操作；此时闭包中虽然不直接引用 element 元素，但是对 id 值的调用仍然会导致 element 元素的引用被保存，此时应该手动将 element 元素设置为 null。

```
function closure() {
    var element = document.getElementById("elementID");
    // 使用临时变量存储
    var id = element.id;
    element.onclick = function () {
        console.log(id);
    };
    // 手动将元素设置为 null
    element = null;
}
```

闭包既有好处，也有坏处。我们应该合理评估，适当使用，尽可能地发挥出闭包的最大用处。

3.6　this使用详解

当我们想要创建一个构造函数的实例时，需要使用 new 操作符，函数执行完成后，函数体中的 this 就指向了这个实例，通过下面这个实例可以访问到绑定在 this 上的属性。

```
function Person(name) {
    this.name = name;
}
var p = new Person('kingx');
console.log(p.name);  // 'kingx'
```

假如我们将 Person() 函数当作一个普通的函数执行，其中的 this 又会指向谁呢？从哪个对象上可以访问到定义的 name 属性的值呢？

事实上，在 window 对象上，我们可以访问到 name 属性的值，这表明函数体中的 this 指向了 window 对象。

```
function Person(name) {
    this.name = name;
}
Person('kingx');  // 当作普通的函数进行调用
console.log(window.name); // 'kingx'
```

为什么会出现这种情况呢?

这就要涉及本节将要讲到的关于 this 关键字的知识点。

其实 this 这个概念并不是 JavaScript 所特有的,在 java、c++ 等面向对象的语言中也存在 this 关键字。它们中的 this 概念很好理解,this 指向的是当前类的实例对象。而在 JavaScript 中,this 的指向是随着宿主环境的变化而变化的,在不同的地方调用,返回的可能是不同的结果。

在大多数场景中,随着函数的执行,就会产生一个 this 值,这个 this 存储着调用该函数的对象的值。因此我们可以结论先行,在 JavaScript 中,this 指向的永远是函数的调用者。虽然结论只有简简单单的一句话,但是却可以映射出多种场景,接下来就详细分析不同场景中的this 指向问题。

1. this指向全局对象

当函数没有所属对象而直接调用时,this 指向的是全局对象,来看下面这段代码。

```javascript
var value = 10;
var obj = {
    value: 100,
    method: function () {
        var foo = function () {
            console.log(this.value);  // 10
            console.log(this);  // Window 对象
        };
        foo();
        return this.value;
    }
};
obj.method();
```

首先我们定义一个全局的 value 属性为 10,相当于 window.value = 10。

然后定义一个 obj 对象,设置了 value 属性值为 100,然后设置 method 属性为一个函数,其 method 属性中定义了一个函数表达式 foo,并执行了 foo() 函数,最终返回 value 属性。

当我们调用 obj.method() 函数时,foo() 函数被执行,但是此时 foo() 函数的执行是没有所属对象的,因此 this 会指向全局的 window 对象,在输出 this.value 时,实际是输出 window. value,因此输出"10"。

而 method() 函数的返回值是 this.value,method() 函数的调用体是 obj 对象,此时 this 就指向 obj 对象,而 obj.value = 100,因此调用 obj.method() 函数后会返回"100"。

2. this指向所属对象

同样沿用场景 1 中的代码,我们修改最后一行代码,输出 obj.method() 函数的返回值。

```javascript
console.log(obj.method());  // 100
```

obj.method() 函数的返回值是 this.value，method() 函数的调用体是 obj 对象，此时 this 就指向 obj 对象，而 obj.value = 100，因此会输出 "100"。

3. this指向对象实例

当通过 new 操作符调用构造函数生成对象的实例时，this 指向该实例。

```
// 全局变量
var number = 10;
function Person() {
    // 复写全局变量
    number = 20;
    // 实例变量
    this.number = 30;
}
// 原型函数
Person.prototype.getNumber = function () {
    return this.number;
};
// 通过 new 操作符获取对象的实例
var p = new Person();
console.log(p.getNumber()); // 30
```

在上面这段代码中，我们定义了全局变量 number 和实例变量 number，通过 new 操作符生成 Person 对象的实例 p 后，在调用 getNumber() 操作时，其中的 this 就指向该实例 p，而实例 p 在初始化的时候被赋予 number 值为 30，因此最后会输出 "30"。

4. this指向call()函数、apply()函数、bind()函数调用后重新绑定的对象

我们都知道，通过 call() 函数、apply() 函数、bind() 函数可以改变函数执行的主体（这一部分将在 3.7 节详细讲解），如果函数中存在 this 关键字，则 this 也将会指向 call() 函数、apply() 函数、bind() 函数处理后的对象。

```
// 全局变量
var value = 10;
var obj = {
    value: 20
};
// 全局函数
var method = function () {
    console.log(this.value);
};

method();  // 10
method.call(obj);  // 20
method.apply(obj); // 20

var newMethod = method.bind(obj);
newMethod();  // 20
```

在上面这段代码中，我们定义了全局变量 value 和带有 value 属性的 obj 对象，即 window.value = 10、obj.value = 20，同时定义了一个全局 method 匿名函数表达式，相当于 window.method = function(){}。

在直接调用 method() 函数时，没有所属的对象，method() 函数中的 this 指向的是全局 window 对象，输出 window.value 值，因此输出 "10"。

而在调用 method.call(obj) 时，将 method() 函数调用的主体改为 obj 对象，此时 this 指向的是 obj 对象，输出 obj.value 值，因此输出 "20"。

apply() 函数和 bind() 函数都会产生同样的效果，将函数指向的实体改为 obj 对象，因此后两个输出值也为 "20"。

使用 call() 函数、apply() 函数、bind() 函数都会改变 this 的指向，但是在使用上还是有些许差异。通过上面的代码也可以看出，call() 函数、apply() 函数在改变函数的执行主体后，会立即调用该函数；而 bind() 函数在改变函数的执行主体后，并没有立即调用，而是可以在任何时候调用，上述实例中是通过手动执行 newMethod() 函数来进行调用的。

在处理 DOM 事件处理程序中的 this 时，call() 函数、apply() 函数、bind() 函数显得尤为有用，我们以 bind() 函数为例进行说明。

```
var user = {
    data: [
        {name: "kingx1", age: 11},
        {name: "kingx2", age: 12}
    ],
    clickHandler: function (event) {
        // 随机生成整数 0 或 1
        var randomNum = ((Math.random() * 2 | 0) + 1) - 1;
        // 从 data 数组里随机获取 name 属性和 age 属性，并输出
        console.log(this.data[randomNum].name + " " + this.data[randomNum].age);
    }
};

var button = document.getElementById('btn');
button.onclick = user.clickHandler;
```

我们创建一个包含 clickHandler() 函数的简单对象 user，当页面上的按钮被单击时可以使用。

在 clickHandler() 函数中，会随机输出 user 的 data 属性中对象的 name 属性和 age 属性。但是当我们单击 button 按钮时，却会抛出异常。

```
Uncaught TypeError: Cannot read property '1' of undefined
```

这是为什么呢？

我们来看下异常信息栈便可以很好理解产生这种情况的原因。我们调用了一个 undefined

对象属性名为 1 的值，就是代码中 this.data[1] 的部分，间接可以表示出 data 为 undefined。

这是因为当我们单击 button 按钮，触发 click 回调函数时，clickHandler() 函数中的 this 指向的是 button 对象，而不是 user 对象，而 button 对象中是没有 data 属性的，因此 data 为 undefined，从而抛出异常。

为了解决这个问题，我们需要将 click 回调函数中的 this 指向改变为 user 对象，而通过 bind() 函数可以达到这个目的。

```
button.onclick = user.clickHandler.bind(user);
```

修改完成后，再次单击 button 按钮，控制台会输出对应的结果。

```
kingx2 43
kingx1 37
```

5. 闭包中的this

函数的 this 变量只能被自身访问，其内部函数无法访问。因此在遇到闭包时，闭包内部的 this 关键字无法访问到外部函数的 this 变量。

通过以下实例，我们来看看具体表现。

```
1   var user = {
2       sport: 'basketball',
3       data: [
4           {name: "kingx1", age: 11},
5           {name: "kingx2", age: 12}
6       ],
7       clickHandler: function () {
8           // 此时的 this 指向的是 user 对象
9           this.data.forEach(function (person) {
10              console.log(this);  // [object Window]
11              console.log(person.name + ' is playing ' + this.sport);
12          })
13      }
14  };
15  user.clickHandler();
```

在调用 user.clickHandler() 函数时，会执行到第 9 行代码，此时的 this 会指向 user 对象，因此可以访问到 data 属性，并进行 forEach 循环。forEach 循环实际是一个匿名函数，用于接收一个 person 参数，表示每次遍历的数组中的值。

在执行到第 10 行代码时，输出了 this，此时在一个匿名函数中输出 this 时，它会指向全局对象 window。

在执行到第 11 行代码时，输出了 person.name 属性和 this.sport 属性，person 指向的是 data 数值中的对象，而 this 指向的依然是全局对象 window，在 window 对象中没有 sport 属性，即为 undefined。

因此会输出"undefined"。

```
kingx1 is playing undefined
kingx2 is playing undefined
```

如果我们希望 forEach 循环结果输出的 sport 值为"basketball",应该怎么做呢?

可以使用临时变量将 clickHandler() 函数的 this 提前进行存储,对其使用 user 对象,而在匿名函数中,使用临时变量访问 sport 属性,而不是直接用 this 访问。

```
var user = {
    sport: 'basketball',
    data: [
        {name: "kingx1", age: 11},
        {name: "kingx2", age: 12}
    ],
    clickHandler: function () {
        // 使用临时变量 _this 保存 this
        var _this = this;
        this.data.forEach(function (person) {
            // 通过 _this 访问 sport 属性
            console.log(person.name + ' is playing ' + _this.sport);
        })
    }
};
user.clickHandler();
```

修改后输出的结果如下所示。

```
kingx1 is playing basketball
kingx2 is playing basketball
```

接下来我们通过一道题加深对 this 的理解。

```
function f(k) {
    this.m = k;
    return this;
}

var m = f(1);
var n = f(2);

console.log(m.m);
console.log(n.m);
```

上面这道题的代码虽然短小,在理解的时候却不是那么容易,我们一步步来分析。

在执行 f(1) 的时候,因为 f() 函数的调用没有所属对象,所以 this 指向 window,然后 this.m=k 语句执行后,相当于 window.m = 1。通过 return 语句返回"window",而又将返回值

"window" 赋值给全局变量 m，因此变成了 window.m = window，覆盖前面的 window.m = 1。

在执行 f(2) 的时候，this 同样指向 window，此时 window.m 已经变成 2，即 window.m = 2，覆盖了 window.m = window。通过 return 语句将 window 对象返回并赋值给 n，此时 window.n=window。

先看 m.m 的输出，m.m=(window.m).m，实际为 2.m，2 是一个数值型常量，并不存在 m 属性，因此返回 "undefined"。再看 n.m 的输出，n.m=(window.n).m=window.m=2，因此输出 "2"。

▶ 3.7 call()函数、apply()函数、bind()函数的使用与区别

上一节关于 this 的使用中说到了 call() 函数、apply() 函数、bind() 函数，这一节我们来了解一下 3 者的使用与区别，这在 JavaScript 中也是一个非常容易出问题的地方。

在 JavaScript 中，每个函数都包含两个非继承而来的函数 apply() 和 call()，这两个函数的作用是一样的，都是为了改变函数运行时的上下文而存在的，实际就是改变函数体内 this 的指向。

而 bind() 函数也可以达到这个目的，但是在处理方式上与 call() 函数和 apply() 函数有一定的区别，接下来我们就详细看下 3 者的使用方式。

3.7.1 call()函数的基本使用

call() 函数调用一个函数时，会将该函数的执行对象上下文改变为另一个对象。其语法如下所示。

```
function.call(thisArg, arg1, arg2, ...)
```

- function为需要调用的函数。
- thisArg表示的是新的对象上下文，函数中的this将指向thisArg，如果thisArg为null或者undefined，则this会指向全局对象。
- arg1，arg2，...表示的是函数所接收的参数列表。

我们可以通过下面的实例看看 call() 函数的用法。

```
// 定义一个 add() 函数
function add(x, y) {
    return x + y;
}
// 通过 call() 函数进行 add() 函数的调用
function myAddCall(x, y) {
    // 调用 add() 函数的 call() 函数
    return add.call(this, x, y);
}
console.log(myAddCall(10, 20));      // 输出 "30"
```

myAddCall() 函数自身是不具备运算能力的，但是我们在 myAddCall() 函数中，通过调用 add() 函数的 call() 函数，并传入 this 值，将执行 add() 函数的主体改变为 myAddCall() 函数自身，

然后传入参数 x 和 y，这就使得 myAddCall() 函数拥有 add() 函数计算求和的能力。在实际计算时，就为 10 + 20 = 30。

3.7.2 apply()函数的基本使用

apply() 函数的作用域与 call() 函数是一致的，只是在传递参数的形式上存在差别。其语法格式如下。

```
function.apply(thisArg, [argsArray])
```

- function与thisArg参数与call()函数中的解释一样。
- [argsArray]表示的是参数会通过数组的形式进行传递，如果argsArray不是一个有效的数组或者arguments对象，则会抛出一个TypeError异常。

要想实现与 call() 函数中一样的实例效果，可以使用 apply() 函数编写以下代码。

```
// 定义一个 add() 函数
function add(x, y) {
    return x + y;
}
// 通过 apply() 函数进行 add() 函数的调用
function myAddApply(x, y) {
    // 调用 add() 函数的 apply() 函数
    return add.apply(this, [x, y]);
}
console.log(myAddApply(10, 20));    // 输出"30"
```

与 call() 函数相比，apply() 函数只需要将 add() 函数接收的参数使用数组的形式传递即可，即使用 [x, y] 的形式，运行后的结果为 10 + 20 = 30。

3.7.3 bind()函数的基本使用

bind() 函数创建一个新的函数，在调用时设置 this 关键字为提供的值，在执行新函数时，将给定的参数列表作为原函数的参数序列，从前往后匹配。其语法格式如下。

```
function.bind(thisArg, arg1, arg2, ...)
```

事实上，bind() 函数与 call() 函数接收的参数是一样的。
其返回值是原函数的副本，并拥有指定的 this 值和初始参数。
如果我们想要实现上面实例的效果，可以编写以下代码。

```
// 定义一个 add() 函数
function add(x, y) {
    return x + y;
}
// 通过 bind() 函数进行 add() 函数的调用
```

```
function myAddBind(x, y) {
    // 通过 bind() 函数得到一个新的函数
    var bindAddFn = add.bind(this, x, y);
    // 执行新的函数
    return bindAddFn();
}
console.log(myAddBind(10, 20));       // 输出"30"
```

3.7.4　call()函数、apply()函数、bind()函数的比较

三者的相同之处是：都会改变函数调用的执行主体，修改 this 的指向。

不同之处表现在以下两点。

第一点是关于函数立即执行，call() 函数与 apply() 函数在执行后会立即调用前面的函数，而 bind() 函数不会立即调用，它会返回一个新的函数，可以在任何时候进行调用。

第二点是关于参数传递，call() 函数与 bind() 函数接收的参数相同，第一个参数表示将要改变的函数执行主体，即 this 的指向，从第二个参数开始到最后一个参数表示的是函数接收的参数；而对于 apply() 函数，第一个参数与 call() 函数、bind() 函数相同，第二个参数是一个数组，表示的是接收的所有参数，如果第二个参数不是一个有效的数组或者 arguments 对象，则会抛出一个 TypeError 异常。

3.7.5　call()函数、apply()函数、bind()函数的巧妙用法

call() 函数、apply() 函数、bind() 函数有一些巧妙的用法，能够快速实现一些效果，这里我们总结出了 5 个场景。

1. 求数组中的最大项和最小项

Array 数组本身没有 max() 函数和 min() 函数，无法直接获取到最大值和最小值，但是 Math 却有求最大值和最小值的 max() 函数和 min() 函数。我们可以使用 apply() 函数来改变 Math.max() 函数和 Math.min() 函数的执行主体，然后将数组作为参数传递给 Math.max() 函数和 Math.min() 函数。

```
var arr = [3, 5, 7, 2, 9, 11];
// 求数组中的最大值
console.log(Math.max.apply(null, arr));  // 11
// 求数组中的最小值
console.log(Math.min.apply(null, arr));  // 2
```

apply() 函数的第一个参数为 null，这是因为没有对象去调用这个函数，我们只需要这个函数帮助我们运算，得到返回结果。

第二个参数是数组本身，就是需要参与 max() 函数和 min() 函数运算的数据，运算结束后得到返回值，表示数组的最大值和最小值。

2. 类数组对象转换为数组对象

函数的参数对象 arguments 是一个类数组对象，自身不能直接调用数组的方法，但是我们

可以借助 call() 函数，让 arguments 对象调用数组的 slice() 函数，从而得到一个真实的数组，后面就能调用数组的函数。

任意个数字的求和的代码如下所示。

```
// 任意个数字的求和
function sum() {
    // 将传递的参数转换为数组
    var arr = Array.prototype.slice.call(arguments);
    // 调用数组的 reduce() 函数
    return arr.reduce(function (pre, cur) {
        return pre + cur;
    }, 0)
}

sum(1, 2);        // 3
sum(1, 2, 3);     // 6
sum(1, 2, 3, 4); // 10
```

3. 用于继承

在 4.5 节中我们将会讲到继承的几种实现方式，其中的构造继承就会用到 call() 函数。

```
// 父类
function Animal(age) {
    // 属性
    this.age = age;
    // 实例函数
    this.sleep = function () {
        return this.name + ' 正在睡觉！';
    }
}
// 子类
function Cat(name, age) {
    // 使用 call() 函数实现继承
    Animal.call(this, age);
    this.name = name || 'tom';
}

var cat = new Cat('tony', 11);
console.log(cat.sleep());  // tony 正在睡觉！
console.log(cat.age);  // 11
```

其中关键的语句是子类中的 Animal.call(this, age)，在 call() 函数中传递 this，表示的是将 Animal 构造函数的执行主体转换为 Cat 对象，从而在 Cat 对象的 this 上会增加 age 属性和 sleep 函数，子类实际相当于如下代码。

```
function Cat(name, age) {
    // 来源于对父类的继承
```

```
        this.age = age;
        this.sleep = function () {
            return this.name + ' 正在睡觉！ ';
        };
        // Cat 自身的实例属性
        this.name = name || 'tom';
    }
```

4．执行匿名函数

假如存在这样一个场景，有一个数组，数组中的每个元素是一个对象，对象是由不同的属性构成，现在我们想要调用一个函数，输出每个对象的各个属性值。

我们可以通过一个匿名函数，在匿名函数的作用域内添加 print() 函数用于输出对象的各个属性值，然后通过 call() 函数将该 print() 函数的执行主体改变为数组元素，这样就可以达到目的了。

```
var animals = [
    {species: 'Lion', name: 'King'},
    {species: 'Whale', name: 'Fail'}
];
for (var i = 0; i < animals.length; i++) {
    (function (i) {
        this.print = function () {
            console.log('#' + i + ' ' + this.species + ': ' + this.name);
        };
        this.print();
    }).call(animals[i], i);
}
```

在上面的代码中，在 call() 函数中传入 animals[i]，这样匿名函数内部的 this 就指向 animals[i]，在调用 print() 函数时，this 也会指向 animals[i]，从而能输出 speices 属性和 name 属性。

5．bind()函数配合setTimeout

在默认情况下，使用 setTimeout() 函数时，this 关键字会指向全局对象 window。当使用类的函数时，需要 this 引用类的实例，我们可能需要显式地把 this 绑定到回调函数以便继续使用实例。

```
// 定义一个函数
function LateBloomer() {
    this.petalCount = Math.ceil(Math.random() * 12) + 1;
}
// 定义一个原型函数
LateBloomer.prototype.bloom = function () {
    // 在一秒后调用实例的 declare() 函数, 很关键的一句
    window.setTimeout(this.declare.bind(this), 1000);
};
// 定义原型上的 declare() 函数
```

```
LateBloomer.prototype.declare = function () {
    console.log('I am a beautiful flower with ' + this.petalCount + ' petals!');
};
// 生成 LateBloomer 的实例
var flower = new LateBloomer();
flower.bloom();  // 1 秒后，调用 declare() 函数
```

在上面的代码中，关键的语句在 bloom() 函数中，我们期望通过一个定时器，设置在 1 秒后，调用实例的 declare() 函数。很多人可能会写出下面这样的代码。

```
LateBloomer.prototype.bloom = function () {
    window.setTimeout(this.declare, 1000);
};
```

此时，当我们调用 setTimeout() 函数时，由于其调用体是 window，因此在 setTimeout() 函数内部的 this 指向的是 window，而不是对象的实例。这样在 1 秒后调用 declare() 函数时，其中的 this 将无法访问到 petalCount 属性，从而返回"undefined"，输出结果如下所示。

```
I am a beautiful flower with undefined petals!
```

因此我们需要手动修改 this 的指向，而通过 bind() 函数能够达到这个目的。

通过 bind() 函数传入实例的 this 值，这样在 setTimeout() 函数内部调用 declare() 函数时，declare() 函数中的 this 就会指向实例本身，从而就能访问到 petalCount 属性。

```
LateBloomer.prototype.bloom = function () {
    window.setTimeout(this.declare.bind(this), 1000);
};
```

运行代码，在 1 秒后，得到的结果如下所示。

```
I am a beautiful flower with 4 petals!
```

第 **4** 章

对象

JavaScript 虽然是一门弱类型语言，但它同样是一门面向对象的语言，严格来说它是一门基于原型的面向对象的语言。深刻理解对象，对于 JavaScript 进阶知识的掌握会有一个非常大的提升。

学习完本章的内容，希望读者掌握如下的知识点。

- 对象的属性和访问方式。
- 创建对象。
- 对象克隆。
- 原型对象。
- 继承。
- instanceof运算符。

▶ 4.1 对象的属性和访问方式

4.1.1 对象的属性

ECMA-262 规范把对象定义为：无序属性的集合，其属性值可以包含基本类型值、对象或者函数等。通俗点讲，对象是一组键值对的集合，键表示的是属性名称，值表示的是属性的值。

对象的属性可以分为数据属性和访问器属性。

1. 数据属性

数据属性具有 4 个描述其行为的特性，因为这些特性是内部值，所以 ECMA-262 规范将其放在了两对方括号中。

- [[Configurable]]：表示属性能否删除而重新定义，或者是否可以修改为访问器属性，默认值为true。
- [[Enumerable]]：表示属性是否可枚举，可枚举的属性能够通过for...in循环返回，默认值为true。
- [[Writable]]：表示属性值能否被修改，默认值为true。
- [[Value]]：表示属性的真实值，属性的读取和写入均通过此属性完成，默认值为undefined。

例如，我们通过以下代码定义了一个包含 name 属性的对象 person，name 属性的 [[Configurable]]、[[Enumerable]]、[[Writable]] 特性值都为 true，[[Value]] 特性值为 'kingx'。

```
var person = {
    name: 'kingx'
};
```

如果需要修改数据属性默认的特性，则必须使用 Object.defineProperty() 函数，语法如下。

```
Object.defineProperty(target, property, {
    configurable: true,
    enumerable: false,
    writable: false,
    value: 'kingx'
});
```

其中 target 表示目标对象，property 表示将要修改特性的属性，第三个参数是一个描述符对象，描述符对象的属性必须为 configurable、enumerable、writable、value，以分别对应 4 个特性值，可以同时设置其中一个或多个值。

Object.defineProperty() 函数的使用可以看下面的例子。

```
var person = {
    name: 'kingx'
};
Object.defineProperty(person, 'name', {
    writable: false
});
person.name = 'kingx2';
console.log(person.name); // 'kingx'
```

在上面的代码中，先定义了一个 person 对象，然后通过 Object.defineProperty() 函数设置其 name 属性的 writable 值为 false，表示 name 属性值无法被修改。因此在手动设置 name 属性值为 'kingx2' 时不会生效，在最后输出 name 属性值时，结果仍然为 'kingx'。

2. 访问器属性

访问器属性同样包含 4 个特性，分别是 [[Configurable]]、[[Enumerable]]、[[Get]] 和 [[Set]]。

- [[Configurable]]：表示属性能否删除而重新定义，或者是否可以修改为访问器属性，默认值为true。
- [[Enumerable]]：表示属性是否可枚举，可枚举的属性能够通过for...in循环返回，默认认值为true。
- [[Get]]：在读取属性值时调用的函数（一般称为getter()函数），负责返回有效的值，默认值为undefined。
- [[Set]]：在写入属性值时调用的函数（一般称为setter()函数），负责处理数据，默认值为undefined。

如果需要修改访问器属性默认的特性，则必须使用 Object.defineProperty() 函数。

getter() 函数和 setter() 函数的存在在一定程度上可以实现对象的私有属性，私有属性不对外暴露。如果想要读取和写入私有属性的值，则需要通过设置额外属性的 getter() 函数和 setter() 函数来实现，具体可以看下面的例子。

```
1  var person = {
2    _age: 10
3  };
4  Object.defineProperty(person, "age", {
5    get: function(){
6        return this._age;
7    },
8    set: function(newValue) {
9        if (newValue > 10) {
10            this._age = newValue;
11            console.log('设置成功');
12        }
13    }
14  });
15 console.log(person.age); // 10
16 person.age = 9;
17 console.log(person.age); // 10
18 person.age = 19; // "设置成功"
19 console.log(person.age); // 19
```

在上面的代码中，定义的 person 对象包含了一个 _age 属性，一般遇见以下画线开头的属性时可以将其理解为私有属性。通过 Object.defineProperty() 函数为 person 对象定义一个 age 属性，用来控制对 _age 属性的读取和写入。

当读取age属性时，直接返回对象的_age属性值，因此在第15行代码中输出的值为"10"。

而当写入 age 属性时，通过 setter() 函数对写入的值进行控制，当写入的值大于 10 时，才允许写入，并输出一个语句"设置成功"，否则写入失败。

在第 16 行代码中设置 age 属性值为 9，不满足大于 10 的条件，并不会改变 _age 属性的值，因此在执行第 17 行代码时，输出"10"；而在执行第 18 行代码时，将 age 属性值设置为了 19，满足大于 10 的条件，因此 _age 属性的值变为 19，输出"设置成功"，在第 19 行代码中输出"19"。

4.1.2 属性的访问方式

在 JavaScript 中，对象属性的访问方式有两种，一种是使用点操作符（.），另一种是使用中括号操作符（[]）。

（1）使用"."来访问属性

语法如下所示。

```
objectName.propertyName
```

其中 objectName 为对象名称，propertyName 为属性名称。

例如 person.name，表示访问 person 对象的 name 属性值。

（2）使用"[]"来访问属性

语法如下所示。

```
objectName[propertyName]
```

其中 objectName 为对象名称，propertyName 为属性名称。

例如 person['name']，表示访问 person 对象的 name 属性值。

既然对象属性的访问存在以上两种方式，那么它们有什么不同之处呢？

第一点，点操作符是静态的，只能是一个以属性名称命名的简单描述符，而且无法修改；而中括号操作符是动态的，可以传递字符串或者变量，并且支持在运行时修改。

```
var obj = {};
obj.name = '张三';
var myName = 'name';
console.log(obj.myName); // undefined, 访问不到对应的属性
console.log(obj[myName]); // 张三
```

第二点，点操作符不能以数字作为属性名，而中括号操作符可以。

```
var obj={};
obj.1=1; // 抛出异常, Unexpected number
obj[2]=2;
console.log(obj.1); // 抛出异常, missing ) after argument list
console.log(obj[2]); // 2
```

第三点，如果属性名中包含会导致语法错误的字符，或者属性名中含有关键字或者保留字，可以使用方括号操作符，而不能使用点操作符。

```
var person = {};
person['first name'] ='kingx';
console.log(person['first name']); // kingx
console.log(person.first name);// 抛出异常, missing ) after argument list
```

使用 "." 来访问对象的属性就已经能够满足大部分的场景了，但是也有些 "." 不能满足的场景，此时就需要使用 "[]"。

▶4.2　创建对象

在 JavaScript 中，对象是一系列无序属性的集合，属性值可以为基本数据类型、对象或者函数，因此对象实际就是一组键值对的组合。

```
// 对象
var person = {
    // 基本数据类型的属性
    name: 'kingx',
    age: 11,
    // 函数类型的属性
    getName: function () {
        return this.name;
    },
    // 对象类型的属性
    address: {
        name: ' 北京市 ',
        code: '100000'
    }
};
```

对象作为数据存储最直接有效的方式，具有非常高的使用频率，接下来总结了 JavaScript 中创建对象的 7 种方式。

1. 基于Object()构造函数

通过 Object 对象的构造函数生成一个实例，然后给它增加需要的各种属性。

```
// Object()构造函数生成实例
var person = new Object();
// 为实例新增各种属性
person.name = 'kingx';
person.age = 11;
person.getName = function () {
    return this.name;
};
person.address = {
    name: ' 北京市 ',
    code: '100000'
};
```

2. 基于对象字面量

对象字面量本身就是一系列键值对的组合，每个属性之间通过逗号分隔。

```
var person = {
    name: 'kingx',
    age: 11,
    getName: function () {
        return this.name;
    },
    address: {
        name: '北京市',
        code: '100000'
    }
};
```

方法 1 与方法 2 在创建对象时都具有相同的优点，即简单、容易理解。但是对象的属性值是通过对象自身进行设置的，如果需要同时创建若干个属性名相同，而只是属性值不同的对象时，则会产生很多的重复代码，造成代码冗余，因此不推荐使用方法 1 与方法 2 来批量创建对象。

3. 基于工厂方法模式

工厂方法模式是一种比较重要的设计模式，用于创建对象，旨在抽象出创建对象和属性赋值的过程，只对外暴露出需要设置的属性值。

```
// 工厂方法，对外暴露接收的 name、age、address 属性值
function createPerson(name, age, address) {
    // 内部通过 Object() 构造函数生成一个对象，并添加各种属性
    var o = new Object();
    o.name = name;
    o.age = age;
    o.address = address;
    o.getName = function () {
        return this.name;
    };
    // 返回创建的对象
    return o;
}
var person = createPerson('kingx', 11, {
    name: '北京市',
    code: '100000'
});
```

使用工厂方法可以减少很多重复的代码，但是创建的所有实例都是 Object 类型，无法更进一步区分具体的类型。

4. 基于构造函数模式

构造函数是通过 this 为对象添加属性的，属性值类型可以为基本类型、对象或者函数，然后通过 new 操作符创建对象的实例。

```
function Person(name, age, address) {
    this.name = name;
    this.age = age;
    this.address = address;
    this.getName = function () {
        return this.name;
    };
}

var person = new Person('kingx', 11, {
    name: '北京市',
    code: '100000'
});
console.log(person instanceof Person);  // true
```

使用构造函数创建的对象可以确定其所属类型，解决了方法 3 存在的问题。

但是使用构造函数创建的对象存在一个问题，即相同实例的函数是不一样的。

```
var person = new Person('kingx', 11, {
    name: '北京市',
    code: '100000'
});
var person2 = new Person('kingx', 11, {
    name: '北京市',
    code: '100000'
});
console.log(person.getName === person2.getName); // false
```

这就意味着每个实例的函数都会占据一定的内存空间，其实这是没有必要的，会造成资源的浪费，另外函数也没有必要在代码执行前就绑定在对象上。

5. 基于原型对象的模式

基于原型对象的模式是将所有的函数和属性都封装在对象的 prototype 属性上。

```
// 定义函数
function Person() {}
// 通过 prototype 属性增加属性和函数
Person.prototype.name = 'kingx';
Person.prototype.age = 11;
Person.prototype.address = {
    name: '北京市',
    code: '100000'
};
Person.prototype.getName = function () {
    return this.name;
};
// 生成两个实例
var person = new Person();
```

```
var person2 = new Person();
console.log(person.name === person2.name);   // true
console.log(person.getName === person2.getName); // true
```

通过上面的代码可以发现，使用基于原型对象的模式创建的实例，其属性和函数都是相等的，不同的实例会共享原型上的属性和函数，解决了方法 4 存在的问题。

但是方法 5 也存在一个问题，因为所有的实例会共享相同的属性，那么改变其中一个实例的属性值，便会引起其他实例的属性值变化，这并不是我们所期望的。

```
var person = new Person();
var person2 = new Person();

console.log(person.name);  // kingx
person2.name = 'kingx2';
console.log(person.name); // kingx2
```

因为这个问题的存在，使得基于原型对象的模式很少会单独使用。

6. 构造函数和原型混合的模式

构造函数和原型混合的模式是目前最常见的创建自定义类型对象的方式。

构造函数中用于定义实例的属性，原型对象中用于定义实例共享的属性和函数。通过构造函数传递参数，这样每个实例都能拥有自己的属性值，同时实例还能共享函数的引用，最大限度地节省了内存空间。混合模式可谓是集二者之所长。

```
// 构造函数中定义实例的属性
function Person(name, age, address) {
    this.name = name;
    this.age = age;
    this.address = address;
}
// 原型中添加实例共享的函数
Person.prototype.getName = function () {
    return this.name;
};
// 生成两个实例
var person = new Person('kingx', 11, {
    name: '北京市',
    code: '100000'
});
var person2 = new Person('kingx2', 12, {
    name: '上海市',
    code: '200000'
});
// 输出实例初始的 name 属性值
console.log(person.name);  // kingx
console.log(person2.name); // kingx2
```

```
// 改变一个实例的属性值
person.address.name = '广州市 ';
person.address.code = '510000';
// 不影响另一个实例的属性值
console.log(person2.address.name);  // 上海市
// 不同的实例共享相同的函数，因此在比较时是相等的
console.log(person.getName === person2.getName); // true
// 改变一个实例的属性，函数仍然能正常执行
person2.name = 'kingx3';
console.log(person.getName());  // kingx
console.log(person2.getName()); // kingx3
```

7. 基于动态原型模式

动态原型模式是将原型对象放在构造函数内部，通过变量进行控制，只在第一次生成实例的时候进行原型的设置。

动态原型的模式相当于懒汉模式，只在生成实例时设置原型对象，但是功能与构造函数和原型混合模式是相同的。

```
// 动态原型模式
function Person(name, age, address) {
    this.name = name;
    this.age = age;
    this.address = address;
    // 如果 Person 对象中 _initialized 为 undefined，则表明还没有为 Person 的原型对象添加函数
    if (typeof Person._initialized === "undefined") {
        Person.prototype.getName = function () {
            return this.name;
        };
        Person._initialized = true;
    }
}
// 生成两个实例
var person = new Person('kingx', 11, {
    name: '北京市 ',
    code: '100000'
});
var person2 = new Person('kingx2', 12, {
    name: '上海市 ',
    code: '200000'
});
// 改变其中一个实例的属性
person.address.name = '广州市 ';
person.address.code = '510000';
// 不会影响到另一个实例的属性
console.log(person2.address.name);  // 上海市
// 改变一个实例的属性，函数仍然能正常执行
```

```
person2.name = 'kingx3';
console.log(person.getName());  // kingx
console.log(person2.getName()); // kingx3
```

4.3 对象克隆

克隆是指通过一定的程序将某个变量的值复制至另一个变量的过程。根据复制后的变量与原始变量值的影响情况，克隆可以分为浅克隆和深克隆两种方式。

针对不同的数据类型，浅克隆和深克隆会有不同的表现，主要表现于基本数据类型和引用数据类型在内存中存储的值不同。

对于基本数据类型的值，变量存储的是值本身，存放在栈内存的简单数据段中，可以直接进行访问。

对于引用类型的值，变量存储的是值在内存中的地址，地址指向内存中的某个位置。如果有多个变量同时指向同一个内存地址，则其中一个变量对值进行修改时，会影响到其他的变量。

以数组为例来看看实际效果。

```
var arr1 = [1, 2, 3];
var arr2 = arr1;
arr2[1] = 4;
console.log(arr1);  // [1, 4, 3];
console.log(arr2);  // [1, 4, 3];
```

将 arr1 和 arr2 这两个变量指向同一个数组，对 arr2 变量值的修改，会导致 arr1 变量值的变化，最后输出的 arr1 与 arr2 变量值都会被修改。

正是由于数据类型的差异性，这会导致它们在浅克隆和深克隆的表现上不同，基本数据类型不管是浅克隆还是深克隆都是对值本身的克隆，对克隆后值的修改不会影响到原始值。

引用数据类型如果执行的是浅克隆，对克隆后值的修改会影响到原始值；如果执行的是深克隆，则克隆的对象和原始对象相互独立，不会彼此影响。

由于对象属性的值可以为任意类型，本身存在一定的复杂性，因此在本节中，我们会重点讲解对象的浅克隆和深克隆。

4.3.1 对象浅克隆

浅克隆由于只克隆对象最外层的属性，如果对象存在更深层的属性，则不进行处理，这就会导致克隆对象和原始对象的深层属性仍然指向同一块内存。接下来介绍实现浅克隆的 2 种方法。

1. 简单的引用复制

简单的引用复制，即遍历对象最外层的所有属性，直接将属性值复制到另一个变量中。

```
/**
 * JavaScript 实现对象浅克隆——引用复制
```

```
      */
function shallowClone(origin) {
    var result = {};
    // 遍历最外层属性
    for (var key in origin) {
        // 判断是否是对象自身的属性
        if (origin.hasOwnProperty(key)) {
            result[key] = origin[key];
        }
    }
    return result;
}
```

定义一个具有复合属性的对象，并进行测试，具体代码如下。

```
// 原始对象
var origin = {
    a: 1,
    b: [2, 3, 4],
    c: {
        d: 'name'
    }
};
// 克隆后的对象
var result = shallowClone(origin);
console.log(origin);   // { a: 1, b: [ 2, 3, 4 ], c: { d: 'name' } }
console.log(result);   // { a: 1, b: [ 2, 3, 4 ], c: { d: 'name' } }
```

通过结果可以发现，克隆后的对象的值与原始对象的值相同。

2. ES6的Object.assign()函数

在 ES6 中，Object 对象新增了一个 assign() 函数，用于将源对象的可枚举属性复制到目标对象中。

```
var origin = {
    a: 1,
    b: [2, 3, 4],
    c: {
        d: 'name'
    }
};
// 通过 Object.assign() 函数克隆对象
var result = Object.assign({}, origin);
console.log(origin);   // { a: 1, b: [ 2, 3, 4 ], c: { d: 'name' } }
console.log(result);   // { a: 1, b: [ 2, 3, 4 ], c: { d: 'name' } }
```

浅克隆实现方案都会存在一个相同的问题，即如果原始对象是引用数据类型的值，则对克隆对象的值的修改会影响到原始对象的值。

```
// 修改克隆对象的内部属性
result.c.d = 'city';
console.log(origin);  // { a: 1, b: [ 2, 3, 4 ], c: { d: 'name' } }
console.log(result);  // { a: 1, b: [ 2, 3, 4 ], c: { d: 'name' } }
```

为了解决这个问题，我们来继续探讨对象的深克隆。

4.3.2 对象深克隆

深克隆有多种实现方法，而且目前有多个类库提供了标准的深克隆实现方法，下面会一一进行讲解。

1. JSON序列化和反序列化

如果一个对象中的全部属性都是可以序列化的，那么我们可以先使用 JSON.stringify() 函数将原始对象序列化为字符串，再使用 JSON.parse() 函数将字符串反序列化为一个对象，这样得到的对象就是深克隆后的对象。

```
var origin = {
    a: 1,
    b: [2, 3, 4],
    c: {
        d: 'name'
    }
};
// 先反序列化为字符串，再序列化为对象，得到深克隆后的对象
var result = JSON.parse(JSON.stringify(origin));

console.log(origin); // { a: 1, b: [ 2, 3, 4 ], c: { d: 'name' } }
console.log(result); // { a: 1, b: [ 2, 3, 4 ], c: { d: 'name' } }
```

这种方法能够解决大部分 JSON 类型对象的深克隆问题，但是对于以下几个问题不能很好地解决。

- 无法实现对函数 、RegExp等特殊对象的克隆。
- 对象的constructor会被抛弃，所有的构造函数会指向Object，原型链关系断裂。
- 对象中如果存在循环引用，会抛出异常。

我们以下面的实例进行测试。

定义一个原始对象，其中一个属性为函数，一个属性为正则表达式对象，一个属性为某个对象的实例。

```
function Animal(name) {
    this.name = name;
}
var animal = new Animal('tom');
// 原始对象
```

```
var origin = {
    // 属性为函数
    a: function () {
        return 'a';
    },
    // 属性为正则表达式对象
    b: new RegExp('\d', 'g'),
    // 属性为某个对象的实例
    c: animal
};
var result = JSON.parse(JSON.stringify(origin));

console.log(origin); // { a: [Function: a], b: /d/g, c: Animal { name: 'tom' } }
console.log(result); // { b: {}, c: { name: 'tom' } }
console.log(origin.c.constructor); // [Function: Animal]
console.log(result.c.constructor); // [Function: Object]
```

从得到的结果中，验证了上述的观点。

- 值为Function类型的a属性丢失。
- b属性应该为一个正则表达式，在克隆后得到的是一个空对象。
- c属性值虽然都是一个具有name属性的对象，但是克隆后对象的c属性值对象的构造函
  数却不再指向Animal，而是指向Object，构造函数被丢失，导致原型链关系的断裂。

关于循环引用，我们同样列举一个特定的实例。

定义一个原始对象，为原始对象添加一个属性指向自身，形成循环引用。

```
var origin = {
    a: 'name'
};
origin.b = origin;
// TypeError: Converting circular structure to JSON
var result = JSON.parse(JSON.stringify(origin));
```

当在调用 JSON.stringify(origin) 时，就会抛出异常，表示"循环引用的结构无法序列化成
JSON 字符串"。

```
TypeError: Converting circular structure to JSON
```

为了解决以上几个问题，我们需要自定义实现深克隆，对不同的数据类型进行特殊处理。

2. 自定义实现深克隆

在自定义实现深克隆时，需要针对不同的数据类型做针对性的处理，因此我们会先实现
判断数据类型的函数，并将所有函数封装在一个辅助类对象中，这里用"_"表示（类似于
underscore 类库对外暴露的对象）。

```
/**
 * 类型判断
```

```
    */
    (function (_) {
        // 列举出可能存在的数据类型
        var types = 'Array Object String Date RegExp Function Boolean Number Null
Undefined'.split(' ');

        function type() {
            // 通过调用 toString() 函数，从索引为 8 时截取字符串，得到数据类型的值
            return Object.prototype.toString.call(this).slice(8, -1);
        }

        for (var i = types.length; i--;) {
            _['is' + types[i]] = (function (self) {
                return function (elem) {
                    return type.call(elem) === self;
                };
            })(types[i]);
        }
        return _;
    })(_ = {});
```

执行上面的代码后，_ 对象便具有了 isArray() 函数、isObject() 函数等一系列判断数据类型的
函数。然后再调用 _.isArray(param) 函数判断 param 是否是数组类型、调用 _.isObject(param) 函
数判断 param 是否是对象类型。

最后是对深克隆的代码实现，在代码内部会有详细的注释。

```
/**
 * 深克隆实现方案
 * @param source 待克隆的对象
 * @returns {*} 返回克隆后的对象
 */
function deepClone(source) {
    // 维护两个储存循环引用的数组
    var parents = [];
    var children = [];
    // 用于获得正则表达式的修饰符 ,/igm
    function getRegExp(reg) {
        var result = '';
        if (reg.ignoreCase) {
            result += 'i';
        }
        if (reg.global) {
            result += 'g';
        }
        if (reg.multiline) {
            result += 'm';
```

```
        }
        return result;
    }
    // 便于递归的 _clone() 函数
    function _clone(parent) {
        if (parent === null) return null;
        if (typeof parent !== 'object') return parent;

        var child, proto;
        // 对数组做特殊处理
        if (_.isArray(parent)) {
            child = [];
        } else if (_.isRegExp(parent)) {
            // 对正则对象做特殊处理
            child = new RegExp(parent.source, getRegExp(parent));
            if (parent.lastIndex) child.lastIndex = parent.lastIndex;
        } else if (_.isDate(parent)) {
            // 对 Date 对象做特殊处理
            child = new Date(parent.getTime());
        } else {
            // 处理对象原型
            proto = Object.getPrototypeOf(parent);
            // 利用 Object.create 切断原型链
            child = Object.create(proto);
        }
        // 处理循环引用
        var index = parents.indexOf(parent);

        if (index !== -1) {
            // 如果父数组存在本对象，说明之前已经被引用过，直接返回此对象
            return children[index];
        }
        // 没有引用过，则添加至 parents 和 children 数组中
        parents.push(parent);
        children.push(child);
        // 遍历对象属性
        for (var prop in parent) {
            if (parent.hasOwnProperty(prop)) {
                // 递归处理
                child[prop] = _clone(parent[prop]);
            }
        }
        return child;
    }
    return _clone(source);
}
```

我们通过以下代码进行测试。

首先是使用最基本的 JSON 格式对象进行测试。

```
var origin = {
    a: 1,
    b: [2, 3, 4],
    c: {
        d: 'name'
    }
};
var result = deepClone(origin);

console.log(origin); // { a: 1, b: [ 2, 3, 4 ], c: { d: 'name' } }
console.log(result); // { a: 1, b: [ 2, 3, 4 ], c: { d: 'name' } }
```

然后是使用具有 Function 类型属性、RegExp 类型属性、实例属性的对象进行测试。

```
function Animal(name) {
    this.name = name;
}
var animal = new Animal('tom');

var origin = {
    a: function () {
        return 'a';
    },
    b: new RegExp('\d', 'g'),
    c: animal
};
var result = deepClone(origin);

console.log(origin); // { a: [Function: a], b: /d/g, c: Animal { name: 'tom' } }
console.log(result); // { a: [Function: a], b: /d/g, c: Animal { name: 'tom' } }
```

最后是使用具有循环引用属性的对象进行测试。

```
var origin = {
    a: 'name'
};
origin.b = origin;

var result = deepClone(origin);

console.log(origin); // { a: 'name', b: [Circular] }
console.log(result); // { a: 'name', b: [Circular] }
```

观察结果可以发现，3 个实例的测试都能支持，因此这是一个比较好的深克隆实现方案。

3. jQuery实现——$.clone()函数和$.extend()函数

在 jQuery 中提供了一个 $.clone() 函数，但是它是用于复制 DOM 对象的。

真正用于实现克隆的函数是 $.extend()，下面我们来看看对应的源码，在必要的地方我们会增加注释。

```
jQuery.extend = jQuery.fn.extend = function() {
    // options 是一个缓存变量，用来缓存 arguments[i]，
    // name 是用来接收将要被扩展对象的 key，src 改变之前 target 对象上每个 key 对应的 value
    // copy 传入对象上每个 key 对应的 value，copyIsArray 判定 copy 是否为一个数组
    // clone 深克隆中用来临时存对象或数组的 src
    var src, copyIsArray, copy, name, options, clone,
        target = arguments[0] || {},
        i = 1,
        length = arguments.length,
        deep = false;

    // 如果传递的第一个参数为 boolean 类型，为 true 代表深克隆，为 false 代表浅克隆
    if ( typeof target === "boolean" ) {
        deep = target;
        // 如果传递了第一个参数为 boolean 值，则待克隆的对象为第二个参数
        target = arguments[ i ] || {};
        i++;
    }
    // 如果是简单类型数据
    if ( typeof target !== "object" && !jQuery.isFunction(target) ) {
        target = {};
    }
    // 如果只传递一个参数，那么克隆的是 jQuery 自身
    if ( i === length ) {
        target = this;
        i--;
    }
    for ( ; i < length; i++ ) {
        // 仅需要处理不是 null 与 undefined 类型的数据
        if ( (options = arguments[ i ]) != null ) {
            // 遍历对象的所有属性
            for ( name in options ) {
                src = target[ name ];
                copy = options[ name ];
                // 阻止循环引用
                if ( target === copy ) {
                    continue;
                }

                // 递归处理对象和数组
                if ( deep && copy && ( jQuery.isPlainObject(copy)
```

```
                        || (copyIsArray = jQuery.isArray(copy)) ) ) {
                          if ( copyIsArray ) {
                              copyIsArray = false;
                              clone = src && jQuery.isArray(src) ? src : [];
                          } else {
                              clone = src && jQuery.isPlainObject(src) ? src : {};
                          }
                          // 将原始值的 name 属性值赋给 target 目标对象
                          target[ name ] = jQuery.extend( deep, clone, copy );
                      } else if ( copy !== undefined ) {
                        // 对于简单类型，直接赋值
                          target[ name ] = copy;
                      }
                  }
              }
          }
          // 返回 clone 后的目标对象
          return target;
      };
```

使用 $.extend() 函数可以实现函数与正则表达式等类型的克隆，还能保持克隆对象的原型链关系，解决了深克隆中存在的 3 个问题中的前两个，但是却无法解决循环引用的问题。

```
var origin = {};
origin.d = origin;
var result = $.extend(true, {}, origin);
```

以上代码使用了 $.extend() 函数来克隆循环引用的对象，会抛出栈溢出的异常。

```
Uncaught RangeError: Maximum call stack size exceeded
```

4.4 原型对象

在 3.3 节构造函数中，我们留下了一个问题，即单纯通过构造函数创建实例会导致函数在不同实例中重复创建，这该如何解决呢?

这就需要用到本节将要讲到的原型对象的知识了，接下来我们详细来看。

每一个函数在创建时都会被赋予一个 prototype 属性，它指向函数的原型对象，这个对象可以包含所有实例共享的属性和函数。因此在使用 prototype 属性后，就可以将实例共享的属性和函数抽离出构造函数，将它们添加在 prototype 属性中。

```
function Person(name, age) {
    this.name = name;
    this.age = age;
}
Person.prototype.sayName = function () {
```

```
        console.log(this.name);
    };
```

实例共享的 sayName() 函数就被添加在了 Person.prototype 属性上，通过测试我们会发现不同实例中的 sayName 属性是相等的。

```
var person1 = new Person();
var person2 = new Person();
console.log(person1.sayName === person2.sayName); // true
```

因此使用 prototype 属性就很好地解决了单纯通过构造函数创建实例会导致函数在不同实例中重复创建的问题。

4.4.1 原型对象、构造函数、实例之间的关系

通过前面的讲解我们知道，构造函数的 prototype 属性会指向它的原型对象，而通过构造函数可以生成具体的实例。这里就会涉及 3 个概念，分别是构造函数、原型对象和实例。针对这 3 个概念我们会有以下 3 个问题，如果能将这 3 个问题解决了，也就基本理解了原型对象。

- 原型对象、构造函数和实例之间的关系是什么样的？
- 使用原型对象创建了对象的实例后，实例的属性读取顺序是什么样的？
- 假如重写了原型对象，会带来什么样的问题？

针对上面 3 个问题，下面进行一一解答。

1. 原型对象、构造函数和实例之间的关系

如之前所讲，每一个函数在创建时都会被赋予一个 prototype 属性。在默认情况下，所有的原型对象都会增加一个 constructor 属性，指向 prototype 属性所在的函数，即构造函数。

当我们通过 new 操作符调用构造函数创建一个实例时，实例具有一个 __proto__ 属性，指向构造函数的原型对象，因此 __proto__ 属性可以看作是一个连接实例与构造函数的原型对象的桥梁。

我们通过下面这段代码为构造函数的原型对象添加了 4 个属性，同时生成两个实例。

```
function Person(){}
Person.prototype.name = 'Nicholas';
Person.prototype.age = 29;
Person.prototype.job = 'Software Engineer';
Person.prototype.sayName = function(){
    console.log(this.name);
};
var person1 = new Person();
var person2 = new Person();
```

接下来以构造函数 Person 为例看看构造函数、原型对象和实例之间的关系，如图 4-1 所示。

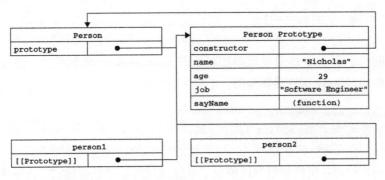

图4-1

构造函数 Person 有个 prototype 属性，指向的是 Person 的原型对象。在原型对象中有 constructor 属性和另外 4 个原型对象上的属性，其中 constructor 属性指向构造函数本身。

通过 new 操作符创建的两个实例 person1 和 person2，都具有一个 __proto__ 属性（图 4-1 中的 [[Prototype]] 即 __proto__ 属性），指向的是 Person 的原型对象。

2. 实例的属性读取顺序

当我们通过对象的实例读取某个属性时，是有一个搜索过程的。它会先在实例本身去找指定的属性，如果找到了，则直接返回该属性的值；如果没找到，则会继续沿着原型对象寻找；如果在原型对象中找到了该属性，则返回该属性的值。

按照前面的实例，假如我们需要输出 person1.name 属性，会先在 person1 实例本身中寻找 name 属性，而 person1 本身并没有该属性，因此会继续沿着原型对象寻找，在 prototype 原型对象上寻找到了 name 属性值 "Nicholas"，因此最终会输出 "Nicholas"。

如果我们对上面的代码进行简单的改造，得到的结果又会不一样。

```javascript
function Person() {
    this.name = 'kingx';
}
Person.prototype.name = 'Nicholas';
Person.prototype.age = 29;
Person.prototype.job = 'Software Engineer';
Person.prototype.sayName = function(){
    console.log(this.name);
};
var person1 = new Person();
console.log(person1.name);  // kingx
```

我们在 Person() 构造函数中新增了一个 name 属性，它是一个实例属性。当我们需要输出 person1.name 属性时，会先在 person1 实例本身中寻找 name 属性，能够找到该属性值为 "kingx"，因此输出 "kingx"。

同样，假如 Person() 构造函数同时具有相同名称的实例属性和原型对象上的属性，在生成了实例后，删除了实例的实例属性，那么会输出原型对象上的属性的值。

```
function Person() {
    // 这里的 name 是实例属性
    this.name = 'kingx';
}
// 这里的 name 是原型对象上的属性
Person.prototype.name = 'Nicholas';
var person1 = new Person();
// 删除实例的实例属性
delete person1.name;
console.log(person1.name); // Nicholas, 输出的是原型对象上的属性的值
```

3. 重写原型对象

在之前的代码中，每次为原型对象添加一个属性或者函数时，都需要手动写上 Person.prototype，这是一种冗余的写法。我们可以将所有需要绑定在原型对象上的属性写成一个对象字面量的形式，并赋值给 prototype 属性。

```
function Person() {}
Person.prototype = {
    constructor: Person,  // 重要
    name: 'Nicholas',
    age: 29,
    job: 'Software Engineer',
    sayName: function () {
        console.log(this.name);
    }
};
```

当我们创建 Person 对象的实例时仍然可以正常访问各个原型对象上的属性。

```
var person = new Person();
person.sayName(); // Nicholas
```

将一个对象字面量赋给 prototype 属性的方式实际是重写了原型对象，等同于切断了构造函数和最初原型之间的关系。因此有一点需要注意的是，如果仍然想使用 constructor 属性做后续处理，则应该在对象字面量中增加一个 constructor 属性，指向构造函数本身，否则原型的 constructor 属性会指向 Object 类型的构造函数，从而导致 constructor 属性与构造函数的脱离。

我们将上面的代码进行简单改写。

```
function Person() {}
Person.prototype = {
    name: 'Nicholas',
    sayName: function () {
        console.log(this.name);
    }
```

```
};
Person.prototype.constructor === Object; // true
Person.prototype.constructor === Person; // false
```

通过结果，我们发现 Person 的原型对象的 constructor 属性不再指向 Person() 构造函数，而是指向 Object 类型的构造函数了。

由于重写原型对象会切断构造函数和最初原型之间的关系，因此会带来一个隐患，那就是如果在重写原型对象之前，已经生成了对象的实例，则该实例将无法访问到新的原型对象中的函数。请看下面的实例。

```
function Person() {}
// 先生成一个实例 person1
var person1 = new Person();
// 重写对象的原型
Person.prototype = {
    name: 'Nicholas',
    sayName: function () {
        console.log(this.name);
    }
};
// 再生成一个实例 person2
var person2 = new Person();

person1.sayName(); // TypeError: person1.sayName is not a function
person2.sayName(); // Nicholas
```

在上面的代码中，生成的实例 person1 实际指向的是最初的原型，而将原型对象手动重写以后，就脱离了与最初原型的关系。最初原型中没有对应的属性和函数，因此在执行 person1.sayName() 函数时，会抛出异常，表示 person1 中不存在 sayName() 函数。

而实例 person2 是在原型重写之后生成的，它能访问到新原型中的 sayName() 函数，因此在执行 person2.sayName() 函数时，输出结果 "Nicholas"。

上面的实例就是在提醒我们，如果想要重写原型对象，需要保证不要在重写完成之前生成对象的实例，否则会出现异常。

4.4.2　原型链

在前面有讲过，对象的每个实例都具有一个 __proto__ 属性，指向的是构造函数的原型对象，而原型对象同样存在一个 __proto__ 属性指向上一级构造函数的原型对象，就这样层层往上，直到最上层某个原型对象为 null。

在 JavaScript 中几乎所有的对象都具有 __proto__ 属性，由 __proto__ 属性连接而成的链路构成了 JavaScript 的原型链，原型链的顶端是 Object.prototype，它的 __proto__ 属性为 null。

我们通过实例来看看一个简单的原型链过程。首先定义一个构造函数,并生成一个实例。

```
function Person() {}
var person = new Person();
```

然后person实例沿着原型链第一次追溯,__proto__属性指向Person()构造函数的原型对象。

```
person.__proto__ === Person.prototype; // true
```

person 实例沿着原型链第二次追溯,Person 原型对象的 __proto__ 属性指向 Object 类型的原型对象。

```
person.__proto__.__proto__ === Person.prototype.__proto__ === Object.prototype;
```

person 实例沿着原型链第三次追溯,Object 类型的原型对象的 __proto__ 属性为 null。

```
person.__proto__.__proto__.__proto__ = Object.prototype.__proto__ === null;
```

接下来看一个非常经典的原型链关系图,如图 4-2 所示。

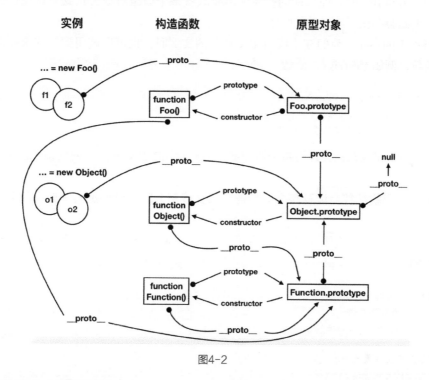

图4-2

这个图可以分 3 部分理解。

第一部分是自定义的 Foo() 函数,Foo() 函数的 prototype 属性指向 Foo.prototype 对象,通过 Foo() 构造函数生成实例 f1、f2,它们的 __proto__ 属性指向 Foo.prototype 对象。

而 Foo() 函数本身可以作为 Function 对象的实例,可以理解为如下所示的代码。

```
var Foo = new Function();
```

因此 Foo.__proto__ 指向 Function.prototype。

第二部分与 Object() 构造函数有关，Object() 构造函数本身也是 Function 类型，因此 Object.__proto__ 指向 Function.prototype，通过 Object() 构造函数生成的实例 o1、o2，它们的 __proto__ 属性指向 Object.prototype 对象。

第三部分与 Function() 构造函数有关，Function.__proto__ 指向 Function.prototype，而 Function.prototype 为一个对象，它的 __proto__ 属性指向 Object.prototype 对象。

就这样所有的对象通过 __proto__ 属性向上寻找都是一定会追溯到 Object.prototype 的。

关于原型链，有以下几个需要大家特别注意的知识点。

1. 原型链的特点

原型链的特点主要有两个。

特点 1：由于原型链的存在，属性查找的过程不再是只查找自身的原型对象，而是会沿着整个原型链一直向上，直到追溯到 Object.prototype。如果 Object.prototype 上也找不到该属性，则返回 "undefined"。如果期间在实例本身或者某个原型对象上找到了该属性，则会直接返回结果，因此会存在属性覆盖的问题。

由于特点 1 的存在，我们在生成自定义对象的实例时，也可以调用到某些未在自定义构造函数上的函数，例如 toString() 函数。

```
function Person() {}
var p = new Person();
p.toString();  // [object Object]，实际调用的是 Object.prototype.toString() 函数
```

特点 2：由于属性查找会经历整个原型链，因此查找的链路越长，对性能的影响越大。

2. 属性区分

对象属性的寻找往往会涉及整个原型链，那么该怎么区分属性是实例自身的还是从原型链中继承的呢？

Object() 构造函数的原型对象中提供了一个 hasOwnProperty() 函数，用于判断属性是否为自身拥有的。

```
function Person(name) {
    // 实例属性 name
    this.name = name;
}
// 原型对象上的属性 age
Person.prototype.age = 12;
var person = new Person('kingx');

console.log(person.hasOwnProperty('name')); // true
console.log(person.hasOwnProperty('age')); // false
```

name 属性为实例属性，在调用 hasOwnProperty() 函数时，会返回 "true"；age 属性为原型对象上的属性，在调用 hasOwnProperty() 函数时，会返回 "false"。

在使用 for...in 运算符遍历对象的属性时，一般可以配合 hasOwnProperty() 函数一起使用，检测是否是对象自身的属性，然后做后续处理。

```
for (var prop in person) {
    if (person.hasOwnProperty(prop)) {
        // do something
    }
}
```

3. 内置构造函数

JavaScript 中有一些特定的内置构造函数，如 String() 构造函数、Number() 构造函数、Array() 构造函数、Object() 构造函数等。

它们本身的 __proto__ 属性都统一指向 Function.prototype。

```
String.__proto__ === Function.prototype; // true
Number.__proto__ === Function.prototype; // true
Array.__proto__ === Function.prototype;  // true
Date.__proto__ === Function.prototype;   // true
Object.__proto__ === Function.prototype; // true
Function.__proto__ === Function.prototype; // true
```

4. __proto__ 属性

在 JavaScript 的原型链体系中，最重要的莫过于 __proto__ 属性，只有通过它才能将原型链串联起来。

我们先实例化一个字符串，然后输出字符串的值，具体代码如下。

```
var str = new String('kingx');
console.log(str);
```

代码在浏览器控制台执行后，得到图 4-3 所示的结果。

```
▼String {"kingx"}
  0: "k"
  1: "i"
  2: "n"
  3: "g"
  4: "x"
  length: 5
▶ __proto__: String
  [[PrimitiveValue]]: "kingx"
```

图4-3

str 的值包含 5 个字符和 1 个 length 属性。

但是我们在调用 str.substring(1, 3) 时，却不会报错，这是为什么呢？

因为 __proto__ 属性可以沿着原型链找到 String.prototype 中的函数，而 substring() 函数

就在其中。

在控制台中展开 __proto__ 属性，如图 4-4 所示。

```
▶ startsWith: f startsWith()
▶ strike: f strike()
▶ sub: f sub()
▶ substr: f substr()
▶ substring: f substring()
▶ sup: f sup()
▶ toLocaleLowerCase: f toLocaleLowerCase()
▶ toLocaleUpperCase: f toLocaleUpperCase()
▶ toLowerCase: f toLowerCase()
▶ toString: f toString()
```

图4-4

所以就可以通过 str 正常调用 substring() 函数了。

了解了以上内容后，我们再通过下面这段代码，加深对原型链知识的理解。

```
Function.prototype.a = 'a';
Object.prototype.b = 'b';

function Person() {}

var p = new Person();

console.log('p.a:', p.a);
console.log('p.b:', p.b);
```

上面的代码需要输出实例 p 的 a 属性和 b 属性的值，所以我们需要先了解实例 p 的属性查找过程。属性的查找是根据 __proto__ 属性沿着原型链来完成的，因此我们需要先梳理出实例 p 的原型链。

```
// 实例 p 直接原型
p.__proto__ = Person.prototype;
// Person 原型对象的原型
Person.prototype.__proto__ = Object.prototype;
```

因此实例输出 p 的属性时，最终会找到 Object.prototype 中去，根据一开始定义的值可以得到以下结果。

```
p.a; // undefined
p.b; // b
```

▶4.5 继承

继承作为面向对象语言的三大特性之一，可以在不影响父类对象实现的情况下，使得子类对象具有父类对象的特性；同时还能在不影响父类对象行为的情况下扩展子类对象独有的特性，为编码带来了极大的便利。

虽然 JavaScript 并不是一门面向对象的语言，不直接具备继承的特性，但是我们可以通过某些方式间接实现继承，从而能利用继承的优势，增强代码复用性与扩展性。

本节整理了 JavaScript 实现继承的几种方式，方便能在必要的时候拿出解决方案。

既然要实现继承，肯定要有父类，这里我们定义了一个父类 Animal 并增加属性、实例函数和原型函数，具体代码如下。

```
// 定义一个父类 Animal
function Animal(name) {
    // 属性
    this.type = 'Animal';
    this.name = name || '动物';
    // 实例函数
    this.sleep = function () {
        console.log(this.name + '正在睡觉！');
    }
}
// 原型函数
Animal.prototype.eat = function (food) {
    console.log(this.name + '正在吃：' + food);
};
```

4.5.1 原型链继承

原型链继承的主要思想是：重写子类的 prototype 属性，将其指向父类的实例。

我们定义一个子类 Cat，用于继承父类 Animal，子类 Cat 的实现代码如下。

```
// 子类 Cat
function Cat(name) {
    this.name = name;
}
// 原型继承
Cat.prototype = new Animal();
// 很关键的一句，将 Cat 的构造函数指向自身
Cat.prototype.constructor = Cat;

var cat = new Cat('加菲猫');
console.log(cat.type);    // Animal
console.log(cat.name);    // 加菲猫
console.log(cat.sleep()); // 加菲猫正在睡觉！
console.log(cat.eat('猫粮'));  // 加菲猫正在吃：猫粮
```

在子类 Cat 中，我们没有增加 type 属性，因此会直接继承父类 Animal 的 type 属性，输出字符串"Animal"。

在子类 Cat 中，我们增加了 name 属性，在生成子类 Cat 的实例时，name 属性值会覆盖父类 Animal 的 name 属性值，因此输出字符串"加菲猫"，而并不会输出父类 Animal 的 name 属性"动物"。

同样因为 Cat 的 prototype 属性指向了 Animal 类型的实例，因此在生成实例 cat 时，会继承实例函数和原型函数，在调用 sleep() 函数和 eat() 函数时，this 指向了实例 cat，从而输出"加菲猫正在睡觉！"和"加菲猫正在吃：猫粮"。

需要注意其中有很关键的一句代码，如下所示。

```
Cat.prototype.constructor = Cat;
```

这是因为如果不将 Cat 原型对象的 constructor 属性指向自身的构造函数的话，那将会指向父类 Animal 的构造函数。

```
Cat.prototype.constructor === Animal;  // true
```

所以在设置了子类的 prototype 属性后，需要将其 constructor 属性指向 Cat。

原型链继承有什么优点和缺点呢？

1. 原型链继承的优点

通过原型链实现继承有以下几个优点。

（1）简单，易于实现

只需要设置子类的 prototype 属性为父类的实例即可，实现起来简单。

（2）继承关系纯粹

生成的实例既是子类的实例，也是父类的实例。

```
console.log(cat instanceof Cat);     // true,是子类的实例
console.log(cat instanceof Animal); // true,是父类的实例
```

（3）可通过子类直接访问父类原型链属性和函数

通过原型链继承的子类，可以直接访问到父类原型链上新增的函数和属性。

继续沿用前面的代码，我们通过在父类的原型链上添加属性和函数进行测试，代码如下。

```
// 父类原型链上增加属性
Animal.prototype.bodyType = 'small';
// 父类原型链上增加函数
Animal.prototype.run = function () {
    return this.name + ' 正在奔跑 ';
};
// 结果验证
console.log(cat.bodyType);  // small
console.log(cat.run());     // 加菲猫正在奔跑
```

2. 原型链继承的缺点

通过原型链实现继承同样存在一些缺点。

（1）子类的所有实例将共享父类的属性

```
Cat.prototype = new Animal();
```

在使用原型链继承时，是直接改写了子类 Cat 的 prototype 属性，将其指向一个 Animal 的实例，那么所有生成 Cat 对象的实例都将共享 Animal 实例的属性。

以上描述可以理解为如下所码。

```
// 生成一个 Animal 的实例 animal
var animal = new Animal();
// 通过改变 Cat 的原型链，所有的 Cat 实例将共享 animal 中的属性
Cat.prototype = animal;
```

这就会带来一个很严重的问题，如果父类 Animal 中有个值为引用数据类型的属性，那么改变 Cat 某个实例的属性值将会影响其他实例的属性值。

```
// 定义父类
function Animal() {
    this.feature = ['fat', 'thin', 'tall'];
}
// 定义子类
function Cat() {}
// 原型链继承
Cat.prototype = new Animal();
Cat.prototype.constructor = Cat;

// 生成
var cat1 = new Cat();
var cat2 = new Cat();
// 先输出两个实例的 feature 值
console.log(cat1.feature);  // [ 'fat', 'thin', 'tall' ]
console.log(cat2.feature);  // [ 'fat', 'thin', 'tall' ]
// 改变 cat1 实例的 feature 值
cat1.feature.push('small');
// 再次输出两个实例的 feature 值，发现 cat2 实例也受到影响
console.log(cat1.feature);  // [ 'fat', 'thin', 'tall', 'small' ]
console.log(cat2.feature);  // [ 'fat', 'thin', 'tall', 'small' ]
```

（2）在创建子类实例时，无法向父类的构造函数传递参数

在通过 new 操作符创建子类的实例时，会调用子类的构造函数，而在子类的构造函数中并没有设置与父类的关联，从而导致无法向父类的构造函数传递参数。

（3）无法实现多继承

由于子类 Cat 的 prototype 属性只能设置为一个值，如果同时设置为多个值的话，后面的

值会覆盖前面的值，导致 Cat 只能继承一个父类，而无法实现多继承。

（4）为子类增加原型对象上的属性和函数时，必须放在 new Animal() 函数之后

实现继承的关键语句是下面这句代码，它实现了对子类的 prototype 属性的改写。

```
Cat.prototype = new Animal();
```

如果想要为子类新增原型对象上的属性和函数，那么需要在这个语句之后进行添加。因为如果在这个语句之前设置了 prototype 属性，后面执行的语句会直接重写 prototype 属性，导致之前设置的全部失效。

```
// 先设置 prototype 属性
Cat.prototype.introduce = 'this is a cat';
// 原型链继承
Cat.prototype = new Animal();
// 生成子类实例
var cat1 = new Cat();
console.log(cat1.introduce);  // undefined
```

访问子类实例的 introduce 属性为"undefined"。

4.5.2　构造继承

构造继承的主要思想是在子类的构造函数中通过 call() 函数改变 this 的指向，调用父类的构造函数，从而能将父类的实例的属性和函数绑定到子类的 this 上。

```
// 父类
function Animal(age) {
    // 属性
    this.name = 'Animal';
    this.age = age;
    // 实例函数
    this.sleep = function () {
        return this.name + ' 正在睡觉！';
    }
}
// 父类原型函数
Animal.prototype.eat = function (food) {
    return this.name + ' 正在吃：' + food;
};
// 子类
function Cat(name) {
    // 核心，通过 call() 函数实现 Animal 的实例的属性和函数的继承
    Animal.call(this);
    this.name = name || 'tom';
}
```

```
// 生成子类的实例
var cat = new Cat('tony');
// 可以正常调用父类实例函数
console.log(cat.sleep());  // tony 正在睡觉!
// 不能调用父类原型函数
console.log(cat.eat());  // TypeError: cat.eat is not a function
```

通过代码可以发现，子类可以正常调用父类的实例函数，而无法调用父类原型对象上的函数，这是因为子类并没有通过某种方式来调用父类原型对象上的函数。

那么构造继承有什么优点和缺点呢?

1. 构造继承的优点

（1）可解决子类实例共享父类属性的问题

call() 函数实际是改变了父类 Animal 构造函数中 this 的指向，调用后 this 指向了子类 Cat，相当于将父类的 type、age 和 sleep 等属性和函数直接绑定到了子类的 this 中，成了子类实例的属性和函数，因此生成的子类实例中是各自拥有自己的 type、age 和 sleep 属性和函数，不会相互影响。

（2）创建子类的实例时，可以向父类传递参数

在 call() 函数中，我们可以传递参数，这个时候参数是传递给父类的，我们就可以对父类的属性进行设置，同时由子类继承下来。

我们稍微改写下上面的代码。

```
function Cat(name, parentAge) {
    // 在子类生成实例时，传递参数给 call() 函数，间接地传递给父类，然后被子类继承
    Animal.call(this, parentAge);
    this.name = name || 'tom';
}
// 生成子类实例
var cat = new Cat('tony', 11);
console.log(cat.age);  // 11, 因为子类继承了父类的 age 属性
```

（3）可以实现多继承

在子类的构造函数中，可以通过多次调用 call() 函数来继承多个父对象，每调用一次 call() 函数就会将父类的实例的属性和函数绑定到子类的 this 中。

2. 构造继承的缺点

（1）实例只是子类的实例，并不是父类的实例

因为我们并未通过原型对象将子类与父类进行串联，所以生成的实例与父类并没有关系，这样就失去了继承的意义。

```
var cat = new Cat('tony');
console.log(cat instanceof Cat);  // true, 实例是子类的实例
console.log(cat instanceof Animal); // false, 实例并不是父类的实例
```

（2）只能继承父类实例的属性和函数，并不能继承原型对象上的属性和函数

与缺点（1）的原因相同，子类的实例并不能访问到父类原型对象上的属性和函数。

（3）无法复用父类的实例函数

由于父类的实例函数将通过 call() 函数绑定到子类的 this 中，因此子类生成的每个实例都会拥有父类实例函数的引用，这会造成不必要的内存消耗，影响性能。

4.5.3 复制继承

复制继承的主要思想是首先生成父类的实例，然后通过 for...in 遍历父类实例的属性和函数，并将其依次设置为子类实例的属性和函数或者原型对象上的属性和函数。

```javascript
// 父类
function Animal(parentAge) {
    // 实例属性
    this.name = 'Animal';
    this.age = parentAge;
    // 实例函数
    this.sleep = function () {
        return this.name + ' 正在睡觉！';
    }
}
// 原型函数
Animal.prototype.eat = function (food) {
    return this.name + ' 正在吃：' + food;
};
// 子类
function Cat(name, age) {
    var animal = new Animal(age);
    // 父类的属性和函数，全部添加至子类中
    for (var key in animal) {
        // 实例属性和函数
        if (animal.hasOwnProperty(key)) {
            this[key] = animal[key];
        } else {
            // 原型对象上的属性和函数
            Cat.prototype[key] = animal[key];
        }
    }
    // 子类自身的属性
    this.name = name;
}
// 子类自身原型函数
Cat.prototype.eat = function (food) {
    return this.name + ' 正在吃：' + food;
};
```

```
var cat = new Cat('tony', 12);
console.log(cat.age);  // 12
console.log(cat.sleep()); // tony 正在睡觉！
console.log(cat.eat('猫粮')); // tony 正在吃：猫粮
```

在子类的构造函数中，对父类实例的所有属性进行 for...in 遍历，如果 animal.hasOwnProperty(key) 返回"true"，则表示是实例的属性和函数，则直接绑定到子类的 this 上，成为子类实例的属性和函数；如果 animal.hasOwnProperty(key) 返回"false"，则表示是原型对象上的属性和函数，则将其添加至子类的 prototype 属性上，成为子类的原型对象上的属性和函数。

生成的子类实例 cat 可以访问到继承的 age 属性，同时还能够调用继承的 sleep() 函数与自身原型对象上的 eat() 函数。

那么复制继承有什么优缺点呢？

1. 复制继承的优点

（1）支持多继承

只需要在子类的构造函数中生成多个父类的实例，然后通过相同的 for...in 处理即可。

（2）能同时继承实例的属性和函数与原型对象上的属性和函数

因为对所有的属性进行 for...in 处理时，会通过 hasOwnProperty() 函数判断其是实例的属性和函数还是原型对象上的属性和函数，并根据结果进行不同的设置，从而既能继承实例的属性和函数又能继承原型对象上的属性和函数。

（3）可以向父类构造函数中传递值

在生成子类的实例时，可以在构造函数中传递父类的属性值，然后在子类构造函数中，直接将值传递给父类的构造函数。

```
function Cat(name, age) {
    var animal = new Animal(age);
    // 代码省略
}
// 以下的参数 12 就是传递给父类的参数
var cat = new Cat('tony', 12);
```

2. 复制继承的缺点

（1）父类的所有属性都需要复制，消耗内存

对于父类的所有属性都需要复制一遍，这会造成内存的重复利用，降低性能。

（2）实例只是子类的实例，并不是父类的实例

实际上我们只是通过遍历父类的属性和函数并将其复制至子类上，并没有通过原型对象串联起父类和子类，因此子类的实例不是父类的实例。

```
console.log(cat instanceof Cat);   // true
console.log(cat instanceof Animal);// false
```

4.5.4 组合继承

组合继承的主要思想是组合了构造继承和原型继承两种方法，一方面在子类的构造函数中通过 call() 函数调用父类的构造函数，将父类的实例的属性和函数绑定到子类的 this 中；另一方面，通过改变子类的 prototype 属性，继承父类的原型对象上的属性和函数。

```javascript
// 父类
function Animal(parentAge) {
    // 实例属性
    this.name = 'Animal';
    this.age = parentAge;
    // 实例函数
    this.sleep = function () {
        return this.name + ' 正在睡觉！';
    };
    this.feature = ['fat', 'thin', 'tall'];
}
// 原型函数
Animal.prototype.eat = function (food) {
    return this.name + ' 正在吃：' + food;
};
// 子类
function Cat(name) {
    // 通过构造函数继承实例的属性和函数
    Animal.call(this);
    this.name = name;
}
// 通过原型继承原型对象上的属性和函数
Cat.prototype = new Animal();
Cat.prototype.constructor = Cat;

var cat = new Cat('tony');
console.log(cat.name);    // tony
console.log(cat.sleep()); // tony 正在睡觉！
console.log(cat.eat(' 猫粮 '));  // tony 正在吃：猫粮
```

那么组合继承有什么优缺点呢?

1. 组合继承的优点

（1）既能继承父类实例的属性和函数，又能继承原型对象上的属性和函数

一方面，通过 Animal.call(this) 可以将父类实例的属性和函数绑定到 Cat 构造函数的 this 中；另一方面，通过 Cat.prototype = new Animal() 可以将父类的原型对象上的属性和函数绑定到 Cat 的原型对象上。

（2）既是子类的实例，又是父类的实例

```javascript
console.log(cat instanceof Cat);    // true
console.log(cat instanceof Animal);// true
```

（3）不存在引用属性共享的问题

因为在子类的构造函数中已经将父类的实例属性指向了子类的 this，所以即使后面将父类的实例属性绑定到子类的 prototype 属性中，也会因为构造函数作用域优先级比原型链优先级高，所以不会出现引用属性共享的问题。

（4）可以向父类的构造函数中传递参数

通过 call() 函数可以向父类的构造函数中传递参数。

2. 组合继承的缺点

组合继承的缺点为父类的实例属性会绑定两次。

在子类的构造函数中，通过 call() 函数调用了一次父类的构造函数；在改写子类的 prototype 属性、生成父类的实例时调用了一次父类的构造函数。

通过两次调用，父类实例的属性和函数会进行两次绑定，一次会绑定到子类的构造函数的 this 中，即实例属性和函数，另一次会绑定到子类的 prototype 属性中，即原型对象上的属性和函数，但是实例属性优先级会比原型对象上的属性优先级高，因此实例属性会覆盖原型对象上的属性。

4.5.5 寄生组合继承

事实上 4.5.4 组合继承的方案已经足够好，但是针对其存在的缺点，我们仍然可以进行优化。在进行子类的 prototype 属性的设置时，可以去掉父类实例的属性和函数。

```
// 子类
function Cat(name) {
    // 继承父类的实例属性和函数
    Animal.call(this);
    this.name = name;
}
// 立即执行函数
(function () {
    // 设置任意函数 Super()
    var Super = function () {};
    // 关键语句，Super() 函数的原型指向父类 Animal 的原型，去掉父类的实例属性
    Super.prototype = Animal.prototype;
    Cat.prototype = new Super();
    Cat.prototype.constructor = Cat;
})();
```

其中最关键的语句为如下所示的代码。

```
Super.prototype = Animal.prototype;
```

只取父类 Animal 的 prototype 属性，过滤掉 Animal 的实例属性，从而避免了父类的实例属性绑定两次。

寄生组合继承的方式是实现继承最完美的一种，但是实现起来较为复杂，一般不太容易想到。在大多数情况下，使用组合继承的方式就已经足够，当然能够使用寄生组合继承更好。

▶4.6 instanceof运算符

4.4 节讲到了原型链中属性的查找过程需要确定对象实例的 __proto__ 属性的指向，那么我们该如何确定一个对象是不是某个构造函数的实例，从而确定它的原型链呢？这就需要运用本节将要讲到的 instanceof 运算符的知识点了。

在 1.4.2 小节中，我们讲过 typeof 运算符，在判断一个变量的类型时，我们总是优先使用它。

但是使用 typeof 运算符时，存在一个比较大的问题，即对于任何引用数据类型的值都会返回 "object"，从而无法判断对象的具体类型。因此，在 JavaScript 中，又引入了一个新的运算符 instanceof，用来帮助我们确定对象的具体类型。

instanceof 运算符的语法如下。

```
target instanceof constructor
```

上面的代码表示的是构造函数 constructor() 的 prototype 属性是否出现在 target 对象的原型链中，说得通俗一点就是，target 对象是不是构造函数 constructor() 的实例。

instanceof 运算符的使用会涉及原型链相关的知识，理解起来有些复杂，我们由浅入深，一步步来看。

4.6.1 instanceof运算符的常规用法

我们分别通过原生数据类型的包装类型和 Function 类型来看看 instanceof 运算符的常规用法。

```
var stringObject = new String('hello world');
stringObject instanceof String;  // true
```

上面两行代码是判断变量 stringObject 是否是 String 类型的实例，因为变量 stringObject 是通过 new 操作符，由 String 的构造函数生成的，所以变量 stringObject 是 String 类型的实例，最终返回 "true"。

我们再通过下面的代码来看看使用 function 关键字定义构造函数的一系列场景。

首先定义一个 Foo() 构造函数。

```
function Foo() {}
```

然后通过 new 操作符生成一个实例。

```
var foo = new Foo();
```

最后判断实例 foo 是否为 Foo() 构造函数的一个实例。

```
foo instanceof Foo;  // true
```

很明显，foo 是由 Foo() 构造函数通过 new 操作符生成的，所以结果为"true"。

4.6.2 instanceof运算符用于继承判断

instanceof 运算符除了前面介绍的常规用法外，还有很重要的一点就是可以在继承关系中，判断一个实例对象是否属于它的父类。

我们通过以下这段代码来加深对 instanceof 运算符的理解。

首先定义两个构造函数。

```
// 定义构造函数
function C(){}
function D(){}
```

生成 C() 构造函数的一个实例。

```
var o = new C();
```

判断对象 o 是否为 C() 构造函数的一个实例，结果为"true"。

```
o instanceof C;   // true
```

判断对象 o 是否为 D() 构造函数的一个实例，结果返回"false"。

```
o instanceof D; // false, 因为 D.prototype 属性不在 o 的原型链上
```

判断对象 o 是否为 Object() 函数的一个实例，结果返回"true"。

```
o instanceof Object; // true, 因为 Object.prototype 属性在 o 的原型链上
```

通过将 D() 构造函数的 prototype 属性指向 C() 构造函数的一个实例可以产生继承关系。

```
D.prototype = new C(); // 继承
```

生成 D() 构造函数的一个实例 o2。

```
var o2 = new D();
```

判断实例 o2 是否为 D() 构造函数的一个实例，结果返回"true"。

```
o2 instanceof D;  // true
```

判断实例 o2 是否为 C() 构造函数的一个实例，结果返回"true"。

```
o2 instanceof C; // true, 因为通过继承关系，C.prototype 出现在 o2 的原型链上
```

需要注意的一点是，如果一个表达式 obj instanceof Foo 返回"true"，并不意味着这个表达式会永远返回"true"，我们可以有两种方法改变这个结果。

第一种方法是改变 Foo.prototype 属性值，使得改变后的 Foo. prototype 不在实例 obj 的原型链上。

以前面的代码为例，在改变之前，o2 instanceof C 与 o2 instanceof D 都返回"true"。

现在我们修改 D.prototype 属性，将其指向一个空对象。

```
D.prototype = {};
```

再次生成一个 D() 构造函数的实例。

```
var o3 = new D();
```

然后判断实例 o3 是否为 C() 构造函数和 D() 构造函数的实例。

```
o3 instanceof D; // true
o3 instanceof C; // false
```

因为 D.prototype 属性指向了一个空对象，那么 C() 构造函数的 prototype 属性将不再处于实例 o3 的原型链上，因此返回"false"。

第二种方法是改变实例 obj 的原型链，使得改变后的 Foo() 构造函数不在实例 obj 的原型链上。

在目前的 ECMAScript 规范中，某个对象实例的原型是只读而不能修改的，但是该规范提供了一个非标准的 __proto__ 属性，用于访问其构造函数的原型对象。

同样基于前面的代码，我们改变实例 o3 的 __proto__ 属性，将其置为一个空对象。

```
o3.__proto__ = {};
```

再次判断实例 o3 是否为 D() 构造函数的实例。

```
o3 instanceof D;  // false
```

因为对实例 o3 的原型链进行了修改，D.prototype 属性并不在实例 o3 的原型链上，所以返回"false"。

4.6.3 instanceof运算符的复杂用法

通过前面对 instanceof 运算符的讲解，大家是不是觉得 instanceof 运算符使用起来很简单呢？如果觉得简单，那我们来看一些比较复杂的实例，看看大家能否知道答案。

```
Object instanceof Object; //true
Function instanceof Function; //true
Number instanceof Number; //false
String instanceof String; //false
Function instanceof Object; //true
Foo instanceof Function; //true
Foo instanceof Foo; //false
```

看完上面这段代码，大家是不是又疑惑重重呢？为什么 Object() 构造函数和 Function() 构造函数在使用 instanceof 运算符处理自身的时候会返回"true"，而 Number() 构造函数和 String() 构造函数在使用 instanceof 运算符处理自身的时候返回"false"呢？

接下来我们将通过底层原理来看看 instanceof 运算符是怎么进行处理的。

以下是一段对 instanceof 运算符实现原理比较经典的 JavaScript 代码解释。

```
/**
 * instanceof 运算符实现原理
 * @param L 表示左表达式
 * @param R 表示右表达式
 * @returns {boolean}
 */
function instance_of(L, R) {
    var O = R.prototype; // 取 R 的显示原型
    L = L.__proto__; // 取 L 的隐式原型
    while (true) {
        if (L === null)
            return false;
        if (O === L) // 这里是重点：当 O 严格等于 L 时，返回"true"
            return true;
        L = L.__proto__;   // 如果不相等则重新取 L 的隐式原型
    }
}
```

对上面代码的理解如下。

- 获取右表达式R的prototype属性为O，左表达式的__proto__隐式原型为L。
- 首先判断左表达式__proto__隐式原型L是否为空，如果为空，则直接返回"false"。
  实际上只有Object.prototype.__proto__属性为null，即到了原型链的最顶层。
- 然后判断O与L是否严格相等，需要注意的是只有在严格相等的时候，才返回"true"。
- 如果不相等，则递归L的__proto__属性，直到L为null或者O===L，得到最终结果。

在了解 instanceof 运算符的执行机制之后，再结合上一节中讲到的基于 prototype 属性的原型链，就可以对任何 instanceof 运算符的操作处理得更加游刃有余。

4.6.4 instanceof运算符的复杂用法的详细处理过程

1. Object instanceof Object

基于instanceof 运算符的原理，需要区分运算符左侧值和右侧值，这里我们也做下区分，详细处理过程如下面的代码所示。

```
// 将左、右侧值进行赋值
ObjectL = Object, ObjectR = Object;
// 根据原理获取对应值
L = ObjectL.__proto__ = Function.prototype;
```

```
R = ObjectR.prototype;
// 执行第一次判断
L != R;
// 继续寻找L.__pro__
L = L.__proto__ = Function.prototype.__proto__ = Object.prototype;
// 执行第二次判断
L === R;
```

因此 Object instanceof Object 返回"true"。

2. Function instanceof Function

同样按照 instanceof 运算符的原理对值进行区分，然后再看如下所示的处理过程。

```
// 将左、右侧值进行赋值
FunctionL = Function, FunctionR = Function;
// 根据原理获取对应值
L = FunctionL.__proto__ = Function.prototype;
R = FunctionR.prototype = Function.prototype;
// 执行第一次判断成功，返回"true"
L === R;
```

因此 Function instanceof Function 返回"true"。

3. Foo instanceof Foo

针对 Foo() 构造函数，会存在 3 次链路寻找过程，以下是详细过程。

```
// 将左、右侧值进行赋值
FooL = Foo, FooR = Foo;
// 根据原理获取对应值
L = FooL.__proto__ = Function.prototype;
R = FooR.prototype = Foo.prototype;
// 第一次判断失败，返回"false"
L !== R;
// 继续寻找L.__proto__
L = L.__proto__ = Function.prototype.__proto__ = Object.prototype;
// 第二次判断失败，返回"false"
L !== R;
// 继续寻找L.__proto__
L = L.__proto__ = Object.prototype.__proto__ = null;
// L为null,返回"false"
L === null;
```

因此 Foo instanceof Foo 返回"false"。

4. String instanceof String

针对 String() 构造函数，会存在 3 次链路寻找过程，以下是详细过程。

```
// 将左、右侧值进行赋值
StringL = String, StringR = String;
```

```
// 根据原理获取对应值
L = StringL.__proto__ = Function.prototype;
R = StringR.prototype = String.prototype;
// 第一次判断失败, 返回 "false"
L !== R;
// 继续寻找 L.__proto__
L = L.__proto__ = Function.prototype.__proto__ = Object.prototype;
// 第二次判断失败, 返回 "false"
L !== R;
// 继续寻找 L.__proto__
L = L.__proto__ = Object.prototype.__proto__ = null;
// L 为 null, 返回 "false"
L === null;
```

因此 String instanceof String 返回 "false"。

第 **5** 章

DOM与事件

DOM 是文档对象模型，全称为 Document Object Model。DOM 用一个逻辑树来表示一个文档，树的每个分支终点都是一个节点，每个节点都包含着对象。DOM 提供了对文档结构化的表述，通过绑定不同的事件可以改变文档的结构、样式和内容，从而能实现"动态"的页面。

通过对本章内容的学习，希望读者能掌握以下内容。

- DOM选择器。
- 常用的DOM操作。
- 事件流和事件处理程序。
- Event对象。
- 事件委托。
- contextmenu右键事件。
- 文档加载完成事件。
- 浏览器重排和重绘。

▶ 5.1　DOM选择器

DOM 选择器用于快速定位 DOM 元素。在原生的 JavaScript 中有提供根据 id、name 等属性来查找的传统选择器，也有新型的、更高效的 querySelector 选择器和 querySelectorAll 选择器，支持丰富的元素、属性、内容选择等。

接下来详细讲解各种 DOM 选择器的使用。

5.1.1　传统原生JavaScript选择器

为了能更直观地看到 DOM 选择器的效果，我们编写了一个 HTML 页面，然后通过 DOM 选择器定位元素，改变对应的展示内容。

HTML 页面中主要是定义一系列的 ul-li 标签，然后通过 DOM 选择器定位 li 后并操作它们，初始代码如下所示。

```
<ul>
    <li>节点 1.1</li>
    <li>节点 1.2</li>
    <li>节点 1.3</li>
    <li>节点 1.4</li>
    <li>节点 1.5</li>
    <li>节点 1.6</li>
    <li>节点 1.7</li>
</ul>
<ul>
    <li>节点 2.1</li>
    <li>节点 2.2</li>
    <li>节点 2.3</li>
    <li>节点 2.4</li>
    <li>节点 2.5</li>
    <li>节点 2.6</li>
    <li>节点 2.7</li>
</ul>
```

接下来通过不同的选择器来定位元素。

1. 通过id定位

JavaScript 提供了 getElementById() 函数，通过 id 定位元素，返回匹配到 id 的第一个元素。

通常情况下，在编写 HTML 代码时，我们强调一个页面中每个 id 都是唯一的，不应该出现有相同 id 的情况。现在很多 IDE 都能识别出页面重复 id 的错误，例如下面这种写法在 IDEA 中就会报错。

```
<ul>
    <li id="one">节点 1.1</li>
    <li id="one">节点 1.2</li>
    <li>节点 1.3</li>
    <li>节点 1.4</li>
</ul>
```

虽然我们都会避免去写有相同 id 元素的 HTML 页面，但是如果发生了这种情况，会产生什么问题呢？

当具有相同 id 的元素时，除了第一个元素能被匹配到外，其他元素都会被忽略。

```
document.getElementById('one').innerText;    // 节点 1.1
```

最后输出的结果中只会包含"节点 1.1"。

2. 通过class定位

JavaScript 提供了 getElementsByClassName() 函数，通过类名定位元素，返回由匹配到的元素构成的 HTMLCollection 对象，它是一个类数组结构。

- HTML代码。

```
<li class="one">节点 1.2</li>
<li class="one">节点 1.3</li>
```

- JavaScript代码。

```
document.getElementsByClassName('one');
```

返回值为一个 HTMLCollection 对象，里面包含匹配到的两个 li 元素值。

```
HTMLCollection(2) [li.one, li.one]
 - 0: li.one
 - 1: li.one
 - length: 2
 - __proto__: HTMLCollection
```

3. 通过name属性定位

JavaScript 提供了 getElementsByName() 函数，通过元素的 name 属性进行定位，返回由匹配到的元素构成的 NodeList 对象，它是一个类数组结构。

- HTML代码。

```
<ul>
    <li id="one">节点 1.1</li>
    <li name="node">节点 1.4</li>
    <li name="node">节点 1.5</li>
</ul>
<ul>
    <li name="node">节点 2.1</li>
    <li>节点 2.2</li>
</ul>
```

- JavaScript代码。

```
document.getElementsByName('node');
```

返回的值为一个 NodeList 对象，里面包含匹配到的 name 属性为"node"的元素。

```
NodeList(3) [li, li, li]
  - 0: li
  - 1: li
  - 2: li
  - length: 3
  - __proto__: NodeList
```

4. 通过标签名定位

JavaScript 提供了 getElementsByTagName() 函数，通过标签名定位元素，返回由匹配到的元素构成的 HTMLCollection 对象。

我们通过标签名获取页面上的两个 ul 元素。

```
document.getElementsByTagName('ul');
```

返回值为一个 HTMLCollection 对象，里面包含匹配到的两个 ul 元素值。

```
HTMLCollection(2) [ul, ul]
  - 0: ul
  - 1: ul
  - length: 2
  - __proto__: HTMLCollection
```

document.all 在早期是 IE 支持的属性，而现在的浏览器也都提供了支持，但是在实现细节上有些差异。因此，获取元素还是推荐用 W3C DOM 规范中提供的 document.getElementById()、document.getElementsByName() 等标准函数。

5.1.2　新型的querySelector选择器和querySelectorAll选择器

我们使用传统的 id、name、class 等选择器来查找元素时，只能调用 document 具有的函数，在查找特定元素的子元素时不太方便。

为了能更高效地使用选择器，让其定位到特定的元素或者子元素中，于是诞生了新型的 querySelector 选择器和 querySelectorAll 选择器。

querySelector 选择器和 querySelectorAll 选择器是在 W3C DOM4 中新增的，都是按照 CSS 选择器的规范来实现的，接下来分别来看它们的具体使用方法。

1. querySelector选择器

querySelector 选择器返回的是在基准元素下，选择器匹配到的元素集合中的第一个元素。

语法如下所示。

```
element = baseElement.querySelector(selectors);
```

其中，baseElement 是基准元素，返回的元素必须是匹配到的基准元素的第一个子元素。该基准元素可以为 Document，也可以为基本的 Element。

selectors 是一个标准的 CSS 选择器，而且必须是合法的选择器，否则会引起语法错误。

返回值为匹配到的第一个子元素。匹配的过程中不仅仅针对基准元素的后代元素，实际上会遍历整个文档结构，包括基准元素和它的后代元素以外的元素。实际处理过程是首先创建一个匹配元素的初始列表，然后判断每个元素是否为基准元素的后代元素，第一个属于基准元素的后代元素将会被返回。

接下来通过一系列的代码来看其使用方法。

- HTML代码。

```
<div>
  <h5>Original content</h5>
  <span>outside span</span>
  <p class="content">
    inside paragraph
    <span>inside span</span>
    inside paragraph
  </p>
</div>
```

- 获取p元素的第一个span元素。

```
document.querySelector('p span').innerText;  // inside span
```

- 获取class为content的元素的第一个span元素。

```
document.querySelector('.content span').innerText;  // inside span
```

- 获取第一个span或者h5元素。

```
document.querySelector('h5, span').innerText  // Original content
```

然后通过以下这段代码来验证上述返回值的匹配过程。

```
var baseElement = document.querySelector("p");
console.log(baseElement.querySelector("div span").innerText);
```

代码最终输出的结果为"inside span"。

第一行代码获取的基准元素为 p 元素，第二行代码中的选择器为"div span"。虽然在 p 元素中没有 div 元素，却依旧能匹配到 span 元素。这是因为在匹配过程会优先找出 div 元素下 span 元素的集合，然后判断 span 元素是否属于 p 元素的子元素，最后返回第一个匹配到的 span 元素值。

2. querySelectorAll选择器

querySelectorAll 选择器与 querySelector 选择器类似，区别在于 querySelectorAll 选择器会返回基准元素下匹配到的所有子元素的集合。

语法如下所示。

```
elementList = baseElement.querySelectorAll(selectors);
```

它同样包含基准元素与选择器，返回值是一个 NodeList 的集合。

接下来通过一系列代码来看 querySelectorAll 选择器的使用方法。

- HTML代码。

```
<div>
    <h5>Original content</h5>
    <span>outside span</span>
    <p class="content">
      inside paragraph
      <span>inside span</span>
      inside paragraph
    </p>
</div>
```

- 获取所有的span元素。

```
document.querySelectorAll('span');
```

其返回值如下所示。

```
NodeList(2) [span, span]
 - 0: span
 - 1: span
 - length: 2
 - __proto__: NodeList
```

querySelectorAll 选择器匹配过程与 querySelector 选择器一样，优先获取所有匹配元素的集合，然后判断每个元素是否属于基准元素。如果属于则返回结果，最终返回一个 NodeList 对象。

接下来通过以下代码来理解 querySelectorAll 选择器匹配元素的过程。

- HTML代码。

```
<div id="my-id">
    <img id="inside">
    <div class="lonely"></div>
    <div class="outer">
      <div class="inner"></div>
    </div>
</div>
```

- JavaScript代码。

```
<script>
    var firstArr = document.querySelectorAll('#my-id div div');
```

```
            var secondArr = document.querySelector('#my-id').querySelectorAll('div div');
            console.log(firstArr);
            console.log(secondArr);
    </script>
```

上面代码的主要目的是找出在 id 为 "my-id" 元素的子 div 中子 div 元素的集合。分别使用两种写法获取到了 firstArr 和 secondArr 两个值。

提问：firstArr 和 secondArr 返回的 NodeList 值是否是一样的？

答案：不一样。

实际上它们输出的结果如下所示。

```
firstArr    NodeList [div.inner]
            - 0: div.inner
            - length: 1
            - __proto__: NodeList
secondArr   NodeList(3) [div.lonely, div.outer, div.inner]
            - 0: div.lonely
            - 1: div.outer
            - 2: div.inner
            - length: 3
            - __proto__: NodeList
```

我们可以看出 firstArr 表示的 NodeList 对象的长度为 1，而 secondArr 表示的 NodeList 对象的长度为 3，这是为什么呢？

针对 firstArr，querySelectorAll 选择器的调用方是 document，则基准元素为 document；执行 CSS 选择器，匹配到的元素只有一个，如下代码所示。

```
<div class="inner"></div>
```

该元素属于 document 中的子元素，最终返回结果如下所示。

```
NodeList [div.inner]
```

针对 secondArr，先通过 querySelector 选择器确定基准元素是 id 为 "my-id" 的元素，然后执行 CSS 选择器，选择器的内容是匹配 div 元素中的子 div 元素。在 189 页下方的 HTML 代码对应的文档结构内，有 3 个元素是匹配的。

• id 为 "my-id" 的div元素的第一个子节点。

```
<div class="lonely"></div>
```

• id 为 "my-id" 的div元素的第二个子节点。

```
<div class="outer">...</div>
```

• class 为 "outer" 的div元素的第一个子节点。

```
<div class="inner"></div>
```

紧接着判断这 3 个匹配的元素是否为基准元素的子元素，发现它们都是处于基准元素内部的，最终这 3 个值构成一个 NodeList 集合返回。

```
NodeList(3) [div.lonely, div.outer, div.inner]
```

通过该实例的讲解，大家需要明白 querySelectorAll 选择器的匹配过程，以便确定好具体的基准元素以及准确的选择器，避免出现不必要的问题。

在 5.1.1 小节中有讲到过，一个页面是不允许有相同 id 的元素的。如果出现了相同的 id，则无法通过 getElementById() 函数获取到除第一个元素以外的元素。

但是对于 querySelectorAll 选择器来说却是一个特例。将 id 选择器传入 querySelectorAll 选择器中后，可以通过 id 获取多个匹配的元素，然后通过索引获取特定的值。

```
<div>
    <p id="first">文本 1</p>
    <p id="first">文本 2</p>
    <p id="first">文本 3</p>
    <p id="first">文本 4</p>
</div>

<script>
    console.log(document.querySelectorAll('#first').length);  // 4
    console.log(document.querySelectorAll('#first')[3].innerText); // 文本 4
</script>
```

在这里我们重申一下，不允许一个页面出现相同 id 的元素。虽然 querySelectorAll 选择器也可以处理出现相同 id 的情况，但我们仍然要遵循 HTML 编写的规范，从源头上避免问题的出现，而不是出现问题再去解决。

5.2 HTMLCollection对象与NodeList对象

上一节有讲到过不同的 DOM 选择器，它们的返回值有些是 NodeList 对象，有些是 HTMLCollection 对象。那么它们有什么区别呢？

为了帮助大家理解，我们先来看下面这段代码，主要是对 children 属性和 childNodes 属性的调用。

```
<div id="main">
    <p class="first">first</p>
    <p class="second">second<span>content</span></p>
</div>
<script>
    var main = document.getElementById("main");
    console.log(main.children);
    console.log(main.childNodes);
</script>
```

得到的结果如下所示。

```
HTMLCollection(2) [p.first, p.second]
 - 0: p.first
 - 1: p.second
 - length: 2
 - __proto__: HTMLCollection
NodeList(5) [text, p.first, text, p.second, text]
 - 0: text
 - 1: p.first
 - 2: text
 - 3: p.second
 - 4: text
 - length: 5
 - __proto__: NodeList
```

从结果可以看出，调用 children 属性，返回的是 HTMLCollection 对象，其中包含两个元素 p.first 和 p.second；调用 childNodes 属性，返回的是 NodeList 对象，其中包含了 text、p.first、text、p.second、text 5 个元素。

children 属性和 childNodes 属性的不同在本质上是 HTMLCollection 对象和 NodeList 对象的不同。HTMLCollection 对象与 NodeList 对象都是 DOM 节点的集合，但是在节点处理方式上是有差异的。接下来就深入了解两者的相同点和不同点。

1. HTMLCollection对象

HTMLCollection 对象具有 length 属性，返回集合的长度，可以通过 item () 函数和 namedItem() 函数来访问特定的元素。

（1）item() 函数

HTMLCollection 对象可以调用 item() 函数，通过序号来获取特定的某个节点，超过索引则返回"null"。

```
<div id="main">
    <p class="first">first</p>
    <p class="second">second</p>
    <p class="third">third</p>
    <p class="four">four</p>
</div>
<script>
    var main = document.getElementById("main").children;
    console.log(main.item(0));
    console.log(main.item(2));
</script>
```

通过 item() 函数定位第一个和第三个子元素，输出结果如下所示。

```
<p class="first">first</p>
```

```
<p class="third">third</p>
```

（2）namedItem() 函数

namedItem() 函数用来返回一个节点。首先通过 id 属性去匹配，然后如果没有匹配到则使用 name 属性匹配，如果还没有匹配到则返回 "null"。当出现重复的 id 或者 name 属性时，只返回匹配到的第一个值。

```
<form id="main">
    <input type="text" id="username">
    <input type="text" name="username">
    <input type="text" name="password">
</form>

<script>
    var main = document.getElementById("main").children;
    console.log(main.namedItem('username'));

</script>
```

在定义了 id 和 name 属性均为 "username" 值的两个元素后，最后输出的结果是 id 为 "username" 的元素。

```
<input type="text" id="username">
```

2. NodeList对象

NodeList 对象也具有 length 属性，返回集合的长度，也同样具有 item() 函数，通过索引定位子元素的位置。由于和 HTMLCollection 对象的 item() 函数一致，这里就不赘述了。

3. HTMLCollection对象和NodeList对象的实时性

HTMLCollection 对象和 NodeList 对象并不是历史文档状态的静态快照，而是具有实时性的。对 DOM 树新增或者删除一个相关节点，都会立刻反映在 HTMLCollection 对象与 NodeList 对象中。

HTMLCollection 对象与 NodeList 对象都只是类数组结构，并不能直接调用数组的函数。而通过 call() 函数和 apply() 函数处理为真正的数组后，它们就转变为一个真正的静态值了，不会再动态反映 DOM 的变化。

下面以 HTMLCollection 对象为例进行讲解。

```
<form id="main">
    <input type="text" id="username">
    <input type="text" name="password">
</form>

<script>
    // 获取 HTMLCollection
    var mainChildren = document.getElementById('main').children;
```

```
    console.log(mainChildren.length);  // 2

    // 新增一个 input 元素
    var newInput = document.createElement('input');
    main.appendChild(newInput);
    console.log(mainChildren.length);  // 3

    // 通过 call() 函数处理成数组结构
    mainChildren = Array.prototype.slice.call(mainChildren, 0);
    mainChildren.splice(1, 1);
    console.log(mainChildren.length);  // 2

    // 再新增一个 input 元素
    var newInput2 = document.createElement('input');
    main.appendChild(newInput2);
    console.log(mainChildren.length);  // 2

</script>
```

最开始获取 HTMLCollection 对象的长度为 2，新增一个 input 元素后，再输出的 HTMLCollection 对象的长度变为了 3；然后将 HTMLCollection 对象通过 call() 函数处理成数组结构，删除第二个元素，HTMLCollection 对象的长度变为 2；最后再新增一个 input 元素，此时再获取 HTMLCollection 对象的长度，因为其已经变为一个静态的数组，并不能实时感知到 DOM 的变化，所以长度仍为 2。

NodeList 对象与 HTMLCollection 对象相比，存在一些细微的差异，主要表现在不是所有的函数获取的 NodeList 对象都是实时的。例如通过 querySelectorAll() 函数获取的 NodeList 对象就不是实时的。接下来通过下面这段代码来展示。

```
<ul id="main">
    <li> 文本 1</li>
    <li> 文本 2</li>
    <li> 文本 3</li>
    <li> 文本 4</li>
    <li> 文本 5</li>
</ul>
```

使用一段 JavaScript 代码操作这个 ul。

```
<script>
    // 获取 ul
    var main = document.getElementById('main');
    // 获取 li 集合
    var lis = document.querySelectorAll('ul li');
    // 第一次输出 li 集合长度，值为 5
    console.log(lis.length);
```

```
    // 新增 li 元素
    var newLi = document.createElement('li');
    var text = document.createTextNode(' 文本 8');
    newLi.appendChild(text);
    main.appendChild(newLi);
    // 再次输出 li 集合长度，值为 5
    console.log(lis.length);
    // 重新获取 li 的集合并输出长度，值为 6
    console.log(document.querySelectorAll('ul li').length);
</script>
```

我们可以看出在新增一个 li 元素后，前后两次获取的 li 元素的集合的长度值均为 5，并没有受到新增的 newLi 元素的影响。而在重新获取一次 li 元素的集合后，长度变为了 6。

综上所述，HTMLCollection 对象和 NodeList 对象具有以下的相同点和不同点。

（1）相同点

- 都是类数组对象，有length属性，可以通过call()函数或apply()函数处理成真正的数组。
- 都有item()函数，通过索引定位元素。
- 都是实时性的，DOM树的变化会及时反映到HTMLCollection对象和NodeList对象上，只是在某些函数调用的返回结果上会存在差异。

（2）不同点

- HTMLCollection对象比NodeList对象多个namedItem()函数，可以通过id或者name属性定位元素。
- HTMLCollection对象只包含元素的集合（Element），即具有标签名的元素；而NodeList对象是节点的集合，既包括元素，也包括节点，例如text文本节点。

▶ 5.3 常用的DOM操作

DOM 操作在 jQuery 为主的 DOM 驱动时代被极其频繁地使用。虽然在目前数据驱动的时代，jQuery 已经逐渐被人所遗弃，但是常用的 DOM 操作仍然是读者需要掌握的。

文档树是由各种类型节点构成的集合，DOM 操作实际是对文档结构中节点的操作。文档结构树中的节点类型众多，但是操作的主要节点类型为元素节点、属性节点和文本节点。

下面通过一段完整的 HTML 代码来看看主要由元素节点、属性节点和文本节点构成的文档树结构。

```
<!DOCTYPE html>
<html>
<head>
    <title> 文档标题 </title>
</head>
<body>
```

```
<a href="http://www.mianshiting.com">我的链接 </a>
<h1>我的标题 </h1>


</body>
</html>
```

如果将这些节点画成一个树的话，其结构如图 5-1 所示。

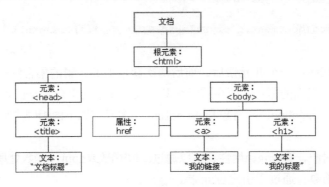

图5-1

- 元素节点是拥有一对开闭合标签的元素整体，例如常见的div、ul、li标签都是元素节点。

```
<div></div>, <ul></ul>, <li></li>
```

- 属性节点是元素节点具有的属性，例如图5-1中a标签的href属性。
- 文本节点是DOM中用于呈现文本内容的节点，例如图5-1中h1标签内部的"我的标题"。

其中元素节点和文本节点存在父子关系，而元素节点与属性节点并不存在父子关系。

在了解了元素节点、属性节点和文本节点的内容后，我们就可以详细学习DOM操作的具体内容。

常用的 DOM 操作包括查找节点、新增节点、删除节点、修改节点。5.1 节中具体讲解过查找节点的方法，这里就不赘述，接下来会讲解新增节点、删除节点和修改节点的操作。

5.3.1 新增节点

新增节点其实包括两个步骤，首先是新建节点，然后将节点添加至指定的位置。

假如有如下所示的这段 HTML 代码。

```
<ul id="container">
    <li class="first">文本 1</li>
    <li class="second">文本 2</li>
    <li>文本 3</li>
    <li id="target">文本 4</li>
    <li>文本 5</li>
    <li>文本 6</li>
</ul>
```

我们需要完成这样一个操作：第一步，在 ul 的末尾添加一个 li 元素，其类名为 "last"，内容为 "新增文本 1"；第二步，在新增的 li 之前再新增第二个 li，内容为 "新增文本 2"。

通过以下这段代码来详细看看其实现过程。

① 获取指定元素。

```
var container = document.querySelector('#container');
```

② 新创建一个元素节点。

```
var newLiOne = document.createElement('li');
```

③ 新创建一个属性节点，并设置值。

```
var newLiAttr = document.createAttribute('class');
newLiAttr.value = 'last';
```

④ 将属性节点绑定在元素节点上。

```
newLiOne.setAttributeNode(newLiAttr);
```

⑤ 新创建一个文本节点。

```
var newTextOne = document.createTextNode(' 新增文本 1');
```

⑥ 将文本节点作为元素节点的子元素。

```
newLiOne.appendChild(newTextOne);
```

⑦ 使用 appendChild() 函数将新增元素节点添加至末尾。

```
container.appendChild(newLiOne);
```

⑧ 新创建第二个元素节点。

```
var newLiTwo = document.createElement('li');
```

⑨ 新创建第二个文本节点。

```
var newTextTwo = document.createTextNode(' 新增文本 2');
```

⑩ 将文本节点作为元素节点的子元素。

```
newLiTwo.appendChild(newTextTwo);
```

⑪ 使用 insertBefore() 函数将节点添加至第一个新增节点的前面。

```
container.insertBefore(newLiTwo, newLiOne);
```

至此，完成指定的两个新增操作。

在新增属性节点时，还有另外一种更简单的 setAttribute() 函数。以上面代码为例，可以通过下面这一行代码完成上述③④这两步共 3 行代码的功能。

```
newLiOne.setAttribute('class', 'last');
```

但是 setAttribute() 函数不兼容 IE8 及更早的版本，在使用时需要考虑到所使用的浏览器环境。

5.3.2 删除节点

删除节点的操作实际包含删除元素节点、删除属性节点和删除文本节点这 3 个操作。我们会针对这 3 个操作通过实例进行讲解。

针对以下这段相同的 HTML 代码进行节点删除的操作。

```html
<ul id="main">
    <li> 文本 1</li>
    <li> 文本 2</li>
    <li> 文本 3</li>
</ul>
<a id="link" href="http://www.mianshiting.com"> 面试厅 </a>
```

运行出来的效果如图 5-2 所示。

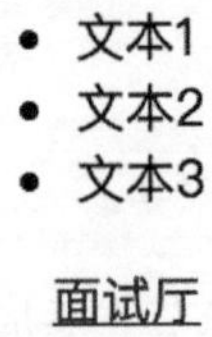

- 文本1
- 文本2
- 文本3

面试厅

图5-2

1. 删除ul的第一个li元素节点

删除一个元素节点需要进行 3 步操作。

① 获取该元素的父元素。

```
var main = document.querySelector('#main');
```

② 获取待删除节点。

待删除节点是父元素的第一个元素节点，很多读者可能直接想到的是使用 firstChild 属性，这是不可取的。firstChild 属性实际是取 childNodes 属性返回的 NodeList 对象中的第一个值，在此例中实际为一个换行符。

如果需要获取第一个元素节点，应该使用 firstElementChild 属性。

```
var firstChild = main.firstElementChild;
```

③ 通过父节点，调用 removeChild() 函数删除该节点。

```
main.removeChild(firstChild);
```

2. 删除a标签的href属性

删除一个元素的属性需要进行两步操作。

① 获取该元素。

```
var link = document.querySelector('#link');
```

② 通过元素节点，调用 removeAttribute() 函数删除指定属性节点。

```
link.removeAttribute('href');
```

3. 删除ul最后一个li元素的文本节点

删除一个元素的文本节点需要进行 3 步操作。

① 获取元素节点。

在获取最后一个元素节点时，使用的是 lastElementChild 属性而不是 lastChild 属性。

```
var lastChild = main.lastElementChild;
```

② 获取文本节点。

在获取文本节点时，需要使用的是 childNodes 属性，然后取返回的 NodeList 对象的第一个值。不能使用 children 属性，因为 children 属性返回的是 HTMLCollection 对象，表示的是元素节点，不包括文本节点内容。

```
var textNode = lastChild.childNodes[0];
```

③ 通过元素节点，调用 removeChild() 函数删除指定的文本节点。

```
lastChild.removeChild(textNode);
```

关于删除文本节点还有一种比较简单的处理方法，那就是将元素节点的 innerHTML 属性设置为空。

```
lastChild.innerHTML = '';
```

在删除文本节点时，我们更推荐使用设置 innerHTML 属性为空的方法。

上述的 3 个删除节点的操作完成后，页面效果如图 5-3 所示。

可以看到"文本 1"元素已经被删除，"文本 3"节点已经被清空。因为删除了 href 属性，所以下面的超链接标签变成简单的文本元素。

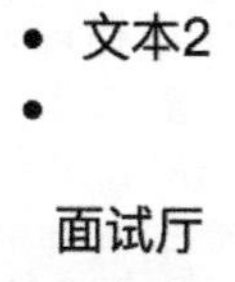

- 文本2
-

面试厅

图5-3

5.3.3 修改节点

修改节点包含着很多不同类型的操作，包括修改元素节点、修改属性节点和修改文本节点。我们也将针对下面这段相同的代码，通过不同的实例来看看修改节点的操作。

```
<div id="main">
    <!-- 测试修改元素节点 -->
    <div id="div1">替换之前的元素</div>
    <!-- 测试修改属性节点 -->
    <div id="div2" class="classA" style="color: green;">这是修改属性的节点</div>
    <!-- 测试修改文本节点 -->
    <div id="last">这是最后一个节点内容</div>
</div>
```

1. 修改元素节点

修改元素节点的操作一般是直接将节点元素替换为另一个元素，可以使用 replaceChild() 函数来实现。replaceChild() 函数的调用方是父元素，接收两个参数，第一个参数表示新元素，第二个参数表示将要被替换的旧元素。

我们将修改节点的每个步骤写在代码的注释中，代码如下所示。

```
<script>
    // 1.获取父元素与待替换的元素
    var main = document.querySelector('#main');
    var div1 = document.querySelector('#div1');
    // 2.创建新元素
    var newDiv = document.createElement('div');
    var newText = document.createTextNode('这是新创建的文本');
    newDiv.appendChild(newText);
    // 3.使用新元素替换旧的元素
    main.replaceChild(newDiv, div1);
</script>
```

2. 修改属性节点

修改属性节点有两种处理方式：一种是通过 getAttribute() 函数和 setAttribute() 函数获取和设置属性节点值；另一种是直接修改属性名。第二种方式有个需要注意的地方是，直接修改的属性名与元素节点中的属性名不一定是一致的。就像 class 这个属性，因为它是 JavaScript 中的关键字，是不能直接使用的，所以需要使用 className 来代替。

下面通过两种方法来修改元素节点的 class 属性和 style 属性的 color 值。

```
var div2 = document.querySelector('#div2');
// 方法1：通过 setAttribute() 函数设置
div2.setAttribute('class', 'classB');
// 方法2：直接修改属性名，注意不能直接用 class，需要使用 className
div2.className = 'classC';
```

```
// 方法 1：通过 setAttribute() 函数设置
div2.setAttribute('style', 'color: red;');
// 方法 2：直接修改属性名
div2.style.color = 'blue';
```

3. 修改文本节点

修改文本节点与删除文本节点一样，将 innerHTML 属性修改为需要的文本内容即可。

```
var last = document.querySelector('#last');
// 直接修改 innerHTML 属性
last.innerHTML = '这是修改后的文本内容';
// 如果设置的 innerHTML 属性值中包含 HTML 元素，则会被解析
// 使用如下代码进行验证
last.innerHTML = '<p style="color: red">这是修改后的文本内容</p>';
// 在浏览器中渲染后，可以看到"这是修改后的文本内容"为红色
```

5.4 事件流

在浏览器中，JavaScript 和 HTML 之间的交互是通过事件去实现的，常用的事件有代表鼠标单击的 click 事件、代表加载的 load 事件、代表鼠标指针悬浮的 mouseover 事件。在事件发生时，会相对应地触发绑定在元素上的事件处理程序，以处理对应的操作。

通常一个页面会绑定很多的事件，那么具体的事件触发顺序是什么样的呢？

这就会涉及事件流的概念，事件流描述的是从页面中接收事件的顺序。事件发生后会在目标节点和根节点之间按照特定的顺序传播，路径经过的节点都会接收到事件。我们通过下面的场景来直观地想象一下事件的流转顺序。

页面上有一个 table 表格，分别在 table 表格、tbody 表格体、tr 行、td 单元格上绑定了 click 事件。假如我在 td 上执行了单击的操作，那么将会产生什么样的事件流呢？

第一种事件传递顺序是先触发最外层的 table 元素，然后向内传播，依次触发 tbody、tr 与 td 元素。

第二种事件传递顺序先触发由最内层的 td 元素，然后向外传播，依次触发 tr、tbody 与 table 元素。

第一种事件传递顺序对应的是捕获型事件流，第二种事件传递顺序对应的是冒泡型事件流。

一个完整的事件流实际包含了 3 个阶段：事件捕获阶段 > 事件目标阶段 > 事件冒泡阶段。上述两种类型的事件流实际对应其中的事件捕获阶段与事件冒泡阶段。

完整的事件处理阶段如图 5-4 所示。

接下来将详细介绍这 3 个阶段的处理逻辑。

（1）事件捕获阶段

事件捕获阶段的主要表现是不具体的节点先接收事件，然后逐级向下传播，最具体的节点最后接收到事件。根据图 5-4 中的指示就是 Window > Document > html > body > table > tbody > tr > td。

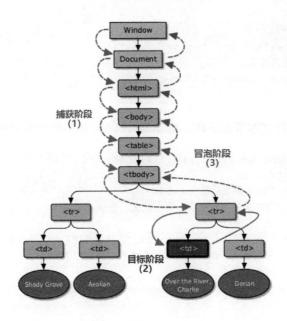

图5-4

（2）事件目标阶段

事件目标阶段表示事件刚好传播到用户产生行为的元素上，可能是事件捕获的最后一个阶段，也可能是事件冒泡的第一个阶段。

（3）事件冒泡阶段

事件冒泡阶段的主要表现是最具体的元素先接收事件，然后逐级向上传播，不具体的节点最后接收事件，根据图 5-4 中的指示就是 td > tr > tbody > table > body > html > Document > Window。

为了更直观地了解捕获型事件流和冒泡型事件流，我们会通过实际案例来进行测试。

由于 table 元素自身具有多层级结构，因此我们使用 table 元素来做演示，HTML 代码如下所示。

```
<table border="1">
    <tbody>
        <tr>
            <td>这是 td 的元素 </td>
        </tr>
    </tbody>
</table>
```

然后依次给 table、tbody、tr、td 绑定 click 事件。

```
<script>
    var table = document.querySelector('table');
```

```
    var tbody = document.querySelector('tbody');
    var tr = document.querySelector('tr');
    var td = document.querySelector('td');

    table.addEventListener('click', function () {
        console.log('table 触发 ');
    });

    tbody.addEventListener('click', function () {
        console.log('tbody 触发 ');
    });

    tr.addEventListener('click', function () {
        console.log('tr 触发 ');
    });

    td.addEventListener('click', function () {
        console.log('td 触发 ');
    });

</script>
```

① 使用 addEventListener() 函数绑定的事件在默认情况下，即第三个参数默认为 false 时，按照冒泡型事件流处理。

当我们单击 td 单元格元素时，结果如下所示。

```
td 触发
tr 触发
tbody 触发
table 触发
```

从 td 元素开始向外依次传播，经由 tr、tbody，最终到达 table 元素。

② 使用 addEventListener() 函数同样可以很方便地创造出捕获型事件流，只需要将第三个参数设置为 true 即可。

相应的代码如下所示。

```
table.addEventListener('click', function () {
    console.log('table 触发 ');
}, true);

tbody.addEventListener('click', function () {
    console.log('tbody 触发 ');
}, true);

tr.addEventListener('click', function () {
    console.log('tr 触发 ');
```

```
}, true);

td.addEventListener('click', function () {
    console.log('td触发');
}, true);
```

当我们单击 td 元素时，结果如下所示。

```
table 触发
tbody 触发
tr 触发
td 触发
```

从 table 元素开始向内依次传播，经由 tbody、tr，最终到达 td 元素。

以上的两种类型全部都是按照捕获性事件流或冒泡型事件流处理的，那么如果我们修改其中的任意两种为不同的模式以达到混合型事件流，结果会怎么样呢？

假如我们将 table 与 tr 设置为事件捕获类型，将 tbody 与 td 设置为事件冒泡类型，得到的代码如下。

```
// 事件捕获
table.addEventListener('click', function () {
    console.log('table 触发');
}, true);

// 事件冒泡
tbody.addEventListener('click', function () {
    console.log('tbody 触发');
}, false);

// 事件捕获
tr.addEventListener('click', function () {
    console.log('tr 触发');
}, true);

// 事件冒泡
td.addEventListener('click', function () {
    console.log('td 触发');
}, false);
```

当我们单击 td 元素时，结果如下所示。

```
table 触发
tr 触发
td 触发
tbody 触发
```

我们发现事件触发时，既没有按照元素由内向外的顺序，也没有按照元素由外向内的顺序。

这是为什么呢？

在本节一开始我们有讲到，完整的事件流是按照事件捕获阶段 > 事件目标阶段 > 事件冒泡阶段依次进行的。如果有元素绑定了捕获类型事件，则会优先于冒泡类型事件而先执行。

整个事件流的实际执行过程分析如下。

- 事件捕获阶段，从table元素开始，table元素绑定捕获类型事件，所以最先执行，输出"table触发"。
- 事件捕获阶段，执行到tbody元素，但是tbody元素绑定的是冒泡类型事件，所以直接跳过，没有输出。
- 事件捕获阶段，执行到tr元素，tr元素绑定了捕获类型事件，所以会执行，输出"tr触发"。
- 事件目标阶段，执行到td元素，触发目标元素事件，不管是冒泡类型事件还是捕获类型事件，都会执行，输出"td触发"。
- 事件冒泡阶段，执行到tr元素，tr元素绑定了捕获类型事件，所以直接跳过，没有输出。
- 事件冒泡阶段，执行到tbody元素，tbody元素绑定了冒泡类型事件，所以会执行，输出"tbody触发"。
- 事件冒泡阶段，执行到table元素，table元素绑定了捕获类型事件，所以直接跳过，没有输出。

针对以上的讲解，这里给大家出一道练习题，看看大家掌握得怎么样。如果对以上的过程理解得很透彻的话，相信大家可以很容易地找出答案。

对 table 元素和 td 元素绑定冒泡类型事件，对 tbody 元素和 tr 元素绑定捕获类型事件，在单击 td 元素的时候，结果会输出什么？

```javascript
// 事件冒泡
table.addEventListener('click', function () {
    console.log('table 触发');
}, false);

// 事件捕获
tbody.addEventListener('click', function () {
    console.log('tbody 触发');
}, true);

// 事件捕获
tr.addEventListener('click', function () {
    console.log('tr 触发');
}, true);

// 事件冒泡
td.addEventListener('click', function () {
```

```
        console.log('td 触发');
    }, false);
```

思考几秒后，再来看看答案。

```
tbody 触发
tr 触发
td 触发
table 触发
```

是不是和你想的一样呢?

5.5　事件处理程序

在 5.4 节中，我们通过 addEventListener() 函数给元素绑定了事件处理程序，这只是其中的一种实现方式。在这一节中，我们将会重点了解与事件处理程序相关的内容。

简单理解事件处理程序，就是响应某个事件的函数，例如 onclick() 函数、onload() 函数就是响应单击、加载事件的函数，对应的是一段 JavaScript 的函数代码。

根据 W3C DOM 标准，事件处理程序分为 DOM0、DOM2、DOM3 这 3 种级别的事件处理程序。由于在 DOM1 中并没有定义事件的相关内容，因此没有所谓的 DOM1 级事件处理程序。

5.5.1　DOM0级事件处理程序

DOM0 级事件处理程序是将一个函数赋值给一个事件处理属性，有两种表现形式。

第一种是先通过 JavaScript 代码获取 DOM 元素，再将函数赋值给对应的事件属性。

```
var btn = document.getElementById("btn");
btn.onclick = function(){}
```

第二种是直接在 html 中设置对应事件属性的值，值有两种表现形式，一种是执行的函数体，另一种是函数名，然后在 script 标签中定义该函数。

```
<button onclick="alert(' 面试厅 ');"> 单击 </button>
<button onclick="clickFn()"> 单击 </button>
<script>
    function clickFn() {
        alert(' 面试厅 ');
    }
</script>
```

以上两种 DOM0 级事件处理程序同时存在时，第一种在 JavaScript 中定义的事件处理程序会覆盖掉后面在 html 标签中定义的事件处理程序。

需要注意的是，DOM0 级事件处理程序只支持事件冒泡阶段。

DOM0 级事件处理程序的优缺点如下。

- 优点：简单且可以跨浏览器。
- 缺点：一个事件处理程序只能绑定一个函数。

例如，我们分别在 HTML 和 JavaScript 中使用两种方法绑定 onclick 事件处理程序。

```
<button class="btn" id="btn" onclick="doClick()">click me</button>

var btn = document.getElementById("btn");
btn.onclick = function(){
    console.log('123');
};
function doClick() {
    console.log('456');
}
```

由于 DOM0 级事件只能绑定一个函数，而且在 JavaScript 中绑定事件处理程序的优先级高于在 HTML 中定义的事件处理程序，因此最后的结果是输出"123"。

如需删除元素绑定的事件，只需要将对应的事件处理程序设置为 null 即可。

```
btn.onclick = null;
```

5.5.2　DOM2级事件处理程序

在DOM2级事件处理程序中，当事件发生在节点时，目标元素的事件处理函数就会被触发，而且目标元素的每个祖先节点也会按照事件流顺序触发对应的事件处理程序。DOM2级事件处理方式规定了添加事件处理程序和删除事件处理程序的方法。

针对 DOM2 级事件处理程序，不同的浏览器厂商制定了不同的实现方式，主要分为 IE 浏览器和非 IE 浏览器。

- 在IE10及以下版本中，只支持事件冒泡阶段。在IE11中同时支持事件捕获阶段与事件冒泡阶段。在IE10及以下版本中，可以通过attachEvent()函数添加事件处理程序，通过detachEvent()函数删除事件处理程序。

```
element.attachEvent("on"+ eventName, handler);      // 添加事件处理程序
element.detachEvent("on"+ eventName, handler);      // 删除事件处理程序
```

- 在IE11及其他非IE浏览器中，同时支持事件捕获和事件冒泡两个阶段，可以通过addEventListener()函数添加事件处理程序，通过removeEventListener()函数删除事件处理程序。

```
addEventListener(eventName, handler, useCapture);      // 添加事件处理程序
removeEventListener(eventName, handler, useCapture);   // 删除事件处理程序
```

其中的 useCapture 参数表示是否支持事件捕获，true 表示支持事件捕获，false 表示支持事件冒泡，默认状态为 false。

既然 DOM2 级事件处理程序存在两种实现方式，那么它们之间有没有共同点和不同点呢？

1. 共同点

① 在 DOM2 级事件处理程序中，不管是 IE 浏览器还是非 IE 浏览器都支持对同一个事件绑定多个处理函数。

```
var handler1 = function (){}
var handler2 = function (){}
---------------IE10 及以下 ------------------
btn.attachEvent('onclick', handler1);
btn.attachEvent('onclick', handler2);


---------------IE11 及非 IE----------------
btn.addEventListener('click', handler1);
btn.addEventListener('click', handler2);
```

如下面的实例所示，我们在 div 上同时绑定了两个 click 函数。

```
<div id="wrap">单击我触发事件 </div>

var wrap = document.getElementById('wrap');

wrap.addEventListener('click', function() {
    console.log('123');
}, false);

wrap.addEventListener('click', function () {
    console.log('456');
}, false);
```

当我们单击 div 时，会先后输出 "123" 和 "456"。

② 在需要删除绑定的事件时，不能删除匿名函数，因为添加和删除的必须是同一个函数。下面这种同时绑定和取消 handler() 函数的情况，可以删除掉绑定的事件。

```
var wrap = document.getElementById('wrap');

var handler = function () {
    console.log('789');
};

// 第一种方式绑定和取消的是同一个函数，因此可以取消绑定的事件
wrap.addEventListener('click', handler, false);
wrap.removeEventListener('click', handler);
```

而如果采用下面这种方式，则无法取消绑定的事件，因为它们使用的都是匿名函数的形式，绑定与取消的函数并不是同一个。

```
wrap.addEventListener('click', function () {
    console.log('123');
}, false);

wrap.removeEventListener('click', function () {});
```

2. 不同点

① 在 IE 浏览器中，使用 attachEvent() 函数为同一个事件添加多个事件处理函数时，会按照添加的相反顺序执行。

假如我们在一个 button 元素上使用 attachEvent() 函数先后绑定了两个 onclick 事件处理程序，具体代码如下所示。

```
var btn=document.getElementById("mybtn");
btn.attachEvent("onclick",function(){
    console.log("clicked");
});
btn.attachEvent("onclick",function(){
    console.log("hello world!");
});
```

在单击 button 按钮时，会先输出"hello world"，后输出"clicked"。

② 在 IE 浏览器下，使用 attachEvent() 函数添加的事件处理程序会在全局作用域中运行，因此 this 指向全局作用域 window。在非 IE 浏览器下，使用 addEventListener() 函数添加的事件处理程序在指定的元素内部执行，因此 this 指向绑定的元素。

```
<button id="mybtn">单击</button>
<script>
  var btn = document.getElementById("mybtn");
  // IE 浏览器
  btn.attachEvent("onclick", function () {
      alert(this); // 指向 window
  });
  // 非 IE 浏览器
  btn.addEventListener("click", function () {
      alert(this); // 指向绑定的元素
  });
</script>
```

因为浏览器的差异性，我们需要使用不同的方法来实现 DOM2 级事件处理程序。如果我们想要针对不同的浏览器做兼容性处理，该如何实现呢？

以下是一段针对不同浏览器所做的封装处理代码。

```
var EventUtil = {
    addEventHandler: function (element, type, handler) {
        if (element.addEventListener) {
```

```
            element.addEventListener(type, handler);
        } else if (element.attachEvent){
            element.attachEvent("on" + type, handler);
        } else {
            element["on" + type] = handler;
        }
    },
    removeEventHandler: function (element, type, handler) {
        if (element.addEventListener) {
            element.removeEventListener(type, handler);
        } else if (element.detachEvent){
            element.detachEvent("on" + type, handler);
        } else {
            element["on"+type] = null;
        }
    }
}
```

EventUtil 是与事件有关的所有兼容性处理方案中的工具类，后续还有多种处理函数都会依次添加到 EventUtil 中。

5.5.3　DOM3级事件处理程序

DOM3 级事件处理程序是在 DOM2 级事件的基础上重新定义了事件，也添加了一些新的事件。最重要的区别在于 DOM3 级事件处理程序允许自定义事件，自定义事件由 createEvent ("CustomEvent") 函数创建，返回的对象有一个 initCustomEvent() 函数，通过传递对应的参数可以自定义事件。

函数可以接收以下 4 个参数。

- type：字符串、触发的事件类型、自定义，例如"keyDown""selectedChange"。
- bubble（布尔值）：表示事件是否可以冒泡。
- cancelable(布尔值)：表示事件是否可以取消。
- detail（对象）：任意值，保存在event对象的detail属性中。

创建完成的自定义事件，可以通过 dispatchEvent() 函数去手动触发，触发自定义事件的元素需要和绑定自定义事件的元素为同一个元素。

接下来我们通过实例来看看自定义事件的处理方式。

我们需要实现的场景是：在页面初始化时创建一个自定义事件 myEvent，页面上有个 div 监听这个自定义事件 myEvent，同时有一个 button 按钮绑定了单击事件；当我们单击 button 时，触发自定义事件，由 div 监听到，然后做对应的处理。

上述场景可以分为 3 步去实现。

- 创建自定义事件。
- 监听自定义事件。

• 触发自定义事件。

首先我们来看看 HTML 代码，包含一个 div 元素和一个 button 元素。

```
<div id="watchDiv">监听自定义事件的 div 元素 </div>
<button id="btn">单击触发自定义事件 </button>
```

然后是重点的 JavaScript 实现。

• 创建自定义事件。

通过立即执行函数创建一个自定义事件。该自定义事件支持冒泡，而且会携带参数 detailData。

在创建自定义事件之前，需要判断浏览器是否支持 DOM3 级事件处理程序。可以通过判断下面代码的返回值来确认，如果返回值为 "true"，则表示浏览器支持；如果返回值为 "false"，则表示浏览器不支持。

```
document.implementation.hasFeature('CustomEvents', '3.0');
```

得到的代码如下。

```
var customEvent;
// 创建自定义事件
(function () {
    if (document.implementation.hasFeature('CustomEvents', '3.0')) {
        var detailData = {name: 'kingx'};
        customEvent = document.createEvent('CustomEvent');
        customEvent.initCustomEvent('myEvent', true, false, detailData);
    }
})();
```

• 监听自定义事件。

通过 addEventListener() 函数监听自定义的 myEvent 事件。

```
// 获取元素
var div = document.querySelector('#watchDiv');
// 监听 myEvent 事件
div.addEventListener('myEvent', function (e) {
    console.log('div 监听到自定义事件的执行，携带的参数为：', e.detail);
});
```

• 触发自定义事件。

我们将触发自定义事件的入口放在 button 上，当单击 button 时会通过 dispatchEvent() 函数触发 myEvent 事件。

```
// 获取元素
var btn = document.querySelector('#btn');
// 绑定 click 事件，触发自定义事件
btn.addEventListener('click', function () {
```

```
        div.dispatchEvent(customEvent);
    });
```

运行以上代码，当我们单击 button 按钮后，会看到如下结果。

```
div 监听到自定义事件的执行，携带的参数为: {name: "kingx"}
```

该结果表明，在 div 上监听的自定义事件得到了触发，传递的 detailData 参数也得以接收。

自定义事件支持事件冒泡机制，可以在初始化自定义事件的 initCustomEvent() 函数中通过第二个参数来设置事件是否可以冒泡，上述例子中自定义的 myEvent 事件是支持冒泡的。

沿用上面的例子，我们在 document 上增加了对自定义的 myEvent 事件的监听。

```
document.addEventListener('myEvent', function () {
    console.log('document 监听到自定义事件的执行 ');
});
```

当我们单击 button 按钮时，得到的结果如下所示。

```
div 监听到自定义事件的执行，携带的参数为: {name: "kingx"}
document 监听到自定义事件的执行
```

通过结果可以看出，由于自定义的 myEvent 事件是支持事件冒泡的，所以 div 和 document 都会监听到 myEvent 事件的执行，输出对应的结果。

而当我们将 myEvent 事件设置为不支持事件冒泡时，其代码如下。

```
if (document.implementation.hasFeature('CustomEvents', '3.0')) {
    var detailData = {name: 'kingx'};
    customEvent = document.createEvent('CustomEvent');
    // 第二个参数设置为 false，表示不支持事件冒泡
    customEvent.initCustomEvent('myEvent', false, false, detailData);
}
```

再去单击 button 按钮，得到的结果如下所示。

```
div 监听到自定义事件的执行，携带的参数为: {name: "kingx"}
```

从结果可以看出，document 上监听的 myEvent 事件并未触发，事件冒泡被阻止了。

5.6 Event对象

事件在浏览器中是以 Event 对象的形式存在的，每触发一个事件，就会产生一个 Event 对象。该对象包含所有与事件相关的信息，包括事件的元素、事件的类型及其他与特定事件相关的信息。

Event 对象有一系列的属性和函数，但是考虑到它们的使用频率的情况，我们不会一一介绍，我们会选择其中比较重要的特性通过实例进行讲解。

因为 Event 对象在不同浏览器中的实现是有差异性的，这里我们事先准备好不同的浏览器

进行测试，浏览器类型与版本号分别是：Safari 10.0.3 版本、Firefox 61.0.1 版本、Chrome 68.0.3440 版本。

在文章中出现的浏览器名称将会对应以上指定的版本，例如文章中出现的"在 Chrome 浏览器中"字样，指的就是在 Chrome 68.0.3440 版本的浏览器中。

5.6.1　获取Event对象

在给元素绑定特定的事件处理程序时，可以获取到 Event 对象，但是考虑到不同浏览器的差异性，获取 Event 对象的方式也不同。

获取 Event 对象的方式有以下两种。

- 在事件处理程序中，Event对象会作为参数传入，参数名为event。
- 在事件处理程序中，通过window.event属性获取Event对象。

我们在同一个事件处理程序中，可以使用上述两种方式获取 event 对象并输出。

```javascript
var btn = document.querySelector('#btn');

btn.addEventListener('click', function (event) {
    // 方式 1:event 作为参数传入
    console.log(event);
    // 方式 2：通过 window.event 获取
    var winEvent = window.event;
    console.log(winEvent);
    // 判断两种方式获取的 event 是否相同
    console.log(event == winEvent);
});
```

分别在 Chrome、Firefox 和 Safari 浏览器中运行，并单击 id 为 btn 的按钮。

在 Chrome 浏览器中运行时，得到的结果如下所示。

```
MouseEvent {isTrusted: true, screenX: 119, screenY: 321, …}
MouseEvent {isTrusted: true, screenX: 119, screenY: 321, …}
true
```

在 Firefox 浏览器中运行时，得到的结果如下所示。

```
click { target: button#btn2, buttons: 0, clientX: 145, …}
undefined
false
```

在 Safari 浏览器中运行时，得到的结果如下所示。

```
MouseEvent {isTrusted: true, screenX: 119, screenY: 321, …}
MouseEvent {isTrusted: true, screenX: 119, screenY: 321, …}
true
```

从结果可以看出，不同的浏览器的表现还是有差异性的。Chrome 浏览器和 Safari 浏览器同时支持两种方式获取 event 对象，而 Firefox 浏览器只支持这种将 event 作为参数传入的方式。

在获取事件对象时，为了支持不同浏览器，我们可以通过以下代码来实现兼容。

```javascript
var EventUtil = {
    // 获取事件对象
    getEvent: function (event) {
        return event || window.event;
    }
};
```

5.6.2　获取事件的目标元素

在事件处理程序中，我们可能经常需要获取事件的目标元素，以便对目标元素做相应的处理。

在 IE 浏览器中，event 对象使用 srcElement 属性来表示事件的目标元素；而在非 IE 浏览器中，event 对象使用 target 属性来表示事件的目标元素，为了提供与 IE 浏览器下 event 对象相同的特性，某些非 IE 浏览器也支持 srcElement 属性。

同理，我们在同一个事件处理程序中使用上述两种属性来获取事件的目标元素。

```javascript
btn.addEventListener('click', function (event) {
    // 获取 event 对象
    var event = EventUtil.getEvent(event);
    // 使用两种属性获取事件的目标元素
    var NoIETarget = event.target;
    var IETarget = event.srcElement;
    console.log(NoIETarget);
    console.log(IETarget);
});
```

分别在 Chrome、Firefox 和 Safari 浏览器中运行，并单击 id 为 btn 的按钮。

在 Chrome 浏览器中运行时，得到的结果如下所示。

```html
<button id="btn"> 单击 </button>
<button id="btn"> 单击 </button>
```

在 Firefox 浏览器中运行时，得到的结果如下所示。

```html
<button id="btn"> 单击 </button>
undefined
```

在 Safari 浏览器中运行时，得到的结果如下所示。

```html
<button id="btn"> 单击 </button>
<button id="btn"> 单击 </button>
```

从结果可以看出，Chrome 浏览器和 Safari 浏览器同时支持两种属性来获取事件目标元素，而 Firefox 浏览器只支持 event.target 属性来获取事件目标元素。

在获取事件目标元素时，为了支持不同的浏览器，我们可以通过以下代码来做兼容。

```
var EventUtil = {
    ...
    // 获取事件目标元素
    getTarget: function (event) {
        return event.target || event.srcElement;
    }
};
```

5.6.3 target属性与currentTarget属性

在 Event 对象中有两个属性总是会引起大家的困扰，那就是 target 属性和 currentTarget 属性。两者都可以表示事件的目标元素，但是在事件流中两者却有不同的意义。

首先我们简单地介绍下两者的区别，然后通过实例来看它们在事件流中的表现。

- target属性在事件目标阶段，理解为真实操作的目标元素。
- currentTarget属性在事件捕获、事件目标、事件冒泡这3个阶段，理解为当前事件流所处的某个阶段对应的目标元素。

沿用之前的实例，我们使用 table 元素，分别在 table、tbody、tr、td 元素上绑定事件捕获阶段和事件冒泡阶段的 click 事件。click 事件中输出对应的 target 属性和 currentTarget 属性值，为了更直观地看出结果，我们取 target 对象的 tagName 属性来获取标签名。

```
// 获取 target 属性和 currentTarget 属性的元素标签名
function getTargetAndCurrentTarget(event, stage) {
    var event = EventUtil.getEvent(event);
    var stageStr;
    if (stage === 'bubble') {
        stageStr = '事件冒泡阶段';
    } else if(stage === 'capture'){
        stageStr = '事件捕获阶段';
    } else {
        stageStr = '事件目标阶段';
    }
    console.log(stageStr,
            'target:' + event.target.tagName.toLowerCase(),
            'currentTarget: ' + event.currentTarget.tagName.toLowerCase());
}

// 事件捕获
table.addEventListener('click', function (event) {
    getTargetAndCurrentTarget(event, 'capture');
```

```
}, true);

// 事件捕获
tbody.addEventListener('click', function (event) {
    getTargetAndCurrentTarget(event, 'capture');
}, true);

// 事件捕获
tr.addEventListener('click', function (event) {
    getTargetAndCurrentTarget(event, 'capture');
}, true);

// 事件捕获
td.addEventListener('click', function (event) {
    getTargetAndCurrentTarget(event, 'target');
}, true);

// 事件冒泡
table.addEventListener('click', function (event) {
    getTargetAndCurrentTarget(event, 'bubble');
}, false);

// 事件冒泡
tbody.addEventListener('click', function (event) {
    getTargetAndCurrentTarget(event, 'bubble');
}, false);

// 事件冒泡
tr.addEventListener('click', function (event) {
    getTargetAndCurrentTarget(event, 'bubble');
}, false);

// 事件冒泡
td.addEventListener('click', function (event) {
    getTargetAndCurrentTarget(event, 'target');
}, false);
```

当我们单击 td 元素时，会触发整个事件流，得到的结果如下所示。

```
事件捕获阶段 target:td currentTarget: table
事件捕获阶段 target:td currentTarget: tbody
事件捕获阶段 target:td currentTarget: tr
事件目标阶段 target:td currentTarget: td
事件目标阶段 target:td currentTarget: td
事件冒泡阶段 target:td currentTarget: tr
事件冒泡阶段 target:td currentTarget: tbody
事件冒泡阶段 target:td currentTarget: table
```

为什么会得出这个结果呢？

在事件流的任何阶段，target 属性始终指向的是实际操作的元素。因为我们是在 td 元素上进行的单击操作，所以 target 属性对应的是 td。

在事件流的事件捕获阶段或者事件冒泡阶段，currentTarget 指向的是事件流所处的某个特定阶段对应的元素。在该实例中，事件捕获阶段元素的流转顺序为 table>tbody>tr，事件冒泡阶段元素的流转顺序为 tr>tbody>table。

在事件目标阶段，currentTarget 属性指向的也是实际操作的元素，即 td。因此只有在事件目标阶段，target 属性和 currentTarget 属性才指向同一个元素。

为了巩固大家对这两个属性的理解，这里出一道简单的练习题。

页面上有一个 ul-li 标签，同时在 ul 和第一个 li 上绑定事件冒泡阶段的 click 事件，所有代码如下所示。

```
<ul id="ul">
    <li id="li">第一个元素 </li>
    <li>第二个元素 </li>
</ul>

<script>
    var ul = document.querySelector('#ul');
    var li = document.querySelector('#li');

    ul.addEventListener('click', function (event) {
        getTargetAndCurrentTarget(event, 'bubble');
    });

    li.addEventListener('click', function (event) {
        getTargetAndCurrentTarget(event, 'bubble');
    });

</script>
```

提问：当单击 li 的时候，会输出什么样的结果？

最终的结果如下所示，是否与你想的一致？

```
事件冒泡阶段 target:li currentTarget: li
事件冒泡阶段 target:li currentTarget: ul
```

5.6.4　阻止事件冒泡

事件冒泡对于 DOM 操作有很大的帮助，在后面 5.7 节中讲到的事件委托能够体现出来。

但有时我们并不想要事件进行冒泡，例如下面所述的场景。

有一个表示学生基础信息的容器 ul，每个 li 元素都表示一个学生的基本信息，单击 li 元素会改变 li 的背景色以表示选中的标识。在每个 li 元素内部会有一个表示删除的 button 按钮，单击 button 按钮则会提示是否删除，单击确定则会删除该元素。

为了单纯地讲解关于阻止事件冒泡的操作，实际的代码中我们省略掉了一些操作，方便大家了解重点。

```
<ul>
    <li>
        <p>姓名：小明</p>
        <p>学号：20180101</p>
        <button class="btn btn-default" id="btn">删除</button>
    </li>
</ul>

<script>

    var li = document.querySelector('li');
    var btn = document.querySelector('#btn');

    li.addEventListener('click', function (event) {
        // 真实操作，使用 console 来代替
        console.log('单击了 li，做对应的处理');
    });

    btn.addEventListener('click', function (event) {
        // 真实操作，使用 console 来代替
        console.log('单击了 button，做对应的处理');
    });

</script>
```

上面代码在浏览器中执行后，当我们单击 button 按钮时，运行的结果如下所示。

```
单击了 button，做对应的处理
单击了 li，做对应的处理
```

由于事件冒泡的存在，在单击 button 按钮时，事件同样会冒泡至父元素 li 上，因此两个 click 事件都会被触发。

但这并不是我们想要的结果，我们所期望的只有在单击 li 时，才会触发 li 的操作；只有在单击 button 时，才触发 button 的操作。这该怎么去做呢？

我们只需要阻止事件冒泡就可以了，即在 button 按钮的 click 事件中调用 event.stopPropagation() 函数。那么在单击 button 按钮时，事件就只会在事件目标阶段执行，而不会向上继续冒泡至父元素 li 中，从而达到目的。

相应的 button 按钮的 click 事件代码的更改如下，增加了对阻止事件冒泡的处理。

```
btn.addEventListener('click', function (event) {
    var event = EventUtil.getEvent(event);
    // 阻止事件冒泡
    event.stopPropagation();
    // 真实操作，使用 console 来代替
    console.log(' 单击了 button, 做对应的处理 ');
});
```

这个时候再去单击 button 按钮，就会得到下面的结果。

单击了 button, 做对应的处理

通过结果可以看出，只触发了 button 按钮的 click 事件，并未触发父元素 li 的 click 事件；而在单击父元素 li 时，依然可以触发 li 的 click 事件，输出对应的结果。

此外，细心的同学可能会发现，在 event 对象中还存在一个 stopImmediatePropagation() 函数，从函数名可以看出它的作用也是用于阻止事件冒泡的，但是它和 stopPropagation() 函数有什么区别呢？

两者的区别主要体现在同一事件绑定多个事件处理程序的情况下。

* stopPropagation() 函数仅会阻止事件冒泡，其他事件处理程序仍然可以调用。
* stopImmediatePropagation() 函数不仅会阻止冒泡，也会阻止其他事件处理程序的调用。

我们沿用上面实例的代码，对 button 按钮的 click 事件增加 3 个事件处理程序，在第二个事件处理程序中使用 stopPropagation() 函数来阻止事件冒泡。

```
var li = document.querySelector('li');
var btn = document.querySelector('#btn');

li.addEventListener('click', function (event) {
    // 真实操作，使用 console 来代替
    console.log(' 单击了 li, 做对应的处理 ');
});

// 第一个事件处理程序
btn.addEventListener('click', function (event) {
    // 真实操作，使用 console 来代替
    console.log('button 的第一个事件处理程序, 做对应的处理 ');
});

// 第二个事件处理程序
btn.addEventListener('click', function (event) {
    var event = EventUtil.getEvent(event);
    // 阻止事件冒泡
    event.stopPropagation();
    // 真实操作，使用 console 来代替
    console.log('button 的第二个事件处理程序, 做对应的处理 ');
```

```
    });

    // 第三个事件处理程序
    btn.addEventListener('click', function (event) {
        // 真实操作，使用 console 来代替
        console.log('button 的第三个事件处理程序，做对应的处理 ');
    });
```

当我们单击 button 按钮后，得到的结果如下所示。

```
button 的第一个事件处理程序，做对应的处理
button 的第二个事件处理程序，做对应的处理
button 的第三个事件处理程序，做对应的处理
```

从结果可以看出，事件冒泡被阻止，li 上的事件处理程序并未触发；绑定的 3 个事件处理程序都被触发执行。

当我们将第二个事件处理程序中的 stopPropagation() 函数替换为 stopImmediatePropagation() 函数，又会得到什么样的结果呢？

```
    // 第二个事件处理程序
    btn.addEventListener('click', function (event) {
        var event = EventUtil.getEvent(event);
        // 阻止事件冒泡
        event.stopImmediatePropagation();
        // 真实操作，使用 console 来代替
        console.log('btn 的第二个事件处理程序，做对应的处理 ');
    });
```

当我们单击 button 按钮后，得到的结果如下所示。

```
button 的第一个事件处理程序，做对应的处理
button 的第二个事件处理程序，做对应的处理
```

从结果可以看出，事件冒泡被阻止，li 上的事件处理程序并未触发；只有第一个和第二个事件处理程序被触发执行，而第三个事件处理程序并未执行。

5.6.5 阻止默认行为

在众多的 HTML 标签中，有一些标签是具有默认行为的，这里简单地列举 3 个。
- a标签，在单击后默认行为会跳转至href属性指定的链接中。
- 复选框checkbox，在单击后默认行为是选中的效果。
- 输入框text，在获取焦点后，键盘输入的值会对应展示到text输入框中。

在一般情况下我们是允许标签的默认行为的，就像用户的正常操作，但是在某些时候我们是需要阻止这些标签的默认行为的，同样使用上述 3 种场景作为说明。
- a标签，假如a标签上显示的文案不符合预期，我们在单击a标签时将不会跳转至对应

的链接中去。
- 复选框checkbox，假如已选中的复选框在单击的时候不会被取消，依然是选中的状态。
- 输入框text，假如我们限制用户输入的值只能是数字和大小写字母，其他的值不允许输入。

那么该如何编写代码来阻止元素的默认行为呢？

很简单，就是通过event.preventDefault()函数去实现。为了更详细地说明阻止默认行为的操作，我们选择输入框来做具体说明。

场景描述：限制用户输入的值只能是数字和大小写字母，其他的值则不能输入，如输入其他值则给出提示信息，提示信息在两秒后消失。

在本实例中，因为涉及键盘输入，所以我们需要监听keypress事件，通过兼容性来处理获取当前按键的值，然后判断输入的值是否合法，从而控制键盘输入的行为。

在这里我们需要掌握一些关于键盘按键值的知识点，其实就是键盘的每个键有对应的Unicode编码。

本例需要获取的数字和字母的Unicode编码范围如下所示。
- 数字的Unicode编码范围是48～57。
- 大写字母A～Z的Unicode编码范围是65～90。
- 小写字母a～z的Unicode编码范围是97～122。

在了解了需要获取的键的Unicode编码范围后，接下来要做的就是获取这些Unicode编码，并将其用在程序中作判断。

同样是因为浏览器的兼容性问题，Event对象提供了多种不同的属性来获取键的Unicode编码，分别是event.keyCode、event.charCode和event.which。

我们可以通过以下方式来做兼容性处理。

```
var charCode = event.keyCode || event.which || event.charCode;
```

根据以上分析，最终所得的代码如下所示。

```
<input type="text" id="text">
<div id="tip"></div>

<script>
    var text = document.querySelector('#text');
    var tip = document.querySelector('#tip');
    text.addEventListener('keypress', function (event) {
        var charCode = event.keyCode || event.which || event.charCode;
        // 满足输入数字
        var numberFlag = charCode <= 57 && charCode >= 48;
        // 满足输入大写字母
        var lowerFlag = charCode <= 90 && charCode >= 65;
        // 满足输入小写字母
```

```
        var supperFlag = charCode <= 122 && charCode >= 97;

        if (!numberFlag && !lowerFlag && !supperFlag) {
            // 阻止默认行为，不允许输入
            event.preventDefault();
            tip.innerText = '只允许输入数字和大小写字母';
        }
        // 设置定时器，清空提示语
        setTimeout(function () {
            tip.innerText = '';
        }, 2000);
    });
</script>
```

运行上面的代码，在页面出现的 text 文本框中进行输入，输入 0 ~ 9 或大小写字母时可以正常输入，而输入下画线（_）、加号（+）等字符时是无法输入的，同时文本框下会出现"只允许输入数字和大小写字母"的提示。

▶ 5.7 事件委托

事件委托是利用事件冒泡原理，管理某一类型的所有事件，利用父元素来代表子元素的某一类型事件的处理方式。

这单从字面意思会很难理解，本节将通过两种比较常见的场景来进行分析，一种是已有元素的事件绑定，另一种是新创建元素的事件绑定。

接下来将讲解这两种场景中，事件委托所起到的关键作用。

5.7.1 已有元素的事件绑定

场景：假如页面上有一个 ul 标签，里面包含 1000 个 li 子标签，我们需要在单击每个 li 时，输出 li 中的文本内容。

遇到这样的场景时，很多人的第一想法就是给每个 li 标签绑定一个 click 事件，在 click 事件中输出 li 标签的文本内容，以下是一些简单易懂的实现方法。

（1）HTML 代码

HTML代码很简单，就是一个包含很多li标签的ul标签，后面过多的代码使用省略号代替。

```
<ul>
    <li> 文本 1</li>
    <li> 文本 2</li>
    <li> 文本 3</li>
    <li> 文本 4</li>
    <li> 文本 5</li>
    <li> 文本 6</li>
    <li> 文本 7</li>
```

```
    <li> 文本 8</li>
    <li> 文本 9</li>
    ...
</ul>
```

（2）JavaScript 代码

在获取所有的 li 标签后，对其进行遍历，在遍历时添加 click 事件处理程序。

```
<script>
    // 1. 获取所有的 li 标签
    var children = document.querySelectorAll('li');
    // 2. 遍历添加 click 事件处理程序
    for (var i = 0; i < children.length; i++) {
        children[i].addEventListener('click', function () {
            console.log(this.innerText);
        });
    }
</script>
```

当我们单击 li 标签时，会对应地输出 li 标签上的内容，如下所示。

```
文本 1
文本 6
文本 9
文本 7
```

采用上述的方法对浏览器的性能是一个很大的挑战，主要包含以下两方面原因。

• 事件处理程序过多导致页面交互时间过长。

假如有 1000 个 li 元素，则需要绑定 1000 个事件处理程序，而事件处理程序需要不断地与 DOM 节点进行交互，因此引起浏览器重绘和重排的次数也会增多，从而会延长页面交互时间。

• 事件处理程序过多导致内存占用过多。

在 JavaScript 中，一个事件处理程序其实就是一个函数对象，会占用一定的内存空间。假如页面有 10000 个 li 标签，则会有 10000 个函数对象，占用的内存空间会急剧上升，从而影响浏览器的性能。

那么遇到这个问题时，有什么好的解决办法呢？答案就是利用事件委托机制。

事件委托机制的主要思想是将事件绑定至父元素上，然后利用事件冒泡原理，当事件进入冒泡阶段时，通过绑定在父元素上的事件对象来判断当前事件流正在进行的元素。如果和期望的元素相同，则执行相应的事件代码。

根据以上的分析，我们可以按步骤依次得到以下代码。

```
// 1. 获取父元素
var parent = document.querySelector('ul');
// 2. 父元素绑定事件
parent.addEventListener('click', function (event) {
```

```
    // 3.获取事件对象
    var event = EventUtil.getEvent(event);
    // 4.获取目标元素
    var target = EventUtil.getTarget(event);
    // 5.判断当前事件流所处的元素
    if (target.nodeName.toLowerCase() === 'li') {
        // 6.与目标元素相同，做对应的处理
        console.log(target.innerText);
    }
});
```

运行上面的代码，当我们单击 li 标签时，会得到与前面方法相同的输出。

通过上面的代码可以看出，事件是绑定在父元素 ul 上的，不管子元素 li 有多少个，也不会影响到页面中事件处理程序的个数，因此可以极大地提高浏览器的性能。

在上面的场景中，同一个 ul 下的所有 li 所做的操作都是一样的，使用事件委托即可处理。那么如果针对不同的元素所做的处理不一样，事件委托能否处理呢？

答案当然是可以的，我们可以假定如下所述的场景。

在页面上有 4 个 button 按钮，分别表示增加、删除、修改、查询这 4 个功能。每个按钮绑定相同的 click 事件处理程序，但是具体的行为不同。在这 4 个按钮触发 click 事件后，分别输出"新增""删除""修改""查询"等文字。

（1）HTML 代码

```
<div id="box">
    <input type="button" id="add" value="新增" />
    <input type="button" id="remove" value="删除" />
    <input type="button" id="update" value="修改" />
    <input type="button" id="search" value="查询" />
</div>
```

（2）JavaScript 代码

如果使用传统的写法，我们会在获取 4 个 button 后同时绑定 click 事件处理程序，在事件回调中输出对应的文字。

```
<script>
    var add = document.querySelector('#add');
    var remove = document.querySelector('#remove');
    var update = document.querySelector('#update');
    var search = document.querySelector('#search');
    // 新增按钮绑定事件
    add.addEventListener('click', function () {
        console.log('新增');
    });
    // 删除按钮绑定事件
    remove.addEventListener('click', function () {
```

```
        console.log(' 删除 ');
    });
    // 修改按钮绑定事件
    update.addEventListener('click', function () {
        console.log(' 修改 ');
    });
    // 查询按钮绑定事件
    search.addEventListener('click', function () {
        console.log(' 查询 ');
    });
```

```
</script>
```

和第一个实例一样，对于不同的按钮都需要绑定一个 click 事件处理程序，这样在性能上会存在一定的影响。

那么使用事件委托可以怎么做呢？

主要遵循以下 3 步。

- 获取button的父元素，在父元素上绑定click事件处理程序。
- 获取event事件对象，紧接着通过event事件对象获取到目标元素。
- 获取目标元素的id值，与HTML元素中各个button的id进行比较，输出对应的文字。

最终得到的代码如下所示。

```
// 1. 获取父元素，并绑定事件处理程序
var parent = document.querySelector('#parent');
parent.addEventListener('click', function (event) {
    // 2. 获取 event 和 target
    var event = EventUtil.getEvent(event);
    var target = EventUtil.getTarget(event);
    // 3. 判断 id 属性，输出对应的文字
    switch (target.id) {
        case 'add':
            console.log(' 新增 ');
            break;
        case 'remove':
            console.log(' 删除 ');
            break;
        case 'update':
            console.log(' 修改 ');
            break;
        case 'search':
            console.log(' 查询 ');
            break;
    }
});
```

使用事件委托可以同样很好地解决了不同元素不同处理的情况，从而证明事件委托对于元素事件的处理，尤其是处理多个元素时具有天然优势。

5.7.2　新创建元素的事件绑定

场景：假如页面上有一个 ul 标签，里面包含 9 个 li 子标签，我们需要在单击每个 li 时，输出 li 中的文本内容；在页面上有一个 button 按钮，单击 button 按钮会创建一个新的 li 元素，单击新创建的 li 元素，输出它的文本内容。

根据上面的场景描述，我们可以通过以下两种方法来实现。

1.　手动绑定方法

首先是和 5.7.1 中相同的代码，由于逻辑是相同的，这里就不赘述，直接给出代码。

```
<ul>
    <li> 文本 1</li>
    <li> 文本 2</li>
    <li> 文本 3</li>
    <li> 文本 4</li>
    <li> 文本 5</li>
    <li> 文本 6</li>
    <li> 文本 7</li>
    <li> 文本 8</li>
    <li> 文本 9</li>
</ul>

// 1. 获取所有的 li 标签
var children = document.querySelectorAll('li');
// 2. 遍历添加 click 事件处理程序
for (var i = 0; i < children.length; i++) {
    children[i].addEventListener('click', function () {
        console.log(this.innerText);
    });
}
```

然后在页面上添加一个 button 按钮，用于新增一个 li 元素 。

```
<button id="add"> 新增 </button>

var ul = document.querySelector('ul');
var add = document.querySelector('#add');
add.addEventListener('click', function () {
    // 创建新的 li 元素
    var newLi = document.createElement('li');
    var newText = document.createTextNode(' 文本 10');
    newLi.appendChild(newText);
    // 添加至父元素 ul 中
```

```
        ul.appendChild(newLi);
});
```

当我们单击新增按钮时，会发现页面上新增了一个内容为"文本10"的li元素。

当我们单击这个li元素时，会在控制台输出"文本10"吗？

我们在浏览器中验证后会发现，控制台中没有输出任何内容。这是为什么呢？

因为我们通过querySelectorAll()函数获取到的li元素虽然会实时感知到数量的变化，但并不会实时增加对事件的绑定。如果需要新元素也具有相同的事件，则需要手动调用事件绑定的代码。

解决方案如下。

① 将遍历添加click事件处理程序代码封装成一个函数。

```
// 遍历添加click事件处理程序
function bindEvent() {
    for (var i = 0; i < children.length; i++) {
        children[i].addEventListener('click', function () {
            console.log(this.innerText);
        });
    }
}
```

② 在添加完新元素后，重新调用一次①中封装的函数。

```
add.addEventListener('click', function () {
    var newLi = document.createElement('li');
    var newText = document.createTextNode('文本10');
    newLi.appendChild(newText);
    ul.appendChild(newLi);
    // 重新添加事件处理程序
    bindEvent();
});
```

但是，通过上面的分析我们发现，每次在新增一个元素后都需要手动绑定事件处理程序，这样的操作是很烦琐的，而且随着绑定的事件处理程序越来越多，性能也将受到影响。

那么，我们有没有什么更好的方法呢？答案就是使用事件委托机制。

2. 事件委托方法

使用事件委托机制，我们可以更加方便快捷地实现新创建元素的事件绑定。由于事件委托机制是利用的事件冒泡机制，即使在元素自身没有绑定事件的情况下，事件仍然会冒泡到父元素中，因此对于新增的元素，只要处理事件流就可以触发其事件。

针对上述问题的描述，我们需要做的就是使用事件委托机制编写代码。

```
<script>
    // 1.获取父元素
```

```
    var parent = document.querySelector('ul');
    // 2.父元素绑定事件
    parent.addEventListener('click', function (event) {
        // 3.获取事件对象
        var event = EventUtil.getEvent(event);
        // 4.获取目标元素
        var target = EventUtil.getTarget(event);
        // 5.判断当前事件流所处的元素
        if (target.nodeName.toLowerCase() === 'li') {
            // 6.与目标元素相同, 做对应的处理
            console.log(target.innerText);
        }
    });

</script>
```

新增按钮的事件不变，和方法 1 中的一样，这里就不赘述。

当我们在浏览器中运行可以发现，新增的 li 元素在单击后，会在控制台输出"文本 10"，这就代表使用事件委托机制方便快捷地解决了这个问题。

5.7.1 和 5.7.2 两小节的内容具体讲解了事件委托的原理以及应用场景，大家可以多多练习，增进了解。

5.8 contextmenu右键事件

在 JavaScript 中有一系列常用的事件类型，这里总结如下。

- 焦点相关的focus、blur等事件。
- 单击相关的click、dblclick、contextmenu等事件。
- 鼠标相关的mouseover、mouseout、mouseenter等事件。
- 键盘相关的keydown、keypress、keyup事件。
- 拖曳相关的drag事件。
- 移动端touch事件。

考虑到有很多事件已经很常见，而且在平时使用中读者已经可以很熟练地操作，这里我们只选择其中的 contextmenu 右键事件进行详细的讲解。

Context Menu 是一个与用户进行友好交互的菜单，例如鼠标的右键产生的效果。默认情况下，在网页上右击可以看到"重新加载""打印""查看页面源码"等选项；在图片上右击会出现"保存至本地""另存为"等选项。

但是如果我们需要定制化的鼠标右键效果，可不可以实现呢？

答案当然是可以的，接下来我们就通过 contextmenu 事件来实现一个定制化的鼠标右键效果吧。

首先我们来看看自定义鼠标右键的效果，通过右击会出现自定义的内容，而且绑定了 click

事件，在单击各个选项时会输出对应的内容，如图 5-5 所示。

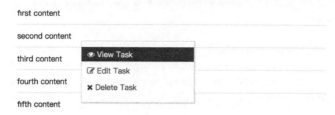

图5-5

由于本实例的完整代码比较长，因此接下来只会讲到主要的部分，包括 HTML 和 JavaScript 部分代码，会省略掉 CSS 部分的代码。

· 初始页面HTML代码是类似于列表的展示，如下所示。

```
<ul class="tasks" id="tasks">
    <li class="task" data-id="1">
        <div class="task__content">first content</div>
    </li>

    <li class="task" data-id="2">
        <div class="task__content">second content</div>
    </li>

    <li class="task" data-id="3">
        <div class="task__content">third content</div>
    </li>

    <li class="task" data-id="4">
        <div class="task__content">fourth content</div>
    </li>

    <li class="task" data-id="5">
        <div class="task__content">fifth content</div>
    </li>
</ul>
```

· 右击出现的自定义菜单也是一段HTML代码，如下所示。

```
<nav class="context-menu" id="context-menu">
    <ul class="context-menu__items">
        <li class="context-menu__item">
            <a href="#" class="context-menu__link" data-action="view">
                <i class="fa fa-eye m-r-5"></i>View Task
            </a>
        </li>
        <li class="context-menu__item">
```

```
            <a href="#" class="context-menu__link" data-action="edit">
                <i class="fa fa-edit m-r-5"></i>Edit Task
            </a>
        </li>
        <li class="context-menu__item">
            <a href="#" class="context-menu__link" data-action="delete">
                <i class="fa fa-times m-r-5"></i>Delete Task
            </a>
        </li>
    </ul>
</nav>
```

- 需要用到的变量和函数如下所示。

```
// 自定义菜单元素
var menu = document.querySelector('#context-menu');
// 自定义菜单状态
var menuState = 0;
// 自定义菜单显示样式
var active = 'context-menu--active';
// 自定义菜单位置对象
var menuPosition;
// 自定义菜单水平位置
var menuPositionX;
// 自定义菜单纵向位置
var menuPositionY;
// 单击的 li 元素
var targetLi;
// 初始化事件
function init() {
    // 给 li 元素添加右键事件
    contextListener();
    // 单击事件, 单击后隐藏 menu
    clickListener();
    //keyup 事件, 当按下 ESC 键时隐藏 menu
    keyupListener();
    // 菜单的单击事件
    menuListener();
}
```

- 通过事件委托, 给li元素添加右键事件。

```
// 给 li 元素添加右键事件
function contextListener() {
    document.addEventListener('contextmenu', function (e) {
        if (clickInContextLister(e)) {
            e.preventDefault();
            targetLi = e.target;
```

```
            // 显示自定义菜单
            toggleMenuOn();
            // 定位自定义菜单的位置
            positionMenu(e);
        } else {
            targetLi = null;
            // 隐藏自定义菜单
            toggleMenuOff();
        }
    });
}
```

- 判断单击的位置是否处于li元素内部。

我们只需要判断当前单击元素或者其祖先元素的 nodeName 属性是否为"LI"即可。

```
// 判断单击位置是否位于 li 元素内部
function clickInContextLister(e) {
    var target = e.target || e.srcElement;
    while (target) {
        if (target.nodeName.toUpperCase() === 'LI') {
            return true;
        }
        // 往上追溯父元素
        target = target.parentNode;
    }
    return false;
}
```

- 单击后，隐藏自定义菜单。

```
// 单击事件，单击后隐藏自定义菜单
function clickListener() {
    document.addEventListener('click', function (e) {
        // 监听鼠标按键，左键是1，滚轮是2，右键是3
        var code = e.which || e.button;
        if (code === 1) {
            // 隐藏自定义菜单
            toggleMenuOff();
        }
    });
}
```

- 按下ESC键时隐藏自定义菜单。

```
// 当按下 ESC 键时隐藏自定义菜单
function keyupListener() {
    window.addEventListener('keyup', function (e) {
        if (e.keyCode === 27) {
```

```
                // 隐藏自定义菜单
                toggleMenuOff();
            }
        });
    }
```

- 单击自定义菜单选项事件。

```
// 右击出现菜单后，单击自定义菜单选项事件
function menuListener() {
    menu.addEventListener('click', function (e) {
        if (e.target.nodeName.toUpperCase() === 'A') {
            var result = 'the operation is:' + e.target.dataset.action + '\n' +
                'the id is:' + targetLi.dataset.id;
            alert(result);
        }
    });
}
```

- 显示自定义菜单。

```
// 显示自定义菜单
function toggleMenuOn() {
    if (menuState !== 1) {
        menuState = 1;
        menu.classList.add(active);
    }
}
```

- 隐藏自定义菜单。

```
// 隐藏自定义菜单
function toggleMenuOff() {
    if (menuState !== 0) {
        menuState = 0;
        menu.classList.remove(active);
    }
}
```

- 根据事件触发的位置返回具体的坐标点。

```
// 根据事件触发的位置返回具体的坐标点
function getPosition(e) {
    var posx = 0;
    var posy = 0;

    if (!e) var e = window.event;
    if (e.pageX || e.pageY) {
        posx = e.pageX;
```

```
        posy = e.pageY;
    } else if (e.clientX || e.clientY) {
        posx = e.clientX + document.body.scrollLeft + document.documentElement.
scrollLeft;
        posy = e.clientY + document.body.scrollTop + document.documentElement.
scrollTop;
    }

    return {
        x: posx,
        y: posy
    }
}
```

• 确定自定义菜单出现的位置。

```
// 确定自定义菜单出现的位置
function positionMenu(e) {
    menuPosition = getPosition(e);
    menuPositionX = menuPosition.x + 'px';
    menuPositionY = menuPosition.y + 'px';

    menu.style.left = menuPositionX;
    menu.style.top = menuPositionY;
}
```

至此，所有重要的代码都已经讲解完毕，大家可以适当地补充剩余部分的代码，看看能否
实现图 5-5 的效果。

5.9　文档加载完成事件

在实际开发中，我们经常会遇到这样的场景：在页面初始化的时候去执行特定的操作，例
如一个电商网站页面，在用户登录进入首页后获取用户常买的商品列表。

这个场景涉及页面初始化的操作。页面初始化的操作可以理解为文档加载完成后执行的操
作，所以这一场景可以理解为文档加载完成后执行特定的事件。

在 DOM 中，文档加载完成有两个事件，一个是 load 事件，在原生 JavaScript 和 jQuery
中均有实现；另一个是 jQuery 提供的 ready 事件。

• ready 事件的触发表示文档结构已经加载完成，不包含图片、flash 等非文字媒体内容。

• onload 事件的触发表示页面中包含的图片、flash 等所有元素都加载完成。

接下来我们会就 load 事件和 ready 事件做详细说明。

5.9.1　load事件

load 事件会在页面、脚本或者图片加载完成后触发。其中，支持 onload 事件的标签有

body、frame、frameset、iframe、img、link、script。

如果 load 事件用于页面初始化，则有两种实现方式。

第一种方式是在 body 标签上使用 onload 属性，类似于 onclick 属性的设置，其实就是 DOM0 级事件处理程序。

```
<!-- 使用 onload 属性 -->
<body onload="bodyLoad()">

<script>
    function bodyLoad() {
        console.log('文档加载完成，执行 onload 方法');
    }
</script>
</body>
```

第二种方式是设置 window 对象的 onload 属性，属性值为一个函数。

```
<script>
    window.onload = function () {
        console.log('文档加载完成，执行 onload 方法');
    };
</script>
```

使用以上两种方式中的任何一种，页面在加载完成后，都会输出“文档加载完成，执行 onload 方法”。

需要注意的是，在 load 事件的两种实现方式中，第一种方式的优先级会高于第二种方式，如果同时采用两种方式，则只有第一种方式会生效。

那么，load 事件有哪些使用场景呢？

很多时候我们会将 JavaScript 代码块写在一个单独的文件中，然后通过 script 标签进行引用。在使用 script 标签进行引用时，为了方便 JavaScript 代码的组织，我们会将其统一放在 head 标签中。由于 head 标签会先于 body 标签进行解析，因此如果 JavaScript 代码包含了对 body 标签中其他标签的处理，就会出现代码中操作的对象未被加载的情况。

我们通过以下场景来看看，页面中有一个 div 元素，初始化内容为“页面初始化”，等到页面加载完成后 div 元素内容变为“页面加载完成”。

按照上面的描述，我们可以得到以下的代码。

```
<!DOCTYPE html>
<html lang="en">
<head>
    <meta charset="UTF-8">
    <title>Title</title>
    <script>
        document.querySelector('#content').innerText = '页面加载完成';
```

```
        </script>
    </head>
    <body>
     <div id="content">页面初始化</div>
    </body>
    </html>
```

运行上面的代码后，我们发现页面上显示的内容为"页面初始化"，而并不是"页面加载完成"。

这是因为 script 脚本在执行代码时，并未解析到 body 标签处，id 为 content 的元素并不存在，所以通过 document.querySelector('#content') 获取到的元素其实为 null，然后设置 innerText 属性时会报错。

那么我们该怎么做才能实现上述的效果呢？

答案就是利用 load 事件。

load 事件会在页面中的所有元素全部加载完成后才会去调用，因此如果在 load 事件中获取 id 为 content 的元素是可以获取到的，然后就可以进行对应的操作。

将上面的代码修改成如下所示的代码。

```
<!DOCTYPE html>
<html>
<head>
    <meta charset="UTF-8">
    <title>Title</title>
    <script>
        window.onload = function () {
            document.querySelector('#content').innerText = '页面加载完成';
        };
    </script>
</head>
<body>
 <div id="content">页面初始化</div>
</body>
</html>
```

在代码运行后我们发现，页面上显示的内容为"页面加载完成"。

此外，在 jQuery 中同样提供了对 load 事件的实现，那就是 load() 函数，其语法格式如下所示。

```
$(window).load(function(){...});
```

需要特别注意的是 load() 函数是 jQuery 绑定在 window 对象上的，而不是 document 对象上的，因此下面这种写法并不会生效。

```
$(document).load(function(){...});  // 不会生效
```

jQuery 的 load() 函数具有的功能与原生 JavaScript 的 onload() 函数是一致的，而且相比于 window.onload() 函数还有两大优点。

- 可以同时绑定多个$(window).load()函数。

假如在页面加载完成之后，需要同时触发多个操作，我们可以同时编写多个 $(window).load() 函数。

```
// 操作 1
$(window).load(function () {
    // do action1
});
// 操作 2
$(window).load(function () {
    // do action2
});
// 操作 3
$(window).load(function () {
    // do action3
});
```

而使用 window.load() 函数则不能达到这个目的，因为 window.load() 函数只能绑定一个事件处理程序。

在 body 标签中使用 onload 属性可以达到这个目的，在写法上如下所示。

```
<body onload="fn1(),fn2(),fn3()"></body>
```

代码看起来不规整，因此并不推荐这种写法。

- 使用$(window).load()函数可以将JavaScript代码与HTML代码进行分离，而设置body标签的onload属性不可以将JavaScript代码与HTML代码进行完全隔离。一旦代码冗余在一起，后续的代码维护将会变得越来越困难。

到这里我们了解了 load 事件的执行原理，那么它是不是初始化完成最好的实现方案呢？

并不是的，试想一下，对于一个图片网站来说，如果我们需要等到所有的图片都加载完成再去执行相应的操作，这将会给用户带来一段很长的等待时间，因为图片的加载相比于普通的 HTML 元素会消耗更长的时间。

那么我们有没有更好的解决方法呢？那就是下面将要讲到的 ready 事件。

5.9.2　ready事件

ready 事件不同于 load 事件，ready 事件只需要等待文档结构加载完成就可以执行。

拿上面的例子来说，针对一个图片网站，使用 ready 事件，我们只需要等待 HTML 中的所有的 img 标签加载完成就可以执行初始化操作，而不需要等到 img 标签的 src 属性完全加载出来。这样将节省很长的等待时间，对性能来说是一大提升。

因此在很多场景中，我们更推荐在 ready 事件中做初始化处理。

需要注意的是，ready 事件并不是原生 JavaScript 所具有的，而是在 jQuery 中实现的，

ready 事件挂载在 document 对象上。

jQuery 中 ready 事件最完整的使用语法如下所示。

```
$(document).ready(function () {...});
```

因为 ready() 函数仅能用于当前文档，无须选择器，所以可以省略掉 document 而简写为如下代码。

```
$().ready(function () {...});
```

又因为 $ 默认的事件为 ready 事件，所以 ready() 函数也可以省略，从而更加精简，代码如下所示。

```
$(function () {...});
```

我们在同一个页面中使用上述 3 种方式定义 ready 事件。

```
<script>
    // 方式 1：最完整写法
    $(document).ready(function () {
        console.log(' 方式 1：最完整写法 ');
    });

    // 方式 2：省略 document 的写法
    $().ready(function () {
        console.log(' 方式 2：省略 document 的写法 ');
    });

    // 方式 3：最精简的写法
    $(function () {
        console.log(' 方式 3：最精简的写法 ');
    });
</script>
```

运行后得到的结果如下所示。

```
方式 1：最完整写法
方式 2：省略 document 的写法
方式 3：最精简的写法
```

通过结果可以看出，3 种方式都能够正确执行。

5.9.3 加载完成事件的执行顺序

通过 5.9.1 和 5.9.2 小节的讲解，我们知道了页面加载完成一共有 5 种处理方式。

• 使用 jQuery 的 $(document).ready(function () {...})。

- 使用jQuery的$(function () {...})，其实是上一种方式的简写。
- 使用jQuery的$(window).load(function(){...})。
- 使用原生JavaScript的window.onload= function(){...}。
- 在body标签上使用onload属性，代码如下所示。

```
<body onload="bodyLoad()"></body>
```

那么，如果在同一个页面中同时使用了这5种方式做页面加载完成的处理，事件的执行顺序是怎么样的呢？

事件的执行顺序会随着事件定义顺序的不同而不同。而事件的定义会写在 script 标签中，具体来说就是 script 标签所放的位置，一个是将 script 标签写在 head 标签中，一个是将 script 标签写在 body 标签中。

1. 将script标签写在head标签中

```
<!DOCTYPE html>
<html>
<head>
    <meta charset="UTF-8">
    <title>ready 与 load 事件执行顺序 </title>
    <script src="https://cdnjs.cloudflare.com/ajax/libs/jquery/1.9.0/jquery.min.
js"></script>
    <script>
        // 方式 1: $(document).ready()
        $(document).ready(function () {
            console.log(' 执行方式 1: $(document).ready()');
        });

        // 方式 2: $(function(){})
        $(function () {
            console.log(' 执行方式 2: $(function(){})');
        });

        // 方式 3: $(window).load()
        $(window).load(function () {
            console.log(' 执行方式 3: $(window).load()');
        });

        // 方式 4: window.onload
        window.onload = function () {
            console.log(' 执行方式 4: window.onload');
        };

        // 方式 5: body 标签的 onload 属性
        function bodyOnLoad() {
            console.log(' 执行方式 5: body 标签的 onload 属性 ');
```

```
        }
    </script>
</head>
<body onload="bodyOnLoad()">
</body>
</html>
```

运行上面的代码，得到的结果如下所示。

```
执行方式1: $(document).ready()
执行方式2: $(function(){})
执行方式3: $(window).load()
执行方式5: body 标签的 onload 属性
```

通过结果可以看出，执行了方式1、2、3、5。

2. 将script标签写在body标签中

```
<!DOCTYPE html>
<html>
<head>
    <meta charset="UTF-8">
    <title>ready 与 load 事件执行顺序</title>
</head>
<body onload="bodyOnLoad()">
<script src="https://cdnjs.cloudflare.com/ajax/libs/jquery/1.9.0/jquery.min.
js"></script>
<script>
    // 方式1: $(document).ready()
    $(document).ready(function () {
        console.log(' 执行方式1: $(document).ready()');
    });

    // 方式2: $(function(){})
    $(function () {
        console.log(' 执行方式2: $(function(){})');
    });

    // 方式3: $(window).load()
    $(window).load(function () {
        console.log(' 执行方式3: $(window).load()');
    });

    // 方式4: window.onload
    window.onload = function () {
        console.log(' 执行方式4: window.onload');
    };
```

```
    // 方式 5：body 标签的 onload 属性
    function bodyOnLoad() {
        console.log(' 执行方式 5：body 标签的 onload 属性 ');
    }
</script>
</body>
</html>
```

运行上面的代码，得到的结果如下所示。

```
执行方式 1：$(document).ready()
执行方式 2：$(function(){})
执行方式 4：window.onload
执行方式 3：$(window).load()
```

通过结果可以看出，执行了方式 1、2、4、3。

通过以上两种不同的执行结果可以得出以下结论。

① 使用 jQuery 的 ready 事件总会比 load 事件先执行，jQuery 提供的 ready 事件的两种形式其实是等效的，定义在前面的会先执行。

② load 事件的执行顺序取决于方法定义中的位置，当将 script 标签写在 body 标签中时，方式 4 中 window.onload 会比方式 3 中 jQuery 的 load() 函数先执行。

③ 写在 body 标签中的 onload 属性优先级会高于 window.onload 属性。

④ 方式 4 中 window.onload 与方式 3 中 jQuery 的 load() 函数，是谁先定义则谁先执行。

由于 load 事件执行顺序有很大的不同，因此在使用 load 事件做页面加载完成处理时需要特别注意。

▶ 5.10　浏览器的重排和重绘

虽然可以通过 JavaScript 操作 DOM 元素，但是代价却是高昂的。我们可以将 DOM 和 JavaScript 想象成两个岛，它们之间的连接需要通过一座桥，而 JavaScript 对 DOM 的访问就需要通过这座桥，并收取"过桥费"，随着对 DOM 访问次数的增加，费用也就越高，因此我们需要尽量减少"过桥"的次数，也就是减少对 DOM 的访问和修改，而这也是优化 DOM 性能的手段之一。

对 DOM 的修改相比于对 DOM 的访问，在性能上的影响会更大，这是因为它会带来浏览器的重排或重绘。

那么什么是浏览器的重排和重绘呢？

我们先来看看浏览器渲染 HTML 的过程，大致如图 5-6 所示。

将图 5-6 拆解来看，浏览器渲染 HTML 的过程大致可以分为 4 步。

- HTML文件被HTML解析器解析成对应的DOM树，CSS样式文件被CSS解析器解析生成对应的样式规则集。

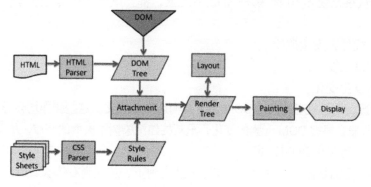

图5-6

- DOM树与CSS样式集解析完成后，附加在一起形成一个渲染树。
- 节点信息的计算，即根据渲染树计算每个节点的几何信息。
- 渲染绘制，即根据计算完成的节点信息绘制整个页面。

本节所要讲的重排和重绘发生在第3步和第4步中，正确地理解它们的关系将有助于我们使用一定的手段进行性能优化。

5.10.1　重排

在了解什么是重排之前，我们需要知道的一个重要知识点是：浏览器渲染页面默认采用的是流式布局模型。

因为浏览器渲染页面是基于流式布局的，对某一个DOM节点信息进行修改时，就需要对该DOM结构进行重新计算。该DOM结构的修改会决定周边DOM结构的更改范围，主要分为全局范围和局部范围。全局范围就是从页面的根节点html标签开始，对整个渲染树进行重新计算。例如，当我们改变窗口的尺寸或者修改了根元素的字体大小时，局部范围只会对渲染树的某部分进行重新计算。例如要改变页面中某个div的宽度，只需要重新计算渲染树中与该div相关的部分即可。

而重排的过程就发生在DOM节点信息修改的时候，重排实际是根据渲染树中每个渲染对象的信息，计算出各自渲染对象的几何信息，例如DOM元素的位置、尺寸、大小等，然后将其安置在界面中正确的位置。

重排是一种明显的改变页面布局的操作，下面总结了常见的引起重排的操作。

- 页面首次渲染。

在页面首次渲染时，HTML页面的各个元素位置、尺寸、大小等信息均是未知的，需要通过与CSS样式规则集才能确定各个元素的几何信息。这个过程中会产生很多元素几何信息计算的过程，所以会产生重排操作。

- 浏览器窗口大小发生改变。

页面渲染完成后，就会得到一个固定的渲染树。如果此时对浏览器窗口进行缩放或者拉伸操作，渲染树中从根元素 html 标签开始的所有元素，都会重新计算其几何信息，从而产生重排操作。

- 元素尺寸或位置发生改变。
- 元素内容发生变化。
- 元素字体发生变化。

上述 3 种情况，均是直观地表述 DOM 元素几何属性的变化。这些操作均会导致渲染树中相关的节点失效，浏览器会根据 DOM 元素的变化，重新构建渲染树中失效的节点，从而产生重排操作。

- 添加或删除可见的DOM元素。

因为浏览器采用的是流式布局模型，实际为从上到下、从左到右依次遍历元素的过程。通常情况下，如果添加或者删除可见的 DOM 元素，则当前元素之前的元素不会受到影响；而当前元素之后的元素均会重新计算几何信息，渲染树也需要重新构建修改后的节点，从而产生重排操作。

- 获取某些特定的属性。

也许几行简单的 JavaScript 代码就会引起很多重排的操作，而频繁的重排操作会对浏览器引擎产生很大的消耗。所以浏览器不会针对每个 JS 操作都进行一次重排，而是维护一个会引起重排操作的队列，等队列中的操作达到了一定的数量或者到了一定的时间间隔时，浏览器才会去 flush 一次队列，进行真正的重排操作。

虽然浏览器会有这个优化，但我们写的一些代码可能会强制浏览器提前 flush 队列，例如我们获取以下这些样式信息的时候。

```
• offsetTop, offsetLeft, offsetWidth, offsetHeight
• scrollTop/Left/Width/Height
• clientTop/Left/Width/Height
• width,height
• 调用 getComputedStyle() 函数
```

当我们请求以上这些属性时，浏览器为了返回最精准的信息，需要 flush 队列，因为队列中的某些操作可能会影响到某些值的获取。因此，即使你获取的样式信息与队列中的操作无关，浏览器仍然会强制 flush 队列，从而引起浏览器重排的操作。

在获取以下一些常见的属性和函数时，会引发重排的操作。

- width：宽度。
- height：高度。
- margin：外边距。
- padding：内边距。
- display：元素显示方式。
- border：边框。
- position：元素定位方式。
- overflow：元素溢出处理方式。
- clientWidth：元素可视区宽度。

- clientHeight：元素可视区高度。
- clientLeft：元素边框宽度。
- clientTop：元素边框高度。
- offsetWidth：元素水平方向占据的宽度。
- offsetHeight：元素水平方向占据的高度。
- offsetLeft：元素左外边框至父元素左内边框的距离。
- offsetTop：元素上外边框至父元素上内边框的距离。
- scrollWidth：元素内容占据的宽度。
- scrollHeight：元素内容占据的高度。
- scrollLeft：元素横向滚动的距离。
- scrollTop：元素纵向滚动的距离。
- scrollIntoView()：元素滚动至可视区的函数。
- scrollTo()：元素滚动至指定坐标的函数。
- getComputedStyle()：获取元素的CSS样式的函数。
- getBoundingClientRect()：获取元素相对于视窗的位置集合的函数。
- scrollIntoViewIfNeeded()：元素滚动至浏览器窗口可视区的函数。（非标准特性，谨慎使用）

5.10.2　重绘

相比于重排，重绘简单很多。重绘只是改变元素在页面中的展现样式，而不会引起元素在文档流中位置的改变。例如更改了元素的字体颜色、背景色、透明度等，浏览器均会将这些新样式赋予元素并重新绘制。

在修改某些常见的属性时，会引发重绘的操作，接下来列举出了一部分。

- color：颜色。
- border-style：边框样式。
- visibility：元素是否可见。
- background：元素背景样式，包括背景色、背景图、背景图尺寸、背景图位置等。
- text-decoration：文本装饰，包括文本加下画线、上划线、贯穿线等。
- outline：元素的外轮廓的样式，在边框外的位置。
- border-radius：边框圆角。
- box-shadow：元素的阴影。

在经过上文的讲解后，相信大家都对重排与重绘的操作已经有所了解，那么它们之间有什么关系呢？

简单来说，重排一定会引起重绘的操作，而重绘却不一定会引起重排的操作。

因为在元素重排的过程中，元素的位置等几何信息会重新计算，并会引起元素的重新渲染，这就会产生重绘的操作。而在重绘时，只是改变了元素的展现样式，而不会引起元素在文档流中位置的改变，所以并不会引起重排的操作。

5.10.3 性能优化

浏览器的重排与重绘是比较消耗性能的操作，所以我们应该尽量地减少重排与重绘的操作，这也是优化网页性能的一种方式。那么具体来说我们可以怎么做呢？

1. 将多次改变样式的属性操作合并为一次

假如我们需要修改一个元素的样式，如果只修改 style 属性，我们可以得到以下代码。

```
var changeDiv = document.querySelector('#changeDiv');
changeDiv.style.width = '100px';
changeDiv.style.background = '#e3e3e3';
changeDiv.style.height = '100px';
changeDiv.style.marginTop = '10px';
```

上面的操作多次修改了 style 属性，会引发多次重排与重绘的操作。

我们可以将这些 CSS 属性合并为一个 class 类。

```
div.changeDiv {
    width: '100px',
    background: #e3e3e3;
    height: 100px;
    margin-top: 10px;
}
```

然后通过 JavaScript 直接修改元素的 class 类。

```
document.getElementById('changeDiv').className = 'changeDiv';
```

像这样就可以只在最后一步修改 class 类，从而只引起一次重排与重绘的操作。

2. 将需要多次重排的元素设置为绝对定位

需要进行重排的元素都是处于正常的文档流中的，如果这个元素不处于文档流中，那么它的变化就不会影响到其他元素的变化，这样就不会引起重排的操作。常见的操作就是设置其 position 为 absolute 或者 fixed。

假如一个页面有动画元素，如果它会频繁地改变位置、宽高等信息，那么最好将其设置为绝对定位。

3. 在内存中多次操作节点，完成后再添加至文档树中

假如我们需要实现这样一个需求：通过异步请求获取表格的数据后，将其渲染到页面上。

这个需求可以有两种实现方式，一种是每次构造一行数据的 HTML 片段，分多次添加到文档树中；另一种是先在内存中构建出完整的 HTML 片段，再一次性添加到文档树中。

接下来我们看看这两种实现方式的代码，为了简写代码，我们引入了 jQuery。

- 方法1：每次构造一行数据，多次添加。

```
// 将数据渲染至 table
function renderTable(list) {
    // 目标 table 元素
    var table = $('#table');
    var rowHTML = '';
    // 遍历数据集
    list.forEach(function(item) {
        rowHTML += '<tr>';
        rowHTML += '<td>' + item.name + '</td>';
        rowHTML += '<td>' + item.address + '</td>';
        rowHTML += '<td>' + item.email + '</td>';
        rowHTML += '</tr>';
        // 每次添加一行数据
        table.append($(rowHTML));
        // 添加完后清空
        rowHTML = '';
    });
}
```

- 方法2：一次性构造完整的数据，然后添加。

```
// 将数据渲染至 table
function renderTable(list) {
    // 目标 table 元素
    var table = $('#table');
    var allHTML = '';
    // 遍历数据集
    list.forEach(function(item) {
        allHTML += '<tr>';
        allHTML += '<td>' + item.name + '</td>';
        allHTML += '<td>' + item.address + '</td>';
        allHTML += '<td>' + item.email + '</td>';
        allHTML += '</tr>';
    });
    // 获取完整片段后，一次性渲染
    table.append($(allHTML));
}
```

上述两种方法虽然只有两行简单的代码不同，但是执行的性能却是不一样的。在方法 1 中每次添加一行数据时，都会引发一次浏览器重排和重绘的操作，如果表格的数据很大，则会对渲染造成很大的影响。而方法 2 在内存中一次性构造出完整的 HTML 代码段，再通过一次操作去渲染表格，这样只会引起一次浏览器重排和重绘的操作，从而带来很大的性能提升。

所以，更推荐大家使用方法 2 去进行页面渲染。

4. 将要进行复杂处理的元素处理为display属性为none，处理完成后再进行显示

因为 display 属性为 none 的元素不会出现在渲染树中，所以对其进行处理并不会引起其他元素的重排。当我们需要对一个元素做复杂处理时，可以将其 display 属性设置为 none，操作完成后，再将其显示出来，这样就只会在隐藏和显示的时候引发两次重排操作。

5. 将频繁获取会引起重排的属性缓存至变量

在 5.9.1 和 5.9.2 小节中我们有讲到过，在获取一些特定属性时，会引发重排或者重绘的操作。因此在获取这些属性时，我们应该通过一个变量去缓存，而不是每次都直接获取特定的属性。

假如我们去实现这样一个场景：在获取一个特定元素后，根据几个不同的判断条件，需要改变元素的宽度。

我们不推荐以下这种写法。

```
var ele = document.querySelector('#ele');
// 判断条件1
if(true) {
    ele.style.width = '200px';
}
// 判断条件2
if(true) {
    ele.style.width = '300px';
}
// 判断条件3
if(true) {
    ele.style.width = '400px';
}
```

因为在使用这种写法时，在条件都通过后，需要获取 3 次 width 属性，从而会引发 3 次重排的操作。

我们更推荐以下这种写法。

```
var ele = document.querySelector('#ele');
// 先获取 width 属性
var width = ele.style.width;
// 判断条件1
if(true) {
    width = '200px';
}
// 判断条件2
if(true) {
    width = '300px';
}
// 判断条件3
if(true) {
    width = '400px';
}
// 最后执行一次 width 属性赋值
ele.style.width = width;
```

这种写法只会在开始时获取一次 width 属性，判断条件执行结束后进行一次 width 属性的赋值，所以不管中间执行了多少次逻辑处理，始终只会有两次重排的操作。相比于前一种方法，每执行一个判断逻辑就产生一次重排的操作会提升一定的性能。

6. 尽量减少使用table布局

如果 table 中任何一个元素触发了重排的操作，那么整个 table 都会触发重排的操作，尤其是当一个 table 内容比较庞大时，更加不推荐使用 table 布局。

如果不得已使用了 table，可以设置 table-layout:auto 或者是 table-layout:fixed。这样可以让 table 一行一行地渲染，这种做法也是为了限制重排的影响范围。

7. 使用事件委托绑定事件处理程序

在对多个同级元素做事件绑定时，推荐使用事件委托机制进行处理。使用事件委托可以在很大程度上减少事件处理程序的数量，从而提高性能。具体与事件委托相关的知识请看 5.7 节的内容。

8. 利用DocumentFragment操作DOM节点

DocumentFragment 是一个没有父级节点的最小文档对象，它可以用于存储已经排好版或者尚未确定格式的 HTML 片段。DocumentFragment 最核心的知识点在于它不是真实 DOM 树的一部分，它的变化不会引起 DOM 树重新渲染的操作，也就不会引起浏览器重排和重绘的操作，从而带来性能上的提升。

因为 DocumentFragment 具有的特性，在需要频繁进行 DOM 新增或者删除的操作中，它将变得非常有用。

一般的操作方法分为以下两步。

- 将需要变更的DOM元素放置在一个新建的DocumentFragment中，因为DocumentFragment不存在于真实的DOM树中，所以这一步操作不会带来任何性能影响。
- 将DocumentFragment添加至真正的文档树中，这一步操作处理的不是DocumentFragment自身，而是DocumentFragment的全部子节点。对DocumentFragment的操作来说，只会产生一次浏览器重排和重绘的操作，相比于频繁操作真实DOM元素的方法，会有很大的性能提升。

具体应用场景我们可以通过以下实例来看。

场景：假如往页面的 ul 元素中添加 100 个 li 元素。

我们有两种实现方法，一种是通过 createElement() 函数来实现，另一种是通过 createDocumentFragment() 函数来实现。接下来分别通过两段代码与运行结果来看看它们的处理效率。

（1）createElement() 函数

通过 createElement() 函数创建新元素是最原始的一种方法，其代码如下。

```
<ul id="list"></ul>
<script>
    var list = document.querySelector('#list');
```

```
    for (var i = 0; i < 100; i++) {
        var li = document.createElement('li');
        var text = document.createTextNode('节点 ' + i);
        li.append(text);
        list.append(li);
    }
</script>
```

list 在每次 append 新元素 li 时，都会引发一次重排的操作。

（2）createDocumentFragment() 函数

使用 DocumentFragment() 函数时一般分为 3 步。

- 创建一个新的DocumentFragment对象。
- 将待处理的元素添加至DocumentFragment对象中。
- 处理DocumentFragment对象。

```
<script>
    var list = document.querySelector('#list2');
    // 1. 创建新的 DocumentFragment 对象
    var fragment = document.createDocumentFragment();
    for (var i = 0; i < 100; i++) {
        var li = document.createElement('li');
        var text = document.createTextNode('节点 ' + i);
        li.append(text);
        // 2. 将新增的元素添加至 DocumentFragment 对象中
        fragment.append(li);
    }
    // 3. 处理 DocumentFragment 对象
    list.append(fragment);
</script>
```

使用 DocumentFragment() 函数处理 DOM 元素时，只有在最终 append 的时候才会去真正处理真实的 DOM 元素，因此只会引发一次重排操作，从而提升了浏览器渲染的性能。

第 **6** 章

Ajax

　　Ajax 是目前最流行的前后端数据交互的方式，通过异步请求就可以在不需要刷新页面的情况下，达到局部刷新的效果。

　　Ajax 并非是一种全新的技术，而是由以下技术组合而成。

- 使用CSS和XHTML做页面呈现。
- 使用DOM进行交互和动态显示。
- 使用XMLHttpRequest对象和服务器进行异步通信。
- 使用JavaScript进行绑定和调用，操作DOM。

　　在上面涉及的几种技术中，除了 XMLHttpRequest 外，其余几种都是基于 Web 标准并得到了广泛使用。

　　学习完本章的内容后，希望读者能掌握以下内容。

- Ajax的基本原理及执行过程。
- Nodejs搭建简易服务器。
- Ajax提交form表单。
- Ajax进度事件。
- JSON序列化和反序列化。
- Ajax跨域解决方案。

▶ 6.1 Ajax的基本原理及执行过程

Ajax 的基本原理是通过 XMLHttpRequest 对象向服务器发送异步请求，获取服务器返回的数据后，利用 DOM 的操作来更新页面。

我们可以通过图 6-1 来看看 Ajax 的执行流程。

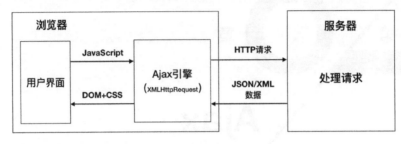

图6-1

其中最核心的部分就是 XMLHttpRequest 对象。它是一个 JavaScript 对象，支持异步请求，可以及时向服务器发送请求和处理响应，并且不阻塞用户，达到不刷新页面的效果。

接下来重点讲解 XMLHttpRequest 对象相关知识点。

6.1.1 XMLHttpRequest对象

XMLHttpRequest 对象从创建到销毁存在一个完整的生命周期，在生命周期的每个阶段会调用 XMLHttpRequest 对象的不同函数，在函数中需要通过 XMLHttpRequest 对象的特定属性来判断函数执行情况。

因此我们首先要掌握 XMLHttpRequest 对象所具有的函数和属性，为后面对 XMLHttpRequest 对象生命周期的学习做好准备。

1. XMLHttpRequest对象的函数

（1）abort() 函数

如果请求已经发送，则停止当前请求。

（2）getAllResponseHeaders() 函数

获取所有 HTTP 请求的响应头部，作为键值对返回；如果没有收到响应，则返回"null"。

（3）getResponseHeader("key") 函数

获取指定 key 的 HTTP 响应头，如果没有收到响应或者响应中不存在 key 对应的报头，则返回"null"。

（4）open("method","URL",[asyncFlag],["userName"],["password"]) 函数

建立对服务器的调用。

• method参数表示请求方式，可以为GET、POST或者PUT。

- URL参数表示请求的路径，可以是相对路径，也可以是绝对路径。
- 后面3个是可选参数，分别表示是否异步、用户名、密码。其中asyncFlag=true表示异步，asyncFlag=false表示同步，默认值为true。

（5）send(content) 函数

向服务器发送请求。

（6）setRequestHeader("key", "value") 函数

设置请求头中属性为 key 的值为 value。在设置请求头之前需要先调用 open() 函数，设置的 header 将随着 send() 函数一起发送。

2. XMLHttpRequest对象的属性

（1）onreadystatechange

状态改变的事件触发器，每个状态改变时都会触发这个事件处理器，通常会调用一个 JavaScript 函数

（2）readyState

请求的状态，有 5 个可取的值。

- 0，未初始化，XMLHttpRequest对象已创建。
- 1，open()函数已调用，send()函数未调用，请求还未发送。
- 2，send()函数已调用，HTTP请求已发送到服务器，未接收到响应。
- 3，所有响应头接收完成，响应体开始接收但未完成。
- 4，HTTP响应接收完成。

（3）responseText

接收的数据文本格式的服务器响应体（不包括响应头）。

（4）responseXML

服务器的响应，兼容 DOM 的 XML 对象，解析后可得到 DOM 对象。

（5）status

服务器返回的 HTTP 状态码，用数字表示，如 200 表示"成功"，404 表示"资源未找到"。

（6）statusText

HTTP 状态码的文本表示，如状态码为 200 时，对应返回"OK"；状态码为 404 时，对应返回"Not Found"。

在掌握了 XMLHttpRequest 对象的属性和函数后，接下来就需要掌握其生命周期，包括创建、发送请求、接收响应、处理响应等。

6.1.2 XMLHttpRequest对象生命周期

由于浏览器的差异性，创建 XMLHttpRequest 对象时需要使用不同的方法，主要体现在 IE 浏览器与其他浏览器之间。

下面提供一个标准的 XMLHttpRequest 创建方法。

1. 创建XMLHttPRequest对象

```
function createXMLHttp() {
    // code for IE7+, Firefox, Chrome, Opera, Safari
    if (window.XMLHttpRequest) {
        xmlhttp = new XMLHttpRequest();
    }
    // code for IE6, IE5
    if (window.ActiveXObject) {
        try {
            xmlhttp = new ActiveXObject("Microsoft.XMLHTTP");
        }
        catch (e) {
            try {
                xmlhttp = new ActiveXObject("msxml2.XMLHTTP");
            }
            catch (ex) { }
        }
    }
}
```

2. 建立连接

当 XMLHttPRequest 对象创建完毕后，便可以通过 open() 函数建立连接，它指定了请求的 url 地址以及通过 url 传递的参数；数据传输方式，默认值为 true，表示采用异步传输方式。

```
var xhr = createXMLHttp();
xhr.open('post', '/admin/w/saveUser', true);
```

3. 发送请求并传递数据

在使用 open() 函数建立连接后，便可以使用 send() 函数发送请求，并传递数据 content。由于传递的数据并不是必需的，所以 content 值可以为空。

```
var content = {userName: 'kingx', password: '123456'};
xhr.send(content);
```

4. 处理响应

在 XMLHttpRequest 对象中有一个很重要的 onreadystatechange 属性，它表示 XMLHttpRequest 对象状态改变的事件触发器，每次 readyState 的取值变化时，属性 onreadystatechange 对应的函数都会被执行一次。

当 readyState 的值为 4 时代表响应接收完成，需要注意的是响应接收完成并不代表请求是成功的，我们需要通过 HTTP 请求 status 状态码来判断，当 status 值为 200 时代表请求成功。

因此在 onreadystatechange() 回调函数中，我们需要同时判断 readyState 和 status 两个值才能对响应值做正确的处理。

```
xhr.onreadystatechange = function () {
    // 当 readyStatew 为 4，且状态码为 200 时代表请求成功
    if (xhr.readyState === 4 && xhr.status === 200) {
            // 处理响应值
        document.write(xhr.responseText);
    }
}
```

6.1.3 Ajax的优缺点

Ajax 的诞生带来了更好的用户体验，但是它带来的缺陷却容易被人忽视，本小节将系统地总结 Ajax 的优缺点，方便大家更全面地了解 Ajax。

1. 优点

- 无刷新更新数据。

Ajax 的最大优点是在不需要刷新页面的情况下，能够与服务端保持数据通信，这使得 Web 应用程序能够快速地响应用户请求，避免不必要的等待时间，提高用户体验。

- 异步通信。

Ajax 使用异步的方式与服务端通信，能够减少不必要的数据传输，降低网络数据流量，使得响应更加迅速。

- 前后端分离。

Ajax 可以使得前后端分离开发更加完善，后端专注于接收请求、响应数据，前端专注于页面逻辑的处理。

- 前后端负载均衡。

在前后端进行分离开发后，以往由后端处理的数据逻辑，现在也可以交给前端处理，减轻服务端压力。

- 标准化支持。

Ajax 是一种基于 Web 标准化并被浏览器广泛支持的技术，不需要下载额外的插件，只需要客户允许 JavaScript 在浏览器上执行即可。

2. 缺点

- 破坏浏览器的正常后退功能。

浏览器有一个很重要的功能是对历史记录的追溯，通过后退按钮可以退到浏览器之前访问过的页面，但是该按钮却没有办法和 JavaScript 进行很好的合作，从而导致 Ajax 对浏览器后退机制的破坏。

- 安全性问题。

Ajax 的逻辑可以将前端安全扫描技术隐藏起来，允许黑客从远端服务器上建立新的链接。同时 Ajax 也难以避免一些已知的安全性弱点，例如跨域脚本攻击、SQL 注入攻击和基于 Credentials 的安全漏洞等。

- 对搜索引擎支持较弱。

浏览器在进行 SEO（Search Engine Optimization，搜索引擎优化）时，会屏蔽掉所有的 JavaScript 代码，而 JavaScript 是 Ajax 技术组成中至关重要的一部分，这就导致了 SEO 对 Ajax 支持不友好。

- 违背URL唯一资源定位的初衷。

由于 Ajax 请求并不会改变浏览器地址栏的 URL，因此对于相同的 URL，不同的用户看到的内容可能是不一样的，这就违背了 URL 定位唯一资源的初衷。

▶6.2 使用Nodejs搭建简易服务器

由于本章 Ajax 内容的讲解经常会涉及与服务器的数据传输，因此我们有必要知道如何快速在本地创建一个服务器，以便支持对 Ajax 知识的学习。

相比于 Java、PHP 等语言，使用 Nodejs 搭建一个服务器会更加方便快捷，这里向大家介绍如何使用 Nodejs 搭建一个简易的服务器，以便后面实例的结果演示。

使用 Nodejs 搭建简易服务器时需要准备以下内容。

- Nodejs环境，参考版本为v6.9.5。
- 基于Nodejs的Express框架。

接下来我们从零开始教大家搭建简易的服务器，里面如果有不理解的地方可以详细学习 Nodejs 的 http-server 和 Express 的知识。

1. 创建项目

在硬盘上创建一个项目 ajaxTest，并放入文件夹中。

```
$ mkdir ajaxTest
$ cd ajaxTest
```

2. 项目初始化

如果要将项目变成一个 Node 项目，需要进行初始化，进入 ajaxTest 项目根目录下运行以下命令。

```
$ npm init
```

然后会有一系列的步骤，需要输入很多信息，这些步骤都可以直接回车，全部使用默认的信息。初始化完成后，会在项目根目录下生成一个 package.json 文件。

3. 安装Express框架与body-parser插件

由于我们需要使用到 Express 框架，因此需要提前安装该框架。

```
$ npm install express --save-dev
```

在处理 post 请求时，需要使用 body-parser 插件，因此也需要提前安装该插件。

```
$ npm install body-parser --save-dev
```

4. 创建server.js文件

在项目根目录下创建一个 server.js 文件，文件名可以自定义，用于最后启动服务器。其中有几点需要注意的地方。

- 在接收post请求传递的数据时，需要使用body-parser插件。
- 通过处理"/"请求可以指定首页。
- 监听的端口号需要唯一，不可与其他应用端口号一样。

server.js 文件内容如下所示。

```
var express = require('express');
// 接收 post 请求体数据的插件
var bodyParser = require('body-parser');

var app = express();
app.use(bodyParser());

// 接收 "/" 请求, 指定首页
app.get('/', function (req, res) {
    res.sendFile(__dirname + '/index.html');
});

// 处理 get 请求
app.get('/getUser', function (req, res) {
    console.log(req.query);
});

// 处理 post 请求
app.post('/saveUser', function (req, res) {
    var responseObj = {
        code: 200,
        message: '执行成功'
    };
    res.write(JSON.stringify(responseObj));
    res.end('end');
});

// 执行监听的端口号
var server = app.listen(3000, function () {});
```

5. 编写首页index.html的内容

编写首页 index.html 的内容时，其只有一段简单的文本展示。

```
<!DOCTYPE html>
<html>
<head>
    <meta charset="UTF-8">
```

```
        <title>Title</title>
    </head>
    <body>

    这是一个简易 server 的首页，Hello Nodejs

    </body>
</html>
```

6. 运行server

在项目的根目录下运行以下命令即可启动本地服务器。

```
node server.js
```

7. 查看运行效果

在浏览器地址栏中输入"http://localhost:3000"即可看到首页内容，如图 6-2 所示。

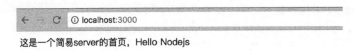

这是一个简易server的首页，Hello Nodejs

图6-2

通过以上的步骤，我们就在本地成功地启动了一个服务器，对于后文中 Ajax 请求的处理和响应，都是基于这个 server.js 去实现的。

▶ 6.3 使用Ajax提交form表单

form 表单的默认提交方式会刷新页面，而且会在页面之间进行跳转。如果需要保持当前用户对表单状态的改变，就要在后台控制器和前端页面中传递更多的参数，因此对于前端与后台处理信息交互比较频繁的场景，form 表单默认的提交方式并不友好。

为了应对以上的场景，使用 Ajax 提交 form 表单是一种很好的解决办法。因为 Ajax 可以在不刷新页面的情况下提交请求，然后在处理响应时通过 JavaScript 操作 DOM，并展示后台处理的信息。

6.3.1 通用处理

在使用 Ajax 提交 form 表单时，需要对 form 表单进行特殊的处理，包括以下几点。
- 将form标签的action属性和method属性去掉。
- 将提交form表单按钮的type="submit"改为type="button"。

在对 form 表单做通用处理后，我们利用以下一段 form 表单代码进行接下来的 Ajax 提交 form 表单信息的测试。

```
<form name="userForm" id="userForm">
    <div class="form-group">
        <label for="username"> 用户名 </label>
        <input type="text" class="form-control" name="username" id="username">
    </div>
    <div class="form-group">
        <label for="password"> 密码 </label>
        <input type="password" class="form-control" name="password" id="password">
    </div>
    <div class="form-group">
        <label for="telephone"> 电话 </label>
        <input type="text" class="form-control" name="telephone" id="telephone">
    </div>
    <div class="form-group">
        <label for="email"> 邮箱 </label>
        <input type=" text" class=" form-control" name="email" id="email">
    </div>
    <div class="text-center">
        <input type="button" class="btn btn-default btn-primary" value=" 提交 "
id="submit">
        <input type="button" class="btn btn-default" value=" 取消 " id="cancel">
    </div>
</form>
```

这是一段类似于用户注册页面的代码，包含用户名、密码、电话、邮箱等几个输入文本框，通过提交按钮可以将用户输入的信息提交到服务端。

为了让页面布局和展示更美观，页面HTML代码中使用了bootstrap样式，展现效果如图6-3所示。

用户名

密码

电话

邮箱

提交　取消

图6-3

接下来将讲解几种使用 Ajax 提交 form 表单信息的方法。

6.3.2　使用原生Ajax进行提交

使用原生 Ajax 提交 form 表单包含以下过程。

- 绑定提交按钮事件。
- 创建XMLHttpRequest对象。
- 建立连接。
- 设置请求头。
- 获取数据。
- 发送请求。
- 处理响应。

接下来一步步讲解实现过程。

1. 绑定提交按钮事件

在单击提交按钮时，触发 Ajax 请求的操作，将整个 Ajax 操作封装在 ajaxSubmitForm() 函数里。按钮获取与事件绑定使用原生的 JavaScript 语法。

```javascript
var submitBtn = document.getElementById('submit');
submitBtn.addEventListener('click', function () {
    ajaxSubmitForm();
});
```

2. 创建XMLHttpRequest对象

XMLHttpRequest 对象的创建直接使用 6.1.3 小节中封装的函数即可。

```javascript
function createXMLHttp() {
    // code for IE7+, Firefox, Chrome, Opera, Safari
    var xmlhttp;
    if (window.XMLHttpRequest) {
        xmlhttp = new XMLHttpRequest();
    }
    // code for IE6, IE5
    if (window.ActiveXObject) {
        try {
            xmlhttp = new ActiveXObject( "Microsoft.XMLHTTP" );
        }
        catch (e) {
            try {
                xmlhttp = new ActiveXObject( "msxml2.XMLHTTP" );
            }
            catch (ex) { }
        }
    }
    return xmlhttp;
}

var xhr = createXMLHttp();
```

3．建立连接

本实例可以理解为一个用户的注册操作，发送的请求为 POST 请求，使用异步处理的方式。

```
xhr.open('post', '/saveUser', true);
```

4．设置请求头

由于本实例中发送的是 POST 请求，需要设置数据传输格式，即设置 Content-type 属性值。可以通过 setRequestHeader() 函数对其进行设置，将其值设置为比较普遍的 JSON 数据格式。

```
xhr.setRequestHeader('Content-type', 'application/json;charset=UTF-8');
```

需要注意的一点是：在设置请求头之前，需要调用 XMLHttpRequest 实例的 open() 函数，以保证已经建立连接请求，即第 3 步一定要在第 4 步之前执行。

5．获取数据

通过原生的 DOM 操作方式获取页面填写的数据。

```
var username = document.getElementById('username').value;
var password = document.getElementById('password').value;
var telphone = document.getElementById('telphone').value;
var email = document.getElementById('email').value;
var content = {
    username: username,
    password: password,
    telphone: telphone,
    email: email
};
```

因为在请求头中设置了数据传输格式为 json，所以需要将 content 对象处理为 json 字符串。

```
content = JSON.stringify(content);
```

6．发送请求

只需要调用 send() 函数就可以发送请求，在本实例中提交的操作可以理解为如下所示的代码。

```
xhr.send(content);
```

7．处理响应

设置 onreadystatechange 属性对应的回调函数，在回调函数中进行判断。当响应接收完毕，readyState 为 4，同时请求状态码 status 为 200 时，即表示请求成功，然后就可以编写对应的处理逻辑。

```
xhr.onreadystatechange = function () {
    // 当 readyStatew 为 4，且状态码为 200 时代表请求成功
    if (xhr.readyState === 4 && xhr.status === 200) {
        // 处理响应值
```

```
            document.write(xhr.responseText);
        }
    }
```

以上就是一段完整的使用原生 Ajax 提交 form 表单内容的代码。

在使用原生 Ajax 提交 form 表单内容时，需要考虑浏览器兼容性问题，并且该方式的代码冗余度高，需要经常进行状态的判断，因此这并不是一种很好的处理 form 表单的方式。

6.3.3 使用jQuery处理Ajax请求进行提交

jQuery 的诞生对 JavaScript 的发展来说是一个质的飞越，其中就包含了对 Ajax 请求的处理。

使用 jQuery 处理 Ajax 请求，解决了浏览器兼容性的问题，对原生 Ajax 请求的高度封装也使得代码变得精简。我们只需要关注在使用 Ajax 时需要什么，然后传递对应的参数，处理不同的回调即可。

接下来一步步讲解实现过程。

1. 文件引入

我们通过 CDN 引入 jQuery。

```
<script src="https://cdn.bootcss.com/jquery/1.9.1/jquery.min.js"></script>
```

2. 页面加载完成，绑定事件

在页面加载完成时，会执行 $(document).ready() 函数，可以简写为 $(function() {}) 函数，然后在该函数中绑定提交按钮的事件。

```
$(function () {
    var submitBtn = $('#submit');
    submitBtn.click(function () {
        ajaxSubmitForm();
    });
});
```

3. 获取传递的数据

```
var content = {
    username: $('#username').val(),
    password: $('#password').val(),
    telphone: $('#telphone').val(),
    email: $('#email').val()
};
```

4. 使用$.ajax()函数发送请求

在使用 $.ajax() 函数发送请求时，我们需要关注以下这些内容。

- 请求类型。
- 请求url。

- 请求数据类型。
- 传递的数据。
- 响应数据类型。
- 回调函数。

其中的回调函数包括在发送请求之前调用的 beforeSend() 函数、请求出错的 error() 函数、请求成功的 success() 函数、请求完成的 complete() 函数。

```
$.ajax({
    // 请求类型
    type: 'POST',
    // 请求 URL
    url: '/saveUser',
    // 请求数据类型设置
    contentType: 'application/json;charset=UTF-8',
    // 响应数据类型设置
    dataType: 'json',
    // 传递的参数
    data: JSON.stringify(content),
    // 执行成功的回调函数
    success: function (response) {
        console.log('函数执行成功');
    },
    // 执行完成的回调函数
    complete: function (response) {
        console.log('函数执行完成');
    },
    // 执行失败的回调函数
    error: function () {
        console.log('函数执行失败');
    }
});
```

需要注意的是如果设置了 contentType 为 json 数据格式传递，则通过 data 传递参数时也需要处理为 json 字符串。

在上面的例子中也可以不用设置 contentType，直接通过对象的形式传递，并在服务端接收到的参数是一样的，可以简写为以下形式。

```
$.ajax({
    // 请求类型
    type: 'POST',
    // 请求 URL
    url: '/saveUser',
    // 响应数据类型设置
    dataType: 'json',
    // 传递的参数
```

```
        data: content,
        // 执行成功的回调函数
        success: function (response) {
            console.log(' 函数执行成功 ');
        },
        // 执行完成的回调函数
        complete: function (response) {
            console.log(' 函数执行完成 ');
        },
        // 执行失败的回调函数
        error: function () {
            console.log(' 函数执行失败 ');
        }
    });
```

上面的写法是不是很完美的一个写法呢？

并不是的，主要问题是在数据的获取上，我们需要写很多的 JS 语句来获取数据，例如下面的代码。

```
var username = $('#username').val();
var password = $('#password').val();
```

如果 form 表单项过多，我们会写很多冗余的 $('#id').val() 代码，看起来十分麻烦，那有没有简单的处理方法呢？

答案是有的，那就是使用 jQuery 的 serialize() 函数或者 serializeArray() 函数，序列化 form 表单进行提交。

6.3.4 使用jQuery序列化form表单进行提交

表单的序列化，表示的是可以自动将表单内填写的内容自动处理为字符串或者对象格式，便于与服务端进行传递，从而避免重复性地通过代码获取单个表单元素输入值。

在使用 jQuery 序列化 form 表单时，可以调用 serialize() 函数或者 serializeArray() 函数，它们的基本语法如下所示。

```
$(selector).serialize()
$(selector).serializeArray()
```

其中，$(selector) 表示通过选择器获取到的 jQuery 对象。

jQuery 提供了这两种方法来序列化 form 表单，它们有相同点也有不同点，我们一一来看。

1. 相同点

- 需要对form表单元素设置name属性值，序列化后的值都为键值对类型，键为name属性值，值为输入的值。
- 只会序列化特定标签的元素，包括input、textarea、select等，对于type='file'的元素不会进行序列化。

- 两种方法都是对form表单元素或者form表单本身对应的jQuery对象进行序列化。

2. 不同点

两个方法的不同点主要表现在返回的结果值上。

（1）serialize() 函数序列化后的值为基本的字符串类型

serialize() 函数的主要作用是序列化 form 表单，返回 URL 格式的字符串类型的数据。通过前面的实例，我们在文本框中输入图 6-4 所示的值。

用户名

    mianshiting

密码

    ••••••

电话

    13725463212

邮箱

    zhouxiongking@163.com

        提交   取消

图6-4

单击"提交"按钮时，将调用 serialize() 函数，把输入的值对应地展示在页面上。

```
$('#result').text($('#userForm').serialize());
```

得到的结果如下所示。

```
username=mianshiting&password=123456&telphone=13725463212&email=zhouxiongki
ng%40163.com
```

从中可以看出序列化后的值表示成了 URL 中请求参数的形式，通过"&"符号相连，而且会进行字符转义，类似邮箱中的"@"符号会被转义成"%40"。

（2）serializeArray() 函数序列化后的值为 JSON 对象数组类型。

serializeArray() 函数的主要作用是序列化 form 表单，返回 JSON 对象数组类型的数据。数组中的每个元素为一个 JSON 对象，键分别为 name 和 value，name 对应的值为 form 表单元素设置的 name 属性值，value 对应的值为用户输入的值。

调用 serializeArray() 函数时，会将值输出在控制台中。

```
console.log($('#userForm').serializeArray());
```

得到的结果如下所示。

```
0: {name: "username", value: "mianshiting"}
1: {name: "password", value: "123456"}
```

```
2: {name: "telephone", value: "13725463212"}
3: {name: "email", value: "zhouxiongking@163.com"}
length: 4
__proto__: Array(0)
```

可以很明显地看出来，返回的结果是一个数组，数组中的每个元素都是一个 JSON 对象，键和值与分析的结果是一样的。

在掌握了如何序列化 form 表单数据后，我们就可以将序列化后的数据进行提交，在本质上还是需要使用 $.ajax() 函数，只是在传递数据时会做不同的处理。

因为序列化后数据格式为字符串或者 JSON 对象数组，可以直接通过 data 参数传递，所以我们只需要对 $.ajax() 函数中的 data 参数稍作处理即可，调用 serialize() 函数或者 serializeArray() 函数均可。

```
$.ajax({
    // 请求类型
    type: 'POST',
    // 请求 URL
    url: '/saveUser',
    // 响应数据类型设置
    dataType: 'json',
    // 传递的参数，使用序列化的方式
    data: $('#userForm').serialize(),
    // 执行成功的回调函数
    success: function (response) {
        console.log('函数执行成功');
    },
    // 执行完成的回调函数
    complete: function (response) {
        console.log('函数执行完成');
    },
    // 执行失败的回调函数
    error: function () {
        console.log('函数执行失败');
    }
});
```

通过 Nodejs 本地启动服务器后进行验证，不管是使用 serialize() 函数还是 serializeArray() 函数，在服务端接收到的都是一个 JSON 对象的形式，输出的值如下所示。

```
{ username: 'mianshiting',
  password: '123456',
  telephone: '13725463212',
  email: 'zhouxiongking@163.com' }
```

通过以上的分析与实践，我们得知使用 jQuery 序列化可以很好地实现 form 表单的提交，那么它是不是一种十全十美的方法呢？

答案是否定的，因为使用序列化存在一个很大的缺陷，它并不能处理文件流的数据，只能处理普通的文本数据。

那么，有什么比较完美的方法来实现各种元素的 form 表单的提交吗？

当然也是有的，就是在下一小节将要讲到的使用 FormData 对象进行提交。

6.3.5 使用FormData对象进行提交

FormData 对象是 HTML5 中新增的对象，目前主流的浏览器都已经支持，它的诞生主要是服务于 Ajax 请求，用于发送数据。

FormData 对象将数据编译成 key-value 类型的键值对，以便于 XMLHttpRequest 对象发送数据。其主要用于发送 form 表单数据，但也可以独立于 form 表单，发送带有键的数据。

FormData 对象提交的最大的优势是可以异步上传文件，这点在接下来的例子中会有说明。

FormData 对象的提交既可以支持原生 Ajax 请求，也可以支持 jQuery 请求，这里我们分开来看。

1. 原生Ajax请求使用FormData对象发送form表单数据

为了更能体现 FormData 对象在数据传输上的优势，我们在 form 表单中加上了 type='file' 的元素进行文件上传的操作。

补充后的 HTML 代码如下所示。

```html
<form name="userForm" id="userForm" class="container">
    <div class="form-group">
        <label for="username">用户名 </label>
        <input type="text" class="form-control" name="username" id="username">
    </div>
    <div class="form-group">
        <label for="password"> 密码 </label>
        <input type="password" class="form-control" name="password" id="password">
    </div>
    <div class="form-group">
        <label for="telphone"> 电话 </label>
        <input type="text" class="form-control" name="telphone" id="telphone">
    </div>
    <div class="form-group">
        <label for="email"> 邮箱 </label>
        <input type="text" class="form-control" name="email" id="email">
    </div>
    <div class="form-group">
        <label for="email"> 简历 </label>
        <input type="file" name="resume" id="resume">
    </div>
    <div class="text-center">
```

```
        <input type="button" class="btn btn-default btn-primary" value=" 提交 "
    id="submit">
        <input type="button" class="btn btn-default" value=" 取消 " id="cancel">
    </div>
</form>
```

其他部分，例如 XMLHttpRequest 对象的创建和请求发送，以及请求成功的回调，这里就不做详细描述，我们重点来看 FormData 对象的使用。

（1）请求头设置

当使用原生 Ajax 请求发送带有文件流的 FormData 数据时，需要对请求头进行对应的设置，即将 Content-type 属性设置为 application/x-www-form-urlencoded，代码如下所示。

```
xhr.setRequestHeader('Content-type', 'application/x-www-form-urlencoded');
```

（2）生成 FormData 实例

通过 FormData 的构造函数，可以 new 一个 FormData 对象的实例，取值为 formData。

```
var formData = new FormData();
```

（3）添加数据

通过 append() 函数向 formData 对象中添加需要发送的数据，不管是简单的文本类型数据还是文件类型数据，都可以添加到 formData 对象中。

对于 type='file' 类型的 form 表单元素，调用 document.getElementById() 函数获取到 DOM 元素后，通过访问 files 属性即可获取到上传的文件。

```
// 获取数据
var username = document.getElementById('username').value;
var password = document.getElementById('password').value;
var telphone = document.getElementById('telphone').value;
var email = document.getElementById('email').value;
var resume = document.getElementById('resume');
// 创建 FormData 实例
var formData = new FormData();
// 添加至 formData 对象中
formData.append('username', username);
formData.append('password', password);
formData.append('telphone', telphone);
formData.append('email', email);
formData.append('resume', resume.files[0]);
```

（4）发送数据

只需要调用 send() 函数传递 FormData 对象即可。

```
xhr.send(formData);
```

通过以上的 4 步再结合 6.2.2 小节中通用的代码结构，就可以完成原生 Ajax 通过 FormData 发送数据的功能了。

写到这里大家可能会有疑问，FormData 实例的数据需要先使用 document.getElementById() 函数获取到，再使用 append() 函数添加至 FormData 实例中，如果 form 表单的内容比较复杂，需要写很多冗余的代码，有没有什么好的方法能够在不写冗余代码的情况下又能达到我们的目的呢？

答案当然是肯定的。FormData 对象的构造函数还可以接收一个 form 表单，会自动将 form 表单内的元素进行序列化，在发送请求之前可以使用 append() 函数附加需要传递的数据。

因此上面代码中的第 3 步可以做如下简化。

```
var formData = new FormData(document.getElementById('userForm'));
```

可以看到不管 form 表单内的元素如何复杂，只需要获取到了 form 表单元素就可以使用 FormData 对象传输数据，使用起来相当方便。

2. jQuery使用FormData对象发送form表单数据

使用 jQuery 发送 FormData 格式的 form 表单数据时，和原生 Ajax 请求是一样的，有两种使用方式。

- 使用append()函数逐个添加form表单元素的值。
- 通过form表单直接生成FormData的实例。

以第二种使用方式为例，我们来看看 jQuery 的实现方式。

```
$.ajax({
    // 请求类型
    type: 'POST',
    // 请求 URL
    url: '/saveUser',
    // 不处理请求数据类型
    contentType: false,
    // 不处理发送的数据
    processData: false,
    // 响应数据类型设置
    dataType: 'json',
    // 传递的参数
    data: new FormData($('#userForm')[0]),
    // 执行成功的回调函数
    success: function (response) {
        console.log('函数执行成功');
    },
    // 执行完成的回调函数
    complete: function (response) {
        console.log('函数执行完成');
    },
    // 执行失败的回调函数
    error: function () {
```

```
            console.log('函数执行失败');
        }
    });
```

在上面的代码中，有两点是需要特别注意的，一个是 contentType 参数的设置，一个是 processData 参数的设置。

- 关于contentType参数的设置。

当发送的数据不包含 file 文件流的数据时，contentType 值可以取默认值 application/x-www-form-urlencoded，即可以不对 contentType 做设置。

也可以将 contentType 值设置为 application/json，进行 json 格式的数据传输，如果设置为 json 格式传输后，需要对 FormData 对象中的数据进行特殊处理。

实际上 FormData 是一个类数组的结构，可以通过遍历的方式获取到键与值，然后构造成 json 对象，最后再转换为 json 字符串。

```
// 将 FormData 对象转换为 json 格式的数据
function formData2JSON(formData) {
    var  jsonObj = {};
    formData.forEach(function (value, index) {
        jsonObj[index] = value;
    });
    return JSON.stringify(jsonObj);
}
```

当 FormData 对象中包含了 file 文件流的数据时，需要设置 contentType 参数值为默认值 application/x-www-form-urlencoded，而不能设置为 application/json，因为文件流二进制数据不能直接转换为 json 格式。

- 关于processData参数的设置。

processData 参数是 jQuery 特有的，用于对 data 进行序列化处理的参数，默认值为 true，表示在默认情况下，data 传输的数据会进行序列化处理。

而在使用 FormData 对象进行数据传输时，是不能进行序列化处理的，如果进行序列化处理，则会直接抛出异常，如图 6-5 所示。

```
▸Uncaught TypeError: Illegal invocation
    at o (jquery.min.js:5)
    at gn (jquery.min.js:5)
    at Function.b.param (jquery.min.js:5)
    at Function.ajax (jquery.min.js:5)
    at ajaxSubmitForm (index.html:66)
    at HTMLInputElement.<anonymous> (index.html:53)
    at HTMLInputElement.dispatch (jquery.min.js:3)
    at HTMLInputElement.v.handle (jquery.min.js:3)
```

图6-5

因此需要设置 processData 参数值为 false。

▶ 6.4　关于Ajax请求的get方式和post方式

通过对前面几节知识的学习，我们得知 Ajax 请求通常会有 get 和 post 两种方式，在本节中，我们会通过以下 3 部分的内容来具体讲解。

- get方式和post方式的区别。
- 使用get方式和post方式需要注意的点。
- get方式和post方式的使用场景。

6.4.1　get方式和post方式的区别

使用 get 方式和 post 方式都可以向服务器发送请求，只是发送的机制不同，主要体现在以下几点。

- 参数传递。

get 请求会将参数添加到请求 URL 的后面，没有请求主体，调用 send() 函数时，传递的参数为 null，即 xhr.send()；post 请求的数据会放请求体中，用户是无法通过 URL 直接看到的，调用 send() 函数时，传递的参数为 data，即 xhr.send(data)。

- 服务端参数获取。

使用 Express 作为服务端框架，get 请求通过 Request.query 来获取参数；而使用 post 请求时需要添加中间件，同时通过 Request.body 来获取参数。

- 传递的数据量。

get 请求传输的数据量小，对于不同的浏览器有所差异，Chrome 浏览器限制为 8K，IE 限制为 2K；post 请求传递的数据量大，一般默认不受限制，但实际上服务器会规定 post 请求传递的数据量大小。

- 安全性。

get 请求安全性较低，因为其请求的参数会出现在 URL 上，而且采用明文进行数据传输，通过浏览器缓存或者历史记录可以很容易获取到某些隐私请求的参数；post 请求通过请求体进行数据传输，数据不会出现在 URL 上，隐藏了请求数据的信息，安全性较高。

- 处理form表单的差异性。

在使用 form 表单进行提交时，get 请求和 post 请求也会体现出很大的差异性，我们以下面这段 form 表单代码为例进行讲解。

```
<form name="userForm" method="get" action="/getUser?param= 面试厅 " class="container">
    <div class="form-group">
        <label for="username"> 用户名 </label>
        <input type="text" class="form-control" id="username" name="username">
    </div>
    <div class="form-group">
        <label for="password"> 密码 </label>
        <input type="password" class="form-control" id="password" name="password">
```

```
    </div>
    <div class="text-center">
        <input type="submit" class="btn btn-default btn-primary" value="提交"
id="submit">
    </div>
</form>
```

在上面的代码中，我们需要关注以下两点内容。

- form表单元素添加了method="get"，表示使用get方式进行提交，在不指定method属性时，默认采用get请求。
- action属性为请求的url，在url后携带了请求的参数"param=面试厅"。

当我们在用户名文本框中输入"kingx"，在密码文本框中输入"123456"时，单击"提交"按钮后，在服务端获取的数据如下所示。

```
{ username: 'kingx', password: '123456' }
```

我们发现只有 form 表单内的元素值传递到了后端，而 action 指定的 url 后面携带的参数 "param= 面试厅 " 并未被服务端获取到，这是为什么呢？

这是因为 form 表单采用 get 请求时，action 指定的 url 中的请求参数会被丢弃，提交时只会将 form 表单内的元素值进行拼接并向服务端传递。

既然 form 表单使用 get 请求不能通过 action 的 url 传递参数，那么使用 post 请求可不可以呢？

我们将 form 表单的 method 属性值改为 post，并将请求的 url 换为 saveUser，同样在 url 中携带请求参数 "param= 面试厅 "。

```
<form name="userForm" method="post" action="/saveUser?param1=面试厅 " class="container">
    ...
</form>
```

在 Nodejs 服务端启用 post 请求格式的 saveUser() 函数，函数主要代码如下所示。

```
app.post('/saveUser', multipleMiddleware, function (req, res) {
    // 请求体中的参数
    console.log(req.body);
    // 请求 url 中的参数
    console.log(req.query);
});
```

当我们在文本框中输入用户名为"kingx"，密码为"123456"，并单击"提交"按钮后，在服务端获取的数据如下所示。

```
{ username: 'kingx', password: '123456' }  // 请求体中的参数
{ param1: '面试厅' }  // 请求 url 中的参数
```

我们可以发现 form 表单内的元素和请求 url 中携带的参数都被服务端接收到了，其

中 form 表单内的元素通过 Request.body 请求体被服务端接收到，而 url 中携带的参数通过 Request.query 被服务端接收到。

通过以上的实例就可以很明显地看出 form 表单使用 get 方式和 post 方式请求的区别了。

6.4.2　使用get方式和post方式需要注意的点

在使用 get 方式和 post 方式发送 Ajax 请求时，由于请求方式本身的特性，所以有一些需要注意的点。

- 使用get方式请求时，如果请求的url不发生改变，可能会存在缓存的问题，因此在请求的url后一般会拼接上一个时间戳，以避免出现缓存。
- 使用get方式请求时，请求的参数会拼接在url后，如果浏览器编码、服务器编码、数据库编码格式不一致，可能会导致乱码的问题。通常的做法是对请求的参数经过encodeURIComponent()函数处理。

```
xhr.open('get', '/getUser?username='+encodeURIComponent(username), true)
```

- 使用post方式请求时，需要设置请求头中的content-type属性，表示数据在发送至服务器时的编码类型。默认情况下，使用post方式提交form表单时，content-type值为application/x-www-form-unlencoded，另外还可以支持multipart/form-data、application/json等格式。

```
xhr.setRequestHeader('content-type','application/x-www-form-urlencoded')
```

6.4.3　get方式和post方式的使用场景

在了解了 get 方式和 post 方式的区别及使用注意事项后，接下来讲解 Ajax 请求分别使用 get 方式和 post 方式的场景吧。

1．Ajax使用get方式的场景
- 请求是为了检索资源，form表单的数据仅用于帮助搜索。
- 传递的数据量小，适合于url中传递参数。
- 数据安全性低，适合明文传输。

2．Ajax使用post方式的场景
- 请求会修改数据库中的资源，例如新增、修改、删除等操作。
- 传递的数据量大，超出url中携带参数长度的限制。
- 用于用户名、密码及身份证号等类似敏感信息的数据传输。

▶6.5　Ajax进度事件

在之前的内容里，我们有讲到通过监听 readystatechange 事件，在回调函数中获取

readyState 和 status 的值并判断请求是否成功。在 XHR2 草案中，增加了 Ajax 请求进度事件 Progress Events 规范，使得 XMLHttpRequest 对象能在请求的不同阶段触发不同类型的事件，所以我们可以不再需要判断 readyState 的属性，也可以处理请求成功和失败的操作。

在 Progress Events 规范中增加了 7 个进度事件，如下所示。

- loadstart：在开始接收响应时触发。
- progress：在接收响应期间不断触发，直至请求完成。
- error：在请求失败时触发。
- abort：在主动调用abort()函数时触发，表示请求终止。
- load：在数据接收完成时触发。
- loadend：在通信完成或者error、abort、load事件后触发。
- timeout：在请求超时时触发。

一个完整的 ajax 请求都会从 loadstart 事件开始，然后不间断地触发 progress 事件，然后触发 load、abort、timeout 或者 error 事件中的一个，注意这里是只会触发 load、abort、timeout 或者 error 事件其中的一个，最后触发 loadend 事件。

这些事件大都很直观，通过对它们的描述就可以很好地理解，但是 load 事件和 progress 事件有些细节需要注意，接下来具体讲解。

6.5.1　load事件

load 事件的诞生是用以代替 readystatechange 事件的，表示的是数据接收完成后触发，我们不用去判断 readyState 属性值的变化也可以执行事件处理成功的操作。

但是有一点需要注意的是，只要浏览器接收到了服务器的响应，不管其状态如何都会触发 load 事件。例如，对于状态码为 404 的请求，仍然会触发 load 事件，所以在进行请求成功的处理时，需要判断 status 的值。一般我们判断 status 值大于等于 200 且小于 300，或者 status 值等于 304 时，都是当作请求成功进行处理。

在 loadstart、load 等事件的回调函数中，都会接收一个 event 对象，通过 event 对象的 target 属性可以获取到 XMLHttpRequest 对象的实例，因此可以访问到 XMLHttpRequest 对象的所有属性和函数。

接下来我们通过一个实例来看看 load 事件的使用，同时我们也加上对 loadstart。loadend 等事件的监听。

- 创建一个XMLHttpRequest对象。

```
function createXMLHttp() {
    // code for IE7+, Firefox, Chrome, Opera, Safari
    var xmlhttp;
    if (window.XMLHttpRequest) {
        xmlhttp = new XMLHttpRequest();
    }
```

```
        // code for IE6, IE5
        if (window.ActiveXObject) {
            try {
                xmlhttp = new ActiveXObject("Microsoft.XMLHTTP");
            }
            catch (e) {
                try {
                    xmlhttp = new ActiveXObject("msxml2.XMLHTTP");
                }
                catch (ex) {
                }
            }
        }
        return xmlhttp;
}


var xhr = createXMLHttp();
```

- 设置loadstart事件监听。

```
 xhr.onloadstart = function (event) {
     console.log('loadstart 事件 - 开始接收数据');
 };
```

- 设置error事件监听。

```
xhr.onerror = function (event) {
    console.log('error 事件 - 请求异常');
};
```

- 设置timeout事件监听。

```
xhr.ontimeout = function () {
    console.log('timeout 事件 - 请求超时');
};
```

- 设置load事件监听。

load 事件并不一定是请求成功才会触发的，所以需要对 status 值进行判断。而获取 status 值的方式也有两种，一种是直接通过外层的 XMLHttpRequest 对象获取，另一种是通过 event 对象的 target 属性获取。

```
xhr.onload = function (event) {
    // 方式 1 获取 status
    var status = xhr.status;
    // 方式 2 获取 status
    var status = event.target.status;
    console.log('load 事件状态码:' + status);
```

```
        if (status >= 200 && status < 300 || status === 304) {
            console.log('load事件 - 数据接收完成');
        }
    };
```

- 设置loadend事件监听。

```
xhr.onloadend = function () {
    console.log('loadend 事件 - 通信完成');
};
```

- ajax请求发送。

需要特别强调的一点是，ajax 请求的发送，即 send() 函数的调用一定要出现在各种事件处理程序绑定之后，否则会报错。

我们来测试下发送正确请求的操作，然后使用 6.2 节中本地启动的 server 接收 saveUser 请求。

```
xhr.open('post', '/saveUser', true);
xhr.send();
```

控制台的输出信息如下。

```
loadstart 事件 - 开始接收数据
load 事件状态码 :200
load 事件 - 数据接收完成
loadend 事件 - 通信完成
```

可以看到loadstart、load和loadend事件得到了触发，在load事件中status状态码为"200"。然后我们测试下发送一个错误请求的情况，将请求的 url 修改为 "/saveUser2"。

```
xhr.open('post', '/saveUser2', true);
xhr.send(content);
```

控制台输出的信息如下。

```
loadstart 事件 - 开始接收数据
POST http://localhost:3000/saveUser2 404 (Not Found)
load 事件状态码 :404
loadend 事件 - 通信完成
```

从信息中可以看出，即使发送的是 404 的请求，仍然触发了 load 事件，这也证明了前文所讲述的内容。因此在 load 事件中做请求成功的处理时，需要判断 status 值的范围。

6.5.2 progress事件

progress 事件会在浏览器接收数据的过程中周期性调用。progress 事件处理程序会接收一个 event 对象,通过它的 target 属性同样可以获取到 XMLHttpRequest 对象的实例,而且在 event 对象中增加了 3 个有用的属性,分别是 lengthComputable、loaded 和 total。

- lengthComputable是一个布尔值,表示进度信息是否可用。
- loaded表示已经接收到的字节数,它的值是根据Content-Length响应头部确定的预期字节数。
- total表示响应的实际字节数。

通过 loaded 和 total 属性值就可以计算出接收响应的数据百分比,从而实现进度条的操作。

这里我们通过一个实例来看看 progress 事件的作用。

首先我们通过 ajax 请求本地的一个 mp3 文件,然后测试 progress 事件的执行过程。

创建 XMLHttpRequest 对象的操作,以及 loadstart、load、loadend 等事件处理程序的代码与前面 load 事件的代码相同,这里不赘述。

为确保正常执行,必须在 send() 函数调用之前添加 progress 事件处理程序,在 progress 事件处理程序中计算并输出接收数据的百分比。

```
xhr.onprogress = function (event) {
    event = event || window.event;
    if (event.lengthComputable) {
        console.log('持续接收数据:' + (event.loaded / event.total).
toFixed(2) * 100 + '%');
    }
};
```

然后发送 ajax 请求。

```
xhr.open('get', 'yanyuan.mp3', 'true');
xhr.send(content);
```

实际运行结果如下所示。

```
loadstart 事件 – 开始接收数据
持续接收数据 :0%
持续接收数据 :39%
持续接收数据 :79%
持续接收数据 :100%
load事件状态码 :200
load 事件 – 数据接收完成
loadend 事件 – 通信完成
```

通过上面的结果可以看出,progress 事件从进度 0% 到 100% 执行了 4 次,执行完 progress 事件后会依次执行 load、loadend 事件。

▶ 6.6 JSON序列化和反序列化

在前面讲解的 Ajax 相关内容中,我们有使用 JSON 格式数据发送请求,也有以 JSON 格式数据处理服务端响应，JSON 已经变成一种非常流行的数据传输方式。

JSON 数据在网络传输时存在两种类型，一种是 JSON 对象类型，一种是 JSON 字符串类型，两种类型的转换涉及 JSON 序列化和反序列化的知识。

几乎所有的编程语言都有解析 JSON 数据的库，而在 JavaScript 中，我们可以直接使用 JSON 对象内置的函数来进行序列化和反序列化，接下来将一一进行讲解。

6.6.1 JSON序列化

JSON 序列化即将 JSON 对象处理为 JSON 字符串的过程，以方便数据的传输。

JSON 序列化可以通过两种方式来实现，一种是调用 JSON 对象内置的 stringify() 函数，一种是为对象自定义 toJSON() 函数。

1. JSON.stringify()函数

JSON.stringify() 函数是将一个 JavaScript 对象或者数组转换为 JSON 字符串，它的基本用法如下所示。

```
JSON.stringify(value[, replacer [, space]])
```

其中各个参数含义如下。

- value参数表示待处理成JSON字符串的JavaScript值，通常为对象或者数组。
- replacer参数是一个可选参数。如果其值为一个函数，则表示在序列化过程中，被序列化值的每个属性都会经过该函数的处理；如果其值为一个数组，则表示只有包含在这个数组中的属性名才会被序列化到最终的JSON字符串中；如果该值为null或者未传递，则value参数对应值的所有属性都会被序列化。
- space是一个可选参数，用于指定缩进用的空白字符串，美化输出。如果参数是个数字，则代表有多少个空格，上限值为10；如果该参数的值小于1，则意味着没有空格；如果参数为字符串，则取字符串的前十个字符作为空格；如果没有传入参数或者传入的值为null，将没有空格。

我们通过以下代码来看看 JSON. stringify() 函数的基本使用方法。

首先定义一个待序列化的对象。

```
var obj = {
    name: 'kingx',
    age: 15,
    address: String(' 北京市 '),
    interest: ['basketball', 'football'],
    email: 'zhouxiongking@163.com'
};
console.log(JSON.stringify(obj));
```

当只传递第一个参数时，输出的结果如下所示。

```
{"name":"kingx","age":15,"address":" 北京市 ","interest":["basketball","football"],
"email":"zhouxiongking@163.com"}
```

当传递了 replacer 参数并且值为一个函数时，函数所做的处理是，假如属性值为字符串类型，则将值转换为大写。

```
function replacerFn(key, value) {
    if (typeof value === 'string') {
        return value.toUpperCase();
    }
    return value;
};
console.log(JSON.stringify(obj, replacerFn));
```

输出的结果如下所示。

```
{"name":"KINGX","age":15,"address":" 北京市 ","interest":["BASKETBALL","FOOTBALL"],
"email":"ZHOUXIONGKING@163.COM"}
```

通过结果可以看出，name、address、email 属性值为字符串类型，其值都转换成了大写字母，但是 interest 属性值为数组类型，为什么数组中的值也转换成了大写字母呢？

这就涉及递归调用的问题，在 JSON 序列化时，如果属性值为对象或者数组，则会继续序列化该属性值，直到属性值为基本类型、函数或者 Symbol 类型才结束。

针对上面的实例，obj 对象的 name、address、email 属性值经过 replacerFn() 函数处理后，会返回大写的值；age 属性值为数字类型，不做任何处理，会直接返回值本身；而 interest 属性值类型为数组，return 回来后数组中的每个值会再次经过 replacerFn() 函数处理，因为数组中的元素此时都为 string 类型，返回的值会转换成大写。

当 replacer 参数为一个数组时，数组元素的值代表将要进行序列化成 JSON 字符串的属性名。

如上面的例子，我们调用以下函数，并且只序列化 name 属性和 age 属性的值。

```
console.log(JSON.stringify(obj, ['name', 'age']));
```

输出的结果如下所示。

```
{"name":"kingx","age":15}
```

关于 JSON 序列化，有以下一些注意事项。
- 非数组对象的属性不能保证以特定的顺序出现在序列化后的字符串中。
- 布尔值、字符串、数字的包装对象在序列化过程中会被转换为对应的原始值。

以下是一段序列化数组元素为多种包装类型的的代码。

```
JSON.stringify([new Number(1), new String("false"), new Boolean(false)]);
```

输出的结果如下所示。

```
'[1,"false",false]'
```

* 在非数组对象中，undefined、任意的函数及Symbol值，在序列化时会被忽略；在数组对象中，它们会被序列化为null。

```
JSON.stringify({x: undefined, y: Object, z: Symbol("")});
```

在非数组对象中输出的结果如下所示。

```
'{}'
JSON.stringify([undefined, Object, Symbol("")]);
```

在数组对象中输出的结果如下所示。

```
'[null,null,null]'
```

* 对包含循环引用对象进行序列化时会抛出异常。

定义两个循环引用的对象，并调用 stringify() 函数输出结果。

```
var a = {"name": "zzz"};
var b = {"name": "vvv"};
a.child = b;
b.parent = a;

console.log(JSON.stringify(a));
```

运行后，控制台会抛出异常。提示信息为循环引用结果转换为 JSON 失败。

```
TypeError: Converting circular structure to JSON
```

* 所有以symbol为属性键的属性都会被完全忽略掉。

```
JSON.stringify({[Symbol("foo")]: "foo"});
```

输出的结果如下所示。

```
'{}'
```

* 不可枚举的属性值会被忽略。

创建一个对象，包含一个可枚举的属性、一个不可枚举的属性，对其进行序列化。

```
var p = Object.create(null, {
    name: {
        value: 'xiaoming',
        enumerable: false
    },
```

```
    age: {
        value: 15,
        enumerable: true
    }
});
console.log(JSON.stringify(p));
```

输出的结果如下所示。

```
{"age":15}
```

2. 自定义toJSON()函数

如果一个被序列化的对象拥有 toJSON() 函数，那么 toJSON() 函数就会覆盖默认的序列化行为，被序列化的值将不再是原来的属性值，而是 toJSON() 函数的返回值。

toJSON() 函数用于更精确的控制序列化，可以看作是对 stringify() 函数的补充。

我们同样使用前面例子，定义一个对象，增加 toJSON() 函数。

```
var obj2 = {
    name: 'kingx',
    age: 15,
    address: String('北京市'),
    interest: ['basketball', 'football'],
    email: 'zhouxiongking@163.com',
    toJSON: function () {
            // 只返回 name 和 age 属性值，并且修改 key
        return {
            Name: this.name,
            Age: this.age
        };
    }
};
```

调用 JSON.stringify() 函数。

```
console.log(JSON.stringify(obj2));
console.log(JSON.stringify({name: obj2}, ['name']));
```

输出的结果如下所示。

```
{"Name":"kingx","Age":15}
{"name":{}}
```

对于第一个结果，因为 obj2 有 toJSON() 函数，所以返回值为带有 Name 和 Age 属性的值 "{"Name":"kingx","Age":15}"，然后直接进行序列化，得到结果。

对于第二个结果，obj2 对象在调用 toJSON() 函数后的返回值是 "{"Name":"kingx","Age":15}"，实际进行序列化的值为 "{name: {"Name":"kingx","Age":15}}"。此时传递了 replacer

参数，因为 replacer 为一个数组，过滤的是 name 属性，但是 name 属性值为一个对象，则需要对对象中的每个属性递归序列化，而"Name"和"Age"与要过滤的属性"name"值不相等，所以过滤后的值就为一个空对象 {}，所以最终结果为"{"name":{}}"。

因此，序列化处理的顺序如下。

- 如果待序列化的对象存在toJSON()函数，则优先调用toJSON()函数，以toJSON()函数的返回值作为待序列化的值，否则返回JSON对象本身。
- 如果stringify()函数提供了第二个参数replacer，则对上一步的返回值经过replacer参数处理。
- 如果stringify()函数提供了第三个参数，则对JSON字符串进行格式化处理，返回最终的结果。

6.6.2　JSON反序列化

JSON 反序列化即将 JSON 字符串转换为 JSON 对象的过程，得到的结果用于在 JavaScript 中做逻辑处理。

JSON 反序列化的实现方式有两种，一种是使用 JSON 对象内置的 parse() 函数，一种是使用 eval() 函数。

1. JSON.parse()函数

JSON.parse() 函数用来解析 JSON 字符串，构造由字符串描述的 JavaScript 值或对象，它的语法如下所示。

```
JSON.parse(text[, reviver])
```

其中各个参数的含义如下。

- text表示待解析的JSON字符串。
- reviver是一个可选参数。如果是一个函数，则规定了原始值在返回之前如何被解析改造。如果被解析的JSON字符串是非法的，则会抛出异常。

我们首先来看看 JSON.parse() 函数的基本使用方法，包括对数组、对象、基本数据类型的处理。

```
JSON.parse('[1,2,3,true]');              // Array [1, 2, 3, true]
JSON.parse('{"name":"小明","age":14}'); // Object {name: '小明', age: 14}
JSON.parse('true'); // true
JSON.parse('123.45'); // 123.45
```

JSON.parse() 函数还可以接收一个函数，用来处理 JSON 字符串中的每个属性值。当属性值为一个数组或者对象时，数组中的每个元素或者对象的每个属性都会经过 reviver 参数对应的函数处理。执行的顺序是从最内层开始，按照层级顺序，依次向外遍历。

我们通过以下这段代码看看 parse() 函数传递 reviver 参数的处理情况。

首先定义 JSON 字符串，然后调用 JSON.parse() 函数进行解析。

```
    var jsonStr = '{"name":"kingx","age":15,"address":" 北京市 ","interest":["basketball",
"football"],"children":[{"name":"kingx2","age":20}],"email":"zhouxgking@163.com"}';

    var result = JSON.parse(jsonStr, function (key, value) {
        if (key === 'name') {
            return value + ' 同学 ';
        }
        if (key === 'age') {
            return value * 2;
        }
        return value;
    });

    console.log(result);
```

输出的结果如下所示。

```
{
    name: 'kingx 同学 ',
    age: 30,
    address: ' 北京市 ',
    interest: ['basketball', 'football'],
    children: [{
        name: 'kingx2 同学 ',
        age: 40
    }],
    email: 'zhouxiongking@163.com'
}
```

通过结果可以看出，解析后的 name 属性的值都加上了"同学"，age 属性的值都乘以了 2。
当使用 JSON.parse() 函数解析 JSON 字符串时，需要注意两点。
• JSON 字符串中的属性名必须用双引号括起来，否则会解析错误。
以下是一些正确和错误的写法。

```
var json = '{"name":"kingx"}'; // 这个是正确的 JSON 格式

var json = "{\"name\":\"kingx\"}"; // 这个也是正确的 JSON 格式

var json = '{name:"kingx"}'; // 这个是错误的 JSON 格式，因为属性名没有用双引号括起来

var json = "{'name':'kingx'}"; //这个也是错误的 JSON 格式，属性名应该用双引号括起来，而它用了单引号
```

• JSON 字符串不能以逗号结尾，否则会解析异常。

```
JSON.parse("[1, 2, 3, 4, ]"); // 解析异常，数组最后一个元素后面出现逗号
JSON.parse('{"foo" : 1, }'); // 解析异常，最后一个属性值后面出现逗号
```

2. eval()函数

eval() 函数用于计算 JavaScript 字符串，并把它作为脚本来执行。

在使用 eval() 函数进行 JSON 反序列化时，其语法如下所示。

```
eval("(" + str + ")")
```

其中，str 表示待处理的字符串。

这里为什么要使用括号将拼接出来的字符串括起来呢？

因为 JSON 字符串是以 "{}" 开始和结束的，在 JavaScript 中它会被当作一个语句块来处理，所以必须强制将它处理成一个表达式，所以采用括号。

```
var json1 = '{"name":"kingx"}';
var json2 = '{"address" :["beijing","shanghai"]}';
console.log(eval("(" + json1 + ")"));// {name: "kingx"}
console.log(eval("(" + json2 + ")"));// {address: ["beijing", "shanghai"]}
```

▶ 6.7 Ajax跨域解决方案

在了解 Ajax 请求的跨域解决方案之前，我们有一些需要了解的基础知识，例如什么是浏览器同源策略，浏览器为什么需要跨域限制等。

6.7.1 浏览器同源策略

浏览器同源策略是浏览器最基本也是最核心的安全功能，它约定客户端脚本在没有明确授权的情况下，不能读写不同源的目标资源。

同源明确地表示为相同协议、域名和端口号，如果两个资源路径在协议、域名、端口号上有任何一点不同，则它们就不属于同源的资源。

另外在同源策略上，又分为两种表现形式。

• DOM同源策略。

禁止对不同页面进行 DOM 操作，主要的场景是 iframe 跨域，不同域名下的 iframe 是会限制访问的。

• XMLHttpRequest同源策略。

禁止使用 XMLHttpRequest 向不是同源的服务器发送 Ajax 请求。

6.7.2 浏览器跨域限制

浏览器为什么会有跨域限制的问题呢？主要是由没有遵守浏览器的同源策略引起的，浏览器对跨域访问的限制，可以在很大程度上保护用户的隐私数据安全。

具体我们可以通过以下两个场景来看。

1. 没有DOM同源策略限制

假如浏览器没有 DOM 同源策略限制，那么不同域的 iframe 可以相互访问，黑客就可以采用以下的方式发起攻击。

- 做一个假网站，里面用iframe嵌套一个银行网站。
- 把iframe宽高调整到占据浏览器可视区的全部空间，这样用户在进入网站后，除了域名，其余看到的内容和其他银行网站是一样的。
- 用户在输入用户名和密码后，主网站就可以跨域访问到所嵌套的银行网站的DOM节点，从而黑客就拿到用户输入的用户名和密码了。

2. 没有XMLHttpRequest同源策略限制

假如浏览器没有 XMLHttpRequest 同源策略限制，那么黑客可以进行跨站请求伪造 CSRF 攻击，具体方式如下。

- 用户登录了个人银行页面A，页面A会在Cookie中添加用户信息。
- 用户浏览了恶意页面B，在恶意页面中执行了恶意Ajax请求的代码。
- 此时页面B会向页面A发送Ajax请求，该请求会默认发送用户Cookie信息。
- 页面A会从请求的cookie中提取用户信息，验证用户无误，就会返回用户的隐私数据，而此时数据就会被恶意页面B获取到，从而造成用户隐私数据的泄露。
- 由于Ajax请求的发送会自动执行，所以用户是无感知的。

正是有了这些危险场景的存在，同源策略的限制就显得极为重要，有了它们才能保障我们更安全地上网。

6.7.3　Ajax跨域请求场景

虽然浏览器有跨域访问的限制，但是在某些实际的业务场景中，不可避免地需要进行跨域访问。在这种情况下，我们应该怎么处理呢？

在讲解跨域处理方式之前，我们先来看看如果不进行跨域处理会有什么情况发生。

为了更方便大家理解，这里通过一个真实场景进行讲解，场景描述如下。

页面中有个文本框，在文本框中输入学生的学号，单击"搜索"按钮后，可以发送跨域请求，查询到学生的学号、姓名、年龄等信息。

根据以上的描述，我们需要创建一个 index.html，其中 HTML 代码如下。因为用到了 bootstrap 样式，大家可以自行补充对 bootstrap 的引用。

```
<form name="userForm">
    <div class="form-group">
        <label for="studentNo"> 学号 </label>
        <input type="text" class="form-control" id="studentNo" name="studentNo">
    </div>
    <div class="text-center">
        <input type="button" class="btn btn-default btn-primary" value=" 搜索 " id="btn">
```

```
        </div>
    </form>
```

页面效果如图 6-6 所示。

图6-6

1. 客户端实现

- 按钮绑定事件。

在单击"搜索"按钮时触发请求，所以需要在"搜索"按钮上绑定事件。为了避免获取的元素为 null 的情况，我们将事件绑定的代码写在 window.onload 中。

```
window.onload = function () {
    var btn = document.querySelector('#btn');
    btn.addEventListener('click', function () {
        sendRequest();
    });
};
```

- 发送Ajax请求。

发送请求的 url 为 http://localhost:3000/getUserByStudentNo，实际为一个跨域请求。

```
function sendRequest() {
    // 输入参数——学号
    var studentNo = document.querySelector('#studentNo').value;

    function createXMLHttp() {
        // code for IE7+, Firefox, Chrome, Opera, Safari
        var xmlhttp;
        if (window.XMLHttpRequest) {
            xmlhttp = new XMLHttpRequest();
        }
        // code for IE6, IE5
        if (window.ActiveXObject) {
            try {
                xmlhttp = new ActiveXObject("Microsoft.XMLHTTP");
            }
            catch (e) {
                try {
                    xmlhttp = new ActiveXObject("msxml2.XMLHTTP");
                }
                catch (ex) {
```

```
                }
            }
        }
        return xmlhttp;
    }


    var xhr = createXMLHttp();
    // 跨域请求
    let url = 'http://localhost:3000/getUserByStudentNo?studentNo=' + studentNo;
    xhr.open('get', url, true);
    xhr.send();

    xhr.onreadystatechange = function () {
        // 当 readyStatew 为 4, 且状态码为 200 时代表请求成功
        if (xhr.readyState === 4 && xhr.status === 200) {
            // 处理响应值
            console.log(xhr.responseText);
        }
    };
```

2. 本地服务器

为了模仿跨域请求的操作，我们需要启动两个服务器。

- 一个是本地用于访问index.html的服务器，端口号为4000。
- 另一个是接收跨域请求的服务器，即上面代码中端口号为3000的服务器，包含
  getUserByStudentNo()函数的部分。

首先我们来看看用于访问 index.html 的服务器代码，定义一个 request-server.js 文件，其代码如下所示。

```
var express = require('express');
var app = express();
app.get('/', function (req, res) {
    res.sendFile(__dirname + '/index.html');
});

var server = app.listen(4000, function () {});
```

3. 处理跨域请求的服务器

然后我们再来看看处理跨域请求的服务器代码，定义一个 response-server.js 文件，其代码如下所示。

```
var express = require('express');
var app = express();
app.get('/getUserByStudentNo', function (req, res) {
    // 获取请求参数 studentNo
    var studentNo = req.query.studentNo;
```

```
    var result;
    // 模仿服务端查询请求
    if (+studentNo === 1001) {
        result = {
            studentNo: 1001,
            name: 'kingx1',
            age: 18
        };
    } else {
        result = {
            studentNo: 1002,
            name: 'kingx2',
            age: 20
        };
    }
    // 将数据处理为 JSON 格式
    var data = JSON.stringify(result);
    // 向客户端发送响应
    res.writeHead(200, {'Content-type': 'application/json'});
    res.write(data);
    res.end();
});

var server = app.listen(3000, function () {});
```

4. 结果演示

接下来我们将上面所有的文件完整地串联起来，进行操作演示。

· 启动跨域请求服务器。

```
$ node response-server.js
```

开启跨域请求的 server 后，监听 3000 端口，可以接收 getUserByStudentNo() 函数的
get 请求。

· 启动访问首页的服务器。

```
$ node request-server.js
```

启动访问首页的 server 后，通过 http://localhost:4000/ 地址即可访问通过学号搜索的
页面。

· 查询。

我们在文本框中输入"1001"，单击"搜索"按钮后，浏览器控制台会输出以下异常提示。

```
Failed to load http://localhost:3000/getUserByStudentNo?studentNo=: NO 'Access-
Control-Allow-Origin' header is present on the request source. Origin 'http://
localhost:4000' is therefore not allowed access;
```

• 分析。

这就是典型的跨域请求处理的异常问题，提示的信息可以理解为 http://localhost:3000/ 域下没有设置 Access-Control-Allow-Origin 属性，不允许 http://localhost:4000/ 的域发送请求。

那么遇到这个问题时，我们该怎么处理呢？从下一小节开始，我们将会通过 CORS(Cross-Origin Resource Sharing，跨域资源共享) 和 JSONP 两种方式来讲解 Ajax 跨域请求的解决方案。

6.7.4 CORS

通过上面的跨域请求异常信息我们可以知道，客户端不能发送跨域请求是因为服务端并不接收跨域的请求，那么如果我们将服务端设置为可以接收跨域请求，能不能成功呢？

当然是可以的，这就是本小节将要讲到的 CORS 解决办法，主要实现方式是服务端通过对响应头的设置，接收跨域请求处理。

不同的服务端框架采用的处理方式不同，这里我们基于 Nodejs 的 Express 框架来做对跨域访问的处理。

我们在 response-server.js 文件中加入以下代码。

```
app.all('*', function (req, res, next) {
    // 设置可以接收请求的域名
    res.header('Access-Control-Allow-Origin', 'http://localhost:4000');
    // 是否可以携带 cookie
    res.header('Access-Control-Allow-Credentials', true);
    res.header('Access-Control-Allow-Headers', 'Content-Type');
    res.header('Access-Control-Allow-Methods', '*');
    res.header('Content-Type', 'application/json;charset=utf-8');
    next();
});
```

其中第一个响应头的设置是必须的，表示服务器可以接收哪个域发送的请求，可以用通配符 "*" 表示接收全部的域。但是为了安全性，我们最好设置特定的域，例如代码中的 http://localhost:4000。

后面几个请求头信息可以选择性设置，例如接收的请求方法、数据传输格式等。

重新启动处理跨域请求的 server。

```
$ node response-server.js
```

接下来我们基于 6.7.2 小节中结果演示的部分继续操作。

• 查询。

我们在文本框中输入 "1001"，单击 "搜索" 按钮后，浏览器控制台的输出如下所示。

```
{studentNo: 1001, name: "kingx1", age: 18}
```

在文本框中输入 "1002"，单击 "搜索" 按钮后，浏览器控制台的输出如下所示。

```
{studentNo: 1002, name: "kingx2", age: 20}
```

我们发现输入的值被服务端接收到了，而且根据输入的不同学号，返回了不同的响应结果。这就证明我们采用服务端处理的方法成功地处理了跨域请求。

通过服务端的处理不会对前端代码做任何修改，但是由于服务端采用的语言、框架多变，处理方式会依赖各种语言的特性。

6.7.5　JSONP

JSONP 是客户端与服务器端跨域通信最常用的解决办法，它的特点是简单适用、兼容老式浏览器、对服务器端影响小。

JSONP 的主要思想可以分两步理解。

- 在网页中动态添加一个script标签，通过script标签向服务器发送请求，在请求中会携带一个请求的callback回调函数名。
- 服务器在接收到请求后，会处理响应获取返回的参数，然后将参数放在callback回调函数中对应的位置，并将callback回调函数通过json格式进行返回。

基于 6.6.2 小节中的场景，我们来完成 JSONP 的代码。

- 构建JSONP请求。

构建 JSONP 请求实际是创建一个新的 script 元素，通过 src 属性指定跨域请求的 url，并在 url 中携带请求成功的回调函数作为参数。

```
var buildJSONP = function () {
    // 输入参数——学号
    var studentNo = document.querySelector('#studentNo').value;
    // 请求参数，其中包含回调函数
    var param = 'studentNo=' + studentNo + '&callback=successFn';
    // 请求的url
    var url = 'http://localhost:3000/getUserByStudentNo?param';

    var script = document.createElement('script');
    script.src = url;
    document.body.appendChild(script);
};
```

从 url 中可以看出请求的是 localhost 下 3000 端口号的 getUserByStudentNo() 函数。

- 回调函数。

回调函数名为 successFn，用于输出服务端响应的返回值。

```
var successFn = function (result) {
    console.log(result);
};
```

这里有一点需要注意的是，回调函数必须设置为全局函数。因为服务端在响应后会从全局查找回调函数，所以如果回调函数不是定义在全局作用域中，那么会报以下错误。

```
Uncaught ReferenceError: successFn is not defined
```

• 处理跨域请求的服务器。

服务器在处理 JSONP 请求时，返回值需要有特定的格式，需要通过代码的拼接返回对回调函数的调用。

```
app.get('/getUserByStudentNo', function (req, res) {
    // 获取请求参数 studentNo
    var studentNo = req.query.studentNo;
    // 获取请求的回调函数 callback
    var callbackFn = req.query.callback;
    var result;
    if (+studentNo === 1001) {
        result = {
            studentNo: 1001,
            name: 'kingx1',
            age: 18
        };
    } else {
        result = {
            studentNo: 1002,
            name: 'kingx2',
            age: 20
        };
    }

    var data = JSON.stringify(result);
    res.writeHead(200, {'Content-type': 'application/json'});
    // 返回值是对回调函数的调用，将 data 作为参数传入
    res.write(callbackFn + '(' + data + ')');
    res.write(data);
    res.end();
});
```

接下来我们基于 6.7.2 小节中结果演示的部分继续操作。

• 查询

我们在文本框中输入"1001"，单击"搜索"按钮后，浏览器控制台的输出如下所示。

```
{studentNo: 1001, name: "kingx1", age: 18}
```

在文本框中输入"1002"，单击"搜索"按钮后，浏览器控制台的输出如下所示。

```
{studentNo: 1002, name: "kingx2", age: 20}
```

我们发现输入的值被服务端接收到了，而且根据输入的不同学号，返回了不同的响应结果。这就证明我们采用 JSONP 的方法成功地处理了跨域请求。

使用JSONP方法的优缺点

（1）优点

- 使用简单，不会有兼容性问题，是目前比较流行的跨域解决方案。

（2）缺点

- 只支持get请求，这是JSONP目前最大的缺点。如果是post请求，那么JSONP则无法完成跨域处理。
- 响应依赖于其他域的实现，如果请求的其他域不安全，可能会对本域造成一定的安全性影响。
- 很难确定JSONP请求是否失败，虽然在HTML5中给script标签增加了onerror事件处理程序，但是存在兼容性问题。

第 7 章

ES6

ES6 在 2015 年诞生后便快速地发展，目前各大新兴的框架都支持 ES6 语法，而对 ES6 的学习也变成了一门必修课。ES6 中新增的箭头函数、类、Promise 等新特性，可以方便地处理很多复杂的操作，极大地提高了开发效率。本章将详细讲解 ES6 中最常用的新特性，一起学习 ES6 的神奇之处吧。

通过对本章内容的学习，希望读者能掌握以下内容。

- let和const关键字。
- 解构赋值。
- 模板字符串。
- 箭头函数。
- Symbol类型。
- Set和Map数据结构。
- Proxy。
- Reflect。
- Promise。
- Iterator。
- Generator函数。
- Class及其用法。
- Module及其用法。

▶ 7.1 let关键字和const关键字

在讲解 let 关键字和 const 关键字之前，我们需要了解一下块级作用域的概念。

其实在 ES6 之前，只存在全局作用域和函数作用域，并不存在块级作用域，这就会导致变量提升的问题。变量提升的内容已经在 3.4 节中讲过，变量提升往往会因为得到一些出乎意料的结果而受人诟病，所以在 ES6 中新增了块级作用域来避免这个问题的出现。

块级作用域表示的是定义的变量可执行上下文环境只能在一个代码块中，一个代码块由一个大括号括住的代码构成，超出这个代码块范围将无法访问内部的变量。

ES6 中新增的 let 关键字和 const 关键字就是为块级作用域服务的，我们先来看一个简单的例子。

```
{
    let a = 1;
    console.log(a); // 1
}
console.log(a); // ReferenceError: a is not defined
```

当我们使用 let 关键字定义一个变量 a 后，能够在代码块中输出变量 a 的值，但是在代码块外访问时会抛出 a 未定义的异常。

接下来我们会通过不同的实例，详细地讲解 let 关键字和 const 关键字的特性。

7.1.1 let关键字

let 关键字用于声明变量，和 var 关键字的用法类似。但是与 var 不同的是，let 声明的变量只能在 let 所在的代码块内有效，即在块级作用域内有效，而 var 声明的变量在块级作用域外仍然有效。

通过以下这段代码可以看出，let 和 var 在使用上的区别。

```
{
    var a = 1;
    let b = 2;
}
console.log(a);  // 1
console.log(b);  // ReferenceError: b is not defined
```

let 在定义变量时具有一些与 var 不同的特性，大家需要牢记，要不然在使用时会带来不必要的问题，另外使用 let 会带来一些好处，接下来我们详细来看。

1. let关键字的特性

（1）不存在变量提升

我们都知道使用 var 定义的变量会存在变量提升的情况，变量提升会使得变量在声明之前可以被访问，正是因为这个特性的存在，所以会出现各种奇怪的结果。

在 ES6 中，使用 let 定义的变量不存在变量提升，所以如果在变量声明之前去使用变量，就会抛出异常。

```
// var 声明变量
console.log(c);  // undefined
var c = 'kingx';
// let 声明变量
console.log(d);  // ReferenceError: d is not defined
let d = 'kingx';
```

（2）存在暂时性死区

首先我们来看看，什么是暂时性死区。

在 ES6 中，暂时性死区会出现在使用 let 或 const 的代码中，表示的是当程序流程进入一个新的作用域时，在此作用域内使用 let 或 const 声明的变量会先在作用域中被创建出来，但此时还未进行赋值，如果此时对该变量进行求值运算，变量是不能被访问的，访问就会抛出异常。其中，流程进入新作用域创建变量到变量可以被访问的这一段代码区域，被称为暂时性死区。

简单点来讲就是，在使用 let 声明变量之前，该变量都是不可访问的。

```
if (true) {
    // 暂时性死区开始
    param = 'kingx';
    console.log(param); // ReferenceError: param is not defined
    // ……
    // 暂时性死区结束
    let param;
}
```

因为有暂时性死区的存在，typeof 运算符也不再是绝对安全的，在 let 定义的变量之前使用 typeof 运算符同样会抛出异常。

```
typeof param;  // ReferenceError: param is not defined
let param;
```

而针对非 let 或 const 声明的变量，使用 typeof 运算符确实是绝对安全的，处理一个未声明的变量时会返回 "undefined"。

```
typeof param;  // undefined
```

（3）不能重复声明

在同一个作用域内，不能使用 let 重复声明相同的变量。

```
1 function foo() {
2     let arg1 = 'kingx';
3     if (true) {
4         let arg1 = 'kingx';
```

```
5      }
6      var arg1 = 'kingx'; // SyntaxError: Identifier 'arg1' has already been declared
7  }
```

在 foo() 函数内部，使用 let 与 var 同时声明了名为 arg1 的变量，因为处于同一个作用域，所以会抛出异常。

而第 4 行同样使用 let 定义的变量 arg1，其只在第 3 ～ 5 行的代码块内有效，与外部声明的变量 arg1 相互独立，故可以正确定义。

在函数内部，如果处于相同作用域下，则不能重复声明和形参相同的变量名。

```
1  function foo(arg1) {
2      let arg1 = 'kingx'; // SyntaxError: Identifier 'arg1' has already been declared
3      if (true) {
4          let arg1 = 'kingx';
5      }
6  }
```

第 2 行代码使用 let 声明了一个与形参相同的变量 arg1，两者同处于函数级作用域中，所以会抛出异常。

而第 4 行代码使用 let 声明的变量 arg1，其只在第 3 ～ 5 行的代码块内有效，与外部声明的变量 arg1 相互独立，故可以正确定义。

（4）不再是全局对象的属性

在 ES6 以前，在浏览器环境的全局作用域下，使用 var 声明的变量、函数表达式或者函数声明均是 window 对象的属性。

在 ES6 以后，依然遵循上述原则，但是如果是使用 let 声明的变量或者函数表达式，将不再是 window 对象的属性。

```
// var 声明的变量和函数表达式
var a = 1;
var fn = function () {
    console.log('global method');
};
console.log(window.a); // 1
window.fn();  // global method

// let 声明的变量和函数表达式
let b = 2;
let foo = function () {
    console.log('global method');
};
console.log(window.b); // undefined
window.foo(); // TypeError: window.foo is not a function
```

2. 使用let关键字的好处

由于let关键字所具备的特性，在使用let声明变量时会有很多的好处，接下来将一一讲解。

（1）不会导致for循环索引值泄露

在for循环中，因为循环的索引值一般只会在循环体内有效，所以当循环结束后索引值应该被回收。但是如果通过var定义索引值的话，该索引值在循环结束后仍然可以访问，此时使用let定义循环的索引值就很合适。

```
for (var i = 0; i < 10; i++) {
    // ...
}
console.log(i);  // 10
```

在上面的代码中，访问索引i值会输出"10"，为最后一次执行i++后的值。

而通过let定义的索引i，在循环体外访问时会抛出异常。

```
for (let i = 0; i < 10; i++) {
    // ...
}
console.log(i); // ReferenceError: i is not defined
```

接下来我们再看一个经典的场景，在for循环体中通过函数输出索引i值。

```
var arr = [];
for (var i = 0; i < 10; i++) {
    arr[i] = function () {
        console.log(i);
    };
}
arr[1]();  // 10
```

我们发现通过var定义的索引i值，在调用函数时，最终会输出"10"，这是为什么呢？

因为通过var声明的索引i是一个全局变量，每一次循环，全局变量i都会发生改变。而数组arr所有成员里面的i都指向同一个i，当循环结束后，全局变量i的值已经变为10。

最终在调用成员函数时，每个函数都闭包了全局变量i，因此会输出"10"。

而通过let定义的索引值就不会出现这个问题。

```
var arr = [];
for (let i = 0; i < 10; i++) {
    arr[i] = function () {
        console.log(i);
    };
}
arr[1]();  // 1
```

这是因为通过let定义的索引值i，只在当前循环内有效，实际上每一轮循环中的i都是一个新的变量，而且最关键的是 JavaScript 引擎能够记住上一轮循环的值，所以在本轮循环开始时，会基于上一轮循环计算，从而索引 i 的值会递增。

因此在调用 arr 数组的成员函数时，会输出正确的索引 i 值。

为什么通过 let 声明的变量 i 在循环体外，仍然可以访问呢？这是因为 arr 数组的每个成员都是一个函数，对变量 i 的引用构成了一个闭包，所以在循环体外调用函数时仍然可以访问到 i。

另外 for 循环还有一个特别之处，声明变量的那部分（小括号内部）是一个父作用域，循环体内部是一个单独的子作用域。

```
for (let i = 0; i < 2; i++) {
    let i = 'kingx';
    console.log(i); // 输出两次 'kingx'
}
```

根据 let 的特点，如果在同一个代码块中同时使用 let 定义了具有相同名称的变量，则会直接抛出异常。

而在上面的例子中，小括号内和循环体内同时使用 let 声明了变量 i，但是在循环体内仍然可以输出变量 i 的值，就表明这两个变量 i 是处在两个独立的父子作用域中的。

（2）避免出现变量提升导致的变量覆盖问题

```
var arg1 = 'kingx';
function foo() {
    console.log(arg1);  // undefined
    if (false) {
        var arg1 = 'kingx2';
    }
}
foo(); // undefined
```

在上面的实例中，定义了一个全局变量 arg1，在 foo() 函数中想要输出变量 arg1，但是由于变量提升的存在，if 代码块内的变量 arg1 会被提升至 foo() 函数顶部，导致输出 arg1 时覆盖了外层的全局变量 arg1，因此输出"undefined"。

如果使用 let 定义 if 代码块内的 arg1，则该 arg1 只在 if 代码块内有效，不会影响到全局的 arg1 变量，从而能输出"kingx"。

（3）代替立即执行函数 IIFE

立即执行函数（Immediately-Invoked Function Expression，简称 IIFE）的内部是一个独立的函数级作用域，使用 IIFE 的目的主要是避免污染当前作用域内的变量，而使用块级作用域则可以直接避免这个问题。

```
// IIFE 写法
(function () {
```

```
    var arg = ...;
    ...
}());

// 块级作用域写法
{
    let arg = ...;
    ...
}
```

7.1.2 const关键字

在 ES6 中新增了另一个关键字 const，使用 const 声明的值为一个常量，一旦声明将不会再改变。

如果改变了 const 声明的常量，则会抛出异常。

```
const MAX = 123;
MAX = 456;  // TypeError: Assignment to constant variable.
```

使用 const 声明常量时，在声明时就必须初始化。如果只声明，不初始化，则会抛出异常。

```
const MAX = 123;  // 声明正常
const MIN; // SyntaxError: Missing initializer in const declaration
```

const 与 let 声明的变量存在以下相同的特性。

1. 在块级作用域内有效

```
if (true) {
    const MAX = 123;
}
console.log(MAX);  // ReferenceError: MAX is not defined
```

2. 不存在变量提升，会产生暂时性死区

使用 const 声明的常量也不会进行变量提升，只能在 const 声明之后使用常量，在使用处到常量的声明之前会产生暂时性死区。

```
if (true) {
    console.log(MAX);  // ReferenceError: MAX is not defined
    const MAX = 123;
}
```

3. 不能重复声明变量

在同一个作用域内，不能重复使用 const 声明常量。

```
var MIN = 1;
if (true) {
```

```
    const MIN = 1; // 正常声明
}
const MIN = 2;  // SyntaxError: Identifier 'MIN' has already been declared
```

我们所讲的使用 const 声明的变量不能被修改，严格意义来说是保存变量值的内存地址不能被修改。

对于基本类型的变量来说，变量就保存着内存地址的值，因此不能直接修改；而对于引用类型的变量来说，变量保存的是一个指向数据内存地址的指针，只要该指针固定不变，我们就可以改变数据本身的值。

```
const person = {
    age: 12
};
person.name = 'kingx';
person.age = 13;
console.log(person); // { age: 13, name: 'kingx' }
person = {age: 12}; // TypeError: Assignment to constant variable.
```

在上面的实例中，我们使用 const 定义了一个 person 变量，其值为对象类型，然后新增了一个 name 属性，并修改 age 属性，仍然能正常输出。

但是当我们重新给 person 变量赋值时，会抛出异常。

对于数组类型的变量，变量存储的是数组在内存中的地址，我们仍然可以修改每个元素的值。

```
// 简单类型成员的数组
const arr = ['1', '2'];
arr[0] = '3';  // 正常操作
// 引用类型成员的数组
const arr2 = [{
    name: 'kingx'
}];
arr2[0] = null;  // 正常操作
```

但是当我们重新给 arr 或者 arr2 赋值新的数组时，会抛出异常。

```
arr = ['3'];  // TypeError: Assignment to constant variable.
```

4. 不再是全局对象的属性

与 let 一致，在浏览器环境下，使用 const 声明的变量不再是全局对象的属性。

```
const c = 1;
console.log(window.c); // undefined
```

▶7.2　解构赋值

在日常开发中，我们经常会定义很多的数组或者对象，然后从数组或对象中提取出相关的信息。在传统的 ES5 及以前的版本中，我们通常会采用下面的方法获取数组或者对象中的值。

```
var arr = ['one', 'two', 'three'];
var one = arr[0];
var two = arr[1];

var obj = {name: 'kingx', age: 21};
var name = obj.name;
var age = obj.age;
```

我们会发现，如果数组选项或者对象属性值很多，那么在提取对应值的时候会写很多冗余的代码。有没有什么方法能减少冗余代码的编写吗？

ES6 增加了可以简化这种操作的新特性——解构，它可以将值从数组或者对象中提取出来，并赋值到不同的变量中。

我们主要从两方面进行讲解，一方面是数组的解构赋值，另一方面是对象的解构赋值。

7.2.1　数组的解构赋值

针对数组，在解构赋值时，使用的是模式匹配，只要等号两边数组的模式相同，右边数组的值就会相应赋给左边数组的变量。

```
let [arg1, arg2] = [12, 34];
console.log(num1); // 12
console.log(num2); // 34
```

在上面的代码中，我们从数组中解构了 "12" 和 "34" 这两个值，并分别赋给 arg1 和 arg2 这两个变量。

我们还可以只解构出感兴趣的值，对于不感兴趣的值使用逗号作为占位符，而不指定变量名。

```
let [, , num3] = [12, 34, 56];
console.log(num3); // 56
```

当右边的数组的值不足以将左边数组的值全部赋值时，会解构失败，对应的值就等于 "undefined"。

```
let [num1, num2, num3] = [12, 34];
console.log(num2); // 34
console.log(num3); // undefined
```

数组的解构赋值有很多的使用场景，可以提高开发时的效率，接下来将一一讲解。

1. 数组解构默认值

在数组解构时设置默认值，可以防止出现解构得到 undefined 值的情况。具体的做法是在左侧的数组中，直接给变量赋初始值。

```
let [num1 = 1, num2] = [, 34];
console.log(num1); // 1
console.log(num2); // 34
```

需要注意的是，ES6 在判断解构是否会得到 undefined 值时，使用的是严格等于（===）。只有在严格等于 undefined 的情况下，才会判断该值解构为 undefined，相应变量的默认值才会生效。

```
let [
    num1 = 1,
    num2 = 2,
    num3 = 3
] = [null, ''];

console.log(num1);  // null
console.log(num2);  // ''
console.log(num3);  // 3
```

在上面的实例中，变量num1会被解构为null，而不是undefined，null在判断严格等于时，并不等于 undefined，因此默认值不会生效。

变量 num2 会解构为空字符串，也不是 undefined，默认值也不会生效。

变量 num3 在右侧数组中，并没有对应的值，因此会解构为 undefined，默认值生效，num3 值为 "3"。

2. 交换变量

在使用解构赋值以前，当我们需要交换两个变量时，需要使用一个临时变量，以下是一个经典的写法。

```
var a = 1;
var b = 2;
var tmp; // 临时变量

tmp = a;
a = b;
b = tmp;

console.log(a);  // 2
console.log(b);  // 1
```

如果使用数组的解构赋值，交换变量的操作将会变得很简单，只需要在等式两边的数组中交换两个变量的顺序即可。

```
var a = 1;
var b = 2;
// 使用数组的解构赋值交换变量
[b, a] = [a, b];
```

```
console.log(a);  // 2
console.log(b);  // 1
```

3. 解析函数返回的数组

函数返回数组是一个很常见的场景，在获取数组后，我们经常会提取数组中的元素进行后续处理。

如果使用数组的解构赋值，我们可以快速地获取数组元素值。

```
function fn() {
    return [12, 34];
}

let [num1, num2] = fn();

console.log(num1); // 12
console.log(num2); // 34
```

4. 嵌套数组的解构

在遇到嵌套数组时，即数组中的元素仍然是一个数组，解构的过程会一层层深入，直到左侧数组中的各个变量均已得到确定的值。

```
let [num1, num2, [num3]] = [12, [34, 56], [78, 89]];

console.log(num1); // 12
console.log(num2); // [34, 56]
console.log(num3); // 78
```

在上面的实例中，num2 对应的位置是一个数组，得到的是 "[34, 56]"；[num3] 得到的是一个数组 "[78, 89]"，解构并未完成，对于 num3 会继续进行解构，最后得到的是数组第一个值 "78"。

5. 函数参数解构

当函数的参数为数组类型时，可以将实参和形参进行解构。

```
function foo([arg1, arg2]) {
    console.log(arg1); // 2
    console.log(arg2); // 3
}
foo([2, 3]);
```

上述实例中，foo() 函数的实参为 [2, 3]，形参为 [arg1, arg2]，使用数组的解构赋值时，得到变量 arg1 的值为 "2"，变量 arg2 的值为 "3"。

7.2.2 对象的解构赋值

在 ES6 中，对象同样可以进行解构赋值。数组的解构赋值是基于数组元素的索引，只要左右两侧的数组元素索引相同，便可以进行解构赋值。但是在对象中，属性是没有顺序的，这就要求右侧解构对象的属性名和左侧定义对象的变量名必须相同，这样才可以进行解构。

同样，未匹配到的变量名在解构时会赋值"undefined"。

```
let {m, n, o} = {m: 'kingx', n: 12};
console.log(m); // kingx
console.log(n); // 12
console.log(o); // undefined
```

当解构对象的属性名和定义的变量名不同时，必须严格按照 key: value 的形式补充左侧对象。

```
let {m: name, n: age} = {m: 'kingx', n: 12};
console.log(name); // kingx
console.log(age);  // 12
```

而当 key 和 value 值相同时，对于 value 的省略实际上是一种简写方案。

```
let {m: m, n: n} = {m: 'kingx', n: 12};
// 简写方案
let {m, n} = {m: 'kingx', n: 12};
```

事实上，对象解构赋值的原理是：先找到左右两侧相同的属性名（key），然后再赋给对应的变量（value），真正被赋值的是 value 部分，并不是 key 的部分。

在如下所示的代码中，m 作为 key，只是用于匹配两侧的属性名是否相同，而真正被赋值的是右侧的 name 变量，最终 name 变量会被赋值为"kingx"，而 m 不会被赋值。

```
let {m: name} = {m: 'kingx'};
console.log(name);// kingx
console.log(m);   // ReferenceError: m is not defined
```

和数组的解构赋值一样，对象的解构赋值也有很多的使用场景，接下来将一一讲解。

1. 对象解构的默认值

对象解构时同样可以设置默认值，默认值生效的条件是对应的属性值严格等于 undefined。

```
let {m, n = 1, o = true} = {m: 'kingx', o: null};
console.log(m); // kingx
console.log(n); // 1
console.log(o); // null，因为 null 与 undefined 不严格相等，默认值并未生效
```

当属性名和变量名不相同时，默认值是赋给变量的。

```
let {m, n: age = 1} = {m: 'kingx'};
console.log(m);   // kingx
console.log(age); // 1
console.log(n);   // ReferenceError: n is not defined
```

2. 嵌套对象的解构

嵌套的对象同样可以进行解构，解构时从最外层对象向内部逐层进行，每一层对象值都遵循相同的解构规则。

```
let obj = {
    p: [
        'Hello',
        {y: 'World'}
    ]
};
let {p: [x, {y: name}]} = obj;
console.log(x); // Hello
console.log(name); // World
console.log(y); // ReferenceError: y is not defined
```

在上面的实例中，变量 obj 是一个嵌套对象，会存在多次解构的过程。

第一次解构从最外层的属性 p 开始，属性 p 对应的值为一个数组 ['Hello', {y:'World'}]，对应左侧的 [x, {y: name}]。

第二次解构得到的 x 值为"Hello"，{y:'World'} 对应左侧的 {y: name}。

第三次解构得到 name 值为"World"，解构结束。

而 y 仅仅作为匹配属性名的 key，不会参与赋值，因此输出 y 值时，会抛出异常。

注意：当父层对象对应的属性不存在，而解构子层对象时，会出错并抛出异常。

```
let obj = {
    m: {
        n: 'kingx'
    }
};

let {o: {n}} = obj;
console.log(n); //TypeError: Cannot match against 'undefined' or 'null'.
```

从抛出的异常信息中可以看出，是因为无法匹配到 undefined 或者 null 的属性才造成异常。

因为在 obj 对象中，外层的属性名是 m，而在左侧的对象中，外层属性名是 o，两者并不匹配，所以 o 会解构得到"undefined"。而对 undefined 再次解构想要获取 n 属性时，相当于调用 undefined.n，会抛出异常。

3. 选择性解构对象的属性

假如一个对象有很多通用的函数，在某次处理中，我们只想使用其中的几个函数，那么可以使用解构赋值。

```
let { min, max } = Math;
console.log(min(1, 3));  // 1
console.log(max(1, 3));  // 3
```

在上面的实例中，我们只想使用 Math 对象的 min() 函数和 max() 函数，min 变量和 max 变量解构后的值就是 Math.min() 函数和 Math.max() 函数，在后面的代码中可以直接使用。

4. 函数参数解构

当函数的参数是一个复杂的对象类型时，我们可以通过解构去获得想要获取的值并赋给变量。

```
function whois({displayName: displayName, fullName: {firstName: name}}){
    console.log(displayName + " is " + name);
}
const user = {
    id: 42,
    displayName: "jdoe",
    fullName: {
        firstName: "John",
        lastName: "Doe"
    }
};
whois(user); // jdoe is John
```

在上面的实例中，whois() 函数接收的参数是一个复杂的对象类型，可以通过嵌套的对象解构得到我们想要的 displayName 属性和 name 属性。

7.3 扩展运算符与rest运算符

在 ES6 中新增了两种运算符，一种是扩展运算符，另一种是 rest 运算符。这两种运算符可以很好地解决函数参数和数组元素长度未知情况下的编码问题，使得代码能更加健壮和简洁。

接下来会通过实例具体讲解扩展运算符和 rest 运算符的使用场景，并在最后总结出两者的差异。

7.3.1 扩展运算符

扩展运算符用 3 个点表示(...)，用于将一个数组或类数组对象转换为用逗号分隔的值序列。它的基本用法是拆解数组和字符串。

```
const array = [1, 2, 3, 4];
console.log(...array); // 1 2 3 4
const str = "string";
console.log(...str); // s t r i n g
```

在上面的代码中数组类型变量 array 和字符串类型变量 str 在经过扩展运算符的处理后，得到的都是单独的值序列。

基于扩展运算符拆解数组的特性，它有很多应用场景，接下来将一一讲解。

1. 扩展运算符代替apply()函数

扩展运算符可以代替 apply() 函数，将数组转换为函数参数。

例如，获取数组最大值时，使用 apply() 函数的写法如下所示。

```
let arr = [1, 4, 6, 8, 2];
console.log(Math.max.apply(null, arr)); // 8
```

如果使用扩展运算符，可以如下面所示的代码这样写，实现简化代码。

```
console.log(Math.max(...arr)); // 8
```

例如，自定义一个 add() 函数，用于接收两个参数，并返回两个参数相加的和。
当传递的参数是一个数组时，如果使用 apply() 函数，写法如下。

```
function add (num1, num2) {
    return num1 + num2;
}
const arr = [1, 3];
add.apply(null, arr); // 4
```

如果使用扩展运算符，写法如下。

```
add(...arr); // 4
```

2. 扩展运算符代替concat()函数合并数组

在 ES5 中，合并数组时，我们会使用 concat() 函数，写法如下。

```
let arr1 = [1, 2, 3];
let arr2 = [4, 5, 6];
console.log(arr1.concat(arr2)); // [ 1, 2, 3, 4, 5, 6 ]
```

如果使用扩展运算符，写法如下。

```
console.log([...arr1, ...arr2]); // [ 1, 2, 3, 4, 5, 6 ]
```

3. 扩展运算符转换Set，得到去重的数组

Set 具有自动的去重性质，我们可以再次使用扩展运算符将 Set 结构转换成数组。

```
let arr = [1, 2, 4, 6, 2, 7, 4];
console.log([...new Set(arr)]); // [ 1, 2, 4, 6, 7 ]
```

关于 Set 数据结构的内容将在后面的 7.8 节中详细讲解。

4. 扩展运算符用于对象克隆

在本书 4.3 节中，我们有讲到对象克隆的几种方式，这里我们再补充一种实现方式，那就
是使用扩展运算符，但是这种方式存在一定的局限性，具体描述如下。

首先我们来看使用扩展运算符克隆的对象的属性值为基本数据类型的场景。

```
let obj = {name: 'kingx'};
var obj2 = {...obj};
```

```
obj2.name = 'kingx2';
console.log(obj); // {name: "kingx"}
```

在上面的实例中，obj 对象包含一个 name 属性，它的值为一个字符串，使用扩展运算符对 obj 对象进行克隆得到 obj2 对象，在改变 obj2 对象的 name 属性值为 kingx2 后，输出 obj 对象的值，此时发现 name 属性值仍然为 kingx。这表明对克隆后对象的值进行修改并未影响到被克隆的对象，那么是不是就意味着使用扩展运算符实现的是深克隆呢？

并不是的，我们再来看看下面这个例子，这是克隆对象的属性值为引用数据类型的场景。

```
let obj3 = {
    name: 'kingx',
    address: {province: 'guangdong', city: 'guangzhou'}
};
let obj4 = {...obj3};
obj4.name = 'kingx3';
obj4.address.city = 'shenzhen';
console.log(obj3);
// {name: "kingx", address: {province: "guangdong", city: "shenzhen"}}
```

在上面的实例中，obj3 对象包含 name 和 address 两个属性，其中 address 属性值为引用数据类型。在使用扩展运算符副本后得到 obj4 对象，对 obj4 对象的 name 属性和 address. city 属性进行修改然后输出 obj3 对象，发现 name 属性值并未修改，而 address.city 值变为了 shenzhen。表明对克隆后对象的值进行更改后，影响到了被克隆的对象，这就意味着使用扩展运算符的克隆并不是严格的深克隆。

上面的场景同样适用于数组，当数组的元素为基本数据类型时，可以实现深克隆，而数组中出现引用数据类型元素的时候，就不再是深克隆。

```
let arr1 = [1, 3, 4, 6];  // 可以进行深克隆
let arr2 = [1, 3, [4, 6]]; // 不可以进行深克隆
```

总结上面的描述，得到的结论是：使用扩展运算符对数组或对象进行克隆时，如果数组的元素或者对象的属性是基本数据类型，则支持深克隆；如果是引用数据类型，则不支持深克隆。归根结底是因为引用数据类型的克隆只是复制了引用的地址，克隆后的对象仍然共享同一个引用地址。

7.3.2 rest运算符

rest 运算符同样使用 3 个点表示（...），其作用与扩展运算符相反，用于将以逗号分隔的值序列转换成数组。

rest 运算符同样有很多使用场景，接下来将一一讲解。

1. rest运算符与解构组合使用

解构会将相同数据结构对应的值赋给对应的变量，但是当我们想将其中的一部分值统一赋

给一个变量时，可以使用 rest 运算符。

首先来看看 rest 运算符和数组解构相关的内容。

```
let arr = ['one', 'two', 'three', 'four'];
let [arg1, ...arg2] = arr;
console.log(arg1);  // one
console.log(arg2);  // [ 'two', 'three', 'four' ]
```

在上面的实例中，arr 经解构后，将变量 arg1 赋值为 "one"，而通过 rest 运算符会将后面所有的值都统一赋给 arg2 变量，得到的 arg2 为一个数组。

需要注意的是，如果想要使用 rest 运算符进行解构，则 rest 运算符对应的变量应该放在最后一位，否则就会抛出异常。因为如果 rest 运算符不是放在最后一位，变量并不知道要读取多少个数值。

```
let arr = ['one', 'two', 'three', 'four'];
let [...arg1, arg2] = arr; // SyntaxError: Rest element must be last element
in array
```

然后来看看 rest 运算符和对象解构相关的内容。

```
let {x, y, ...z} = {x: 1, y: 2, a: 3, b: 4};
console.log(x); // 1
console.log(y); // 2
console.log(z); // {a: 3, b: 4}
```

在上面的实例中，对象进行解构之后，x 与 y 可以得到对应原始类型值 "1" 和 "2"，z 通过 rest 运算符获取到其余的值，即 "{a: 3, b: 4}"。

2. rest运算符代替arguments处理函数参数

在 ES6 之前，如果我们不确定传入的参数长度，可以统一使用 arguments 来获取所有传递的参数。

```
function foo() {
    for (let arg of arguments) {
        console.log(arg);
    }
}
foo('one', 'two', 'three', 'four');// 输出 'one', 'two', 'three', 'four'
```

函数的参数是一个使用逗号分隔的值序列，可以使用 rest 运算符处理成一个数组，从而确定最终传入的参数，以代替 arguments 的使用。

```
function foo(...args) {
    for (let arg of args) {
        console.log(arg);
    }
```

```
    }
    foo('one', 'two', 'three', 'four');// 输出 'one', 'two', 'three', 'four'
```

在上面的代码中，我们不使用 arguments 也同样可以动态获取所有传入的参数值。

通过以上对扩展运算符和 rest 运算符的讲解，我们知道其实两者是互为逆运算的，扩展运算符是将数组分割成独立的序列，而 rest 运算符是将独立的序列合并成一个数组。

既然两者都是通过 3 个点（…）来表示的，那么如何去判断这 3 个点（…）属于哪一种运算符呢？我们可以遵循下面的规则。

- 当 3 个点（…）出现在函数的形参上或者出现在赋值等号的左侧，则表示它为 rest 运算符。
- 当 3 个点（…）出现在函数的实参上或者出现在赋值等号的右侧，则表示它为扩展运算符。

▶ 7.4 模板字符串

在传统的字符串处理方案中，例如原生输出、变量值传递等，ES5 的语法会显得很冗杂，并且容易出错。

在 ES6 中，对于字符串的扩展增加了模板字符串的语法，可以轻松解决上面两个问题。

模板字符串使用反引号（``）括起来，它可以当作普通的字符串使用，也可以用来定义多行字符串，同时支持在字符串中使用 ${} 嵌入变量。

接下来我们通过字符串原生输出和字符串变量值传递这两种场景，看看模板字符串的实现方式。

7.4.1 字符串原生输出

在传统的字符串输出场景中，我们可能会使用加号（+）做拼接，但是拼接出来的字符串会丢失掉代码缩进和换行符。

```
// 传统字符串方案
var str = 'Hello, my name is kingx, ' +
          'I am working in Beijng.';
console.log(str); // Hello, my name is kingx, I am working in Beijng.
```

在上面的实例中，str 变量的第一行字符串和第二行字符串之间使用加号进行拼接，并且字符串中有缩进和换行符，但是输出的结果中它们都被忽略了。

而使用模板字符串语法，会保留字符串内部的空白、缩进和换行符。

```
let str2 = `Hello, my name is kingx,
            I am working in Beijng.`;
console.log(str2);
// 以下是输出结果
```

```
Hello, my name is kingx,
          I am working in Beijng.
```

在上面的实例中，通过模板字符串的语法输出的字符串包含了缩进和换行符。

7.4.2 字符串变量值传递

字符串变量值传递指的是在想要获取的目的字符串中，会包含一些变量，根据变量的不同可以再细分以下几种场景。

1. 模板字符串中传递基本数据类型的变量

如果字符串中包含了变量，在传统的 ES5 解决方案中，我们会使用加号拼接变量值。

```
// 传统解决方案
var name = 'kingx';
var address = 'Beijing';
var str = 'Hello, my name is ' + name + ', ' +
          'I am working in ' + address + '.';
console.log(str);  // Hello, my name is kingx, I am working in Beijng.
```

如果在一个复杂的语句中，通过变量拼接，会很容易出错，尤其是遇到单引号和双引号同时出现的场景。

而使用模板字符串语法则不会存在上述问题，模板字符串中不再使用加号进行拼接，可以直接嵌入变量，只需要将变量写在 ${} 之中。如果变量未定义，则会抛出异常。

```
// 模板字符串方案
let name = 'kingx';
let address = 'Beijing';
let str = `Hello, my name is ${name},
          I am working in ${address}.`;
console.log(str);
// 以下是输出结果
Hello, my name is kingx,
          I am working Beijng.
```

2. 模板字符串中传递表达式

事实上，在 ${} 之中不仅可以传递变量，还可以传递任意的 JavaScript 表达式，包括数学运算、属性引用、函数调用。

```
// 数学运算
let x = 1,
    y = 2;
console.log(`${x} + ${y * 2} = ${x + y * 2}`); // 1 + 4 = 5

// 属性引用和数学运算
let obj = {x: 1, y: 2};
```

```
console.log(`${obj.x + obj.y}`); // 3

// 函数调用
function fn() {
    return "Hello World";
}
console.log(`foo ${fn()} bar`); // foo Hello World bar
```

3. 模板字符串中传递复杂引用数据类型的变量

当传递的变量是一个多层嵌套的复杂引用数据类型值时，模板字符串同样可以支持嵌套解析，遇到表达式会解析成对应的值。

假如我们需要将一个数组对象解析成一个 table 格式的 html 字符串，用于以表格形式输出数组的内容，其代码如下所示。

```
const tmpl = function (addrs) {
    return `
        <table>
            ${addrs.map(addr => `
                <tr><td>${addr.provice}</td></tr>
                <tr><td>${addr.city}</td></tr>
            `).join('')}
        </table>
    `;
};
const addrs = [{
    provice: '湖北省',
    city: '武汉市'
}, {
    provice: '广东省',
    city: '广州市'
}];
console.log(tmpl(addrs));
```

输出的字符串结果如下所示。

```
</table>
    <tr><td>湖北省</td></tr>
    <tr><td>武汉市</td></tr>
    <tr><td>广东省</td></tr>
    <tr><td>广州市</td></tr>
</table>
```

7.5　箭头函数

在 ES6 中，增加了一种新的函数定义方式——箭头函数（ => ）。

其基本语法如下所示。

```
// ES6 语法
const foo = v => v;
// 等同于传统语法
var foo = function (v) {
    return v;
};
```

最直观的表现是在编写上省去了 function 关键字，函数参数和普通的函数参数一样，函数体会被一个大括号括起来。

```
const fn = (num1, num2) => {
    return num1 + num2;
};
```

如果函数的参数只有一个，则可以省略小括号；如果函数体只有一行，则可以省略大括号和 return 关键字。

```
[1, 2, 3].map(r => r * 2);  // [2, 4, 6]
// 等同于
[1, 2, 3].map(function(r) {
    return r * 2;
});
```

接下来详细讲解箭头函数的特点。

7.5.1 箭头函数的特点

1. 语法简洁

箭头函数带给人最直观的感受就是可以使用更加简洁的语法、较少的代码量来完成和普通函数一样的功能。

求一个数组各项的和，可以简写为如下所示的代码。

```
[1, 2, 3, 4].reduce((x, y) => x + y, 0); // 10
```

数组中的元素按照从小到大顺序排序，可以简写为如下所示的代码。

```
[1, 4, 6, 3, 2].sort((x, y) => x - y)   //[1, 2, 3, 4, 6]
```

过滤出数组中大于 3 的数字，可以简写为如下所示的代码。

```
[1, 2, 5, 6, 3].filter(x => x > 3); // [ 5, 6 ]
```

2. 不绑定this

在 3.6 节中我们有讲解过 this 的指向问题，得出的结论是：this 永远指向函数的调用者。

但是在箭头函数中，this 指向的是定义时所在的对象，而不是使用时所在的对象。

这里我们通过 setTimeout() 函数和 setInterval() 函数来看看普通函数和箭头函数的差别。

```javascript
function Timer() {
    this.s1 = 0;
    this.s2 = 0;
    // 箭头函数
    setInterval(() => this.s1++, 1000);
    // 普通函数
    setInterval(function () {
        this.s2++;
    }, 1000);
}

let timer = new Timer();

setTimeout(() => console.log('s1: ', timer.s1), 3100); // 3.1秒后输出 s1: 3
setTimeout(() => console.log('s2: ', timer.s2), 3100); // 3.1秒后输出 s2: 0
```

在上面的实例中，我们声明了一个 Timer() 函数，增加了两个实例属性 s1 和 s2，然后使用 setInterval() 函数去执行 s1 和 s2 的递加操作，唯一的区别是一个使用普通函数，另一个使用箭头函数，在最后的结果中会发现 s1 和 s2 输出的值是不一样的。

这是为什么呢？原因如下所述。

在生成 Timer 的实例 timer 后，通过 setTimeout() 函数在 3.1 秒后输出 timer 的 s1 变量，此时 setInterval() 函数已经执行了 3 次，由于 this.s1++ 是处在箭头函数中的，这里的 this 就指向 timer，此时 timer.s1 值为 "3"。

而 this.s2++ 是处在普通函数中的，这里的 this 指向的是全局对象 window，实际上相当于 window.s2++，结果是 window.s2 = 3，而在最后一行的输出结果中，timer.s2 仍然为 "0"。

在上文中，我们有讲到 "this 指向的是定义时所在的对象"。从严格意义上讲，箭头函数中不会创建自己的 this，而是会从自己作用域链的上一层继承 this。

我们可以通过下面这个实例来理解。

```javascript
const Person = {
    'name': 'kingx',
    'age': 18,
    'sayHello': function () {
        setTimeout(() => {
            console.log('我叫' + this.name + ', 我今年' + this.age + '岁!')
        }, 1000);
    }
};
Person.sayHello(); // 我叫 kingx, 我今年 18 岁！
```

```
const Person2 = {
    'name': 'little bear',
    'age': 18,
    'sayHello': () => {
        setTimeout(() => {
            console.log('我叫' + this.name + ', 我今年' + this.age + '岁!')
        }, 1000);
    }
};
Person2.sayHello(); // 我叫 undefined, 我今年 undefined 岁!
```

上面两段代码的唯一区别是在 sayHello() 函数的定义时，第一段是通过 function 关键字定义的，而第二段是通过箭头函数定义的。

在第一段代码中，sayHello() 函数通过 function 关键字进行定义，在执行 Person.sayHello() 函数时，sayHello() 函数中的 this 会指向函数的调用体，即 Person 本身；在调用 setTimeout() 函数时，由于其函数体部分是通过箭头函数定义的，内部的 this 会继承至父作用域的 this，因此 setTimeout() 函数内部的 this 会指向 Person，从而输出结果"我叫 kingx, 我今年 18 岁!"。

在第二段代码中，sayHello() 函数通过箭头函数定义，在执行 Person2.sayHello() 函数时，sayHello() 函数中的 this 会指向外层作用域，而 Person2 的父作用域就是全局作用域 window；在调用 setTimeout() 函数时，由于其函数体部分是通过箭头函数定义的，内部的 this 会继承至 sayHello() 函数所在的作用域的 this，即 window，而 window 上并没有定义 name 和 age 属性，因此输出结果"我叫 undefined, 我今年 undefined 岁!"。

从这里的实例可以看出，对象函数使用箭头函数是不合适的。

3. 不支持call()函数与apply()函数的特性

我们都知道通过调用 call() 函数与 apply() 函数可以改变一个函数的执行主体，即改变被调用函数中 this 的指向。但是箭头函数却不能达到这一点，因为箭头函数并没有自己的 this，而是继承父作用域中的 this。

也就是说，在调用 call() 函数和 apply() 函数时，如果被调用函数是一个箭头函数，则不会改变箭头函数中 this 的指向。

```
let adder = {
  base : 1,

  add : function(a) {
    var f = v => v + this.base;
    return f(a);
  },

  addThruCall: function(a) {
    var f = v => v + this.base;
```

```
        var b = {
          base : 2
        };
        return f.call(b, a);
    }
};

console.log(adder.add(1));          // 2
console.log(adder.addThruCall(1)); // 2
```

在上面的实例中，执行 adder.add(1) 时，add() 函数内部通过箭头函数的形式定义了 f() 函数，f() 函数中的 this 会继承至父作用域，即 adder，那么 this.base = 1，因此执行 adder.add(1) 相当于执行 1 + 1 的操作，结果输出"2"。

执行 adder.addThruCall(1) 时，addThruCall() 函数内部通过箭头函数定义了 f() 函数，其中的 this 指向了 adder。虽然在返回结果时，通过 call() 函数调用了 f() 函数，但是并不会改变 f() 函数中 this 的指向，this 仍然指向 adder，而且会接收参数 a，因此执行 adder.addThruCall(1) 相当于执行 1 + 1 的操作，结果输出"2"。

因此在使用 call() 函数和 apply() 函数调用箭头函数时，需要谨慎。

4. 不绑定arguments

在普通的 function() 函数中，我们可以通过 arguments 对象来获取到实际传入的参数值，但是在箭头函数中，我们却无法做到这一点。

```
const fn = () => {
    console.log(arguments);
};
fn(1, 2); // Uncaught ReferenceError: arguments is not defined
```

通过上面的代码可以看出，在浏览器环境下，在箭头函数中使用 arguments 时，会抛出异常。

因为无法在箭头函数中使用 arguments，同样也就无法使用 caller 和 callee 属性。

虽然我们无法通过 arguments 来获取实参，但是我们可以借助 rest 运算符（...）来达到这个目的。

```
const fn = (...args) => {
    console.log(args);
};
fn(1, 2); // [1, 2]
```

5. 支持嵌套

箭头函数支持嵌套的写法，假如我们需要实现这样一个场景：有一个参数会以管道的形式经过两个函数处理，第一个函数处理完的输出将作为第二个函数的输入，两个函数运算完后输出最后的结果。

```
1  const pipeline = (...funcs) =>
2      val => funcs.reduce((a, b) => b(a), val);
3  const plus1 = a => a + 1;
4  const mult2 = a => a * 2;
5  const addThenMult = pipeline(plus1, mult2);
6  addThenMult(5);  // 12
```

在上面的实例中，我们先看第5行代码，这里调用了pipeline()函数，并传入plus1和mult2两个参数，返回的是一个函数，在函数中使用reduce()函数先后调用传入的两个处理函数。

在执行第6行代码时，pipeline()函数中的val为5，在第一次执行reduce()函数时，a为5，b为plus1()函数，实际相当于执行5 + 1 = 6，并返回了计算结果。

在第二次执行reduce()函数时，a为上一次返回的结果6，b为mult2()函数，实际相当于执行6×2 = 12，因此最后输出"12"。

7.5.2 箭头函数不适用的场景

箭头函数的诞生，在很大程度上提高了开发效率，也避免了大多数场景中this指向的问题，但是也有一些不适合使用它的场景。

1. 不适合作为对象的函数

在上一小节中，我们有讲到箭头函数并不会绑定this，如果使用箭头函数定义对象字面量的函数，那么其中的this将会指向外层作用域，并不会指向对象本身，因此箭头函数并不适合作为对象的函数。

2. 不能作为构造函数，不能使用new操作符

构造函数是通过new操作符生成对象实例的，生成实例的过程也是通过构造函数给实例绑定this的过程，而箭头函数没有自己的this。因此不能使用箭头函数作为构造函数，也就不能通过new操作符来调用箭头函数。

```
// 普通函数
function Person(name) {
    this.name = name;
}
var p = new Person('kingx'); // 正常
// 箭头函数
let Person = (name) => {
    this.name = name
};
let p = new Person('kingx'); // Uncaught TypeError: Person is not a constructor
```

在上面的实例中，通过new操作符调用箭头函数会抛出异常。

3. 没有prototype属性

因为在箭头函数中是没有this的，也就不存在自己的作用域，因此箭头函数是没有

prototype 属性的。

```
let a = () => {
    return 1;
};

function b(){
    return 2;
}
console.log(a.prototype);  // undefined
console.log(b.prototype);  // {constructor: f}
```

4. 不适合将原型函数定义成箭头函数

在给构造函数添加原型函数时，如果使用箭头函数，其中的 this 会指向全局作用域 window，而并不会指向构造函数，因此并不会访问到构造函数本身，也就无法访问到实例属性，这就失去了作为原型函数的意义。

```
function Person(name) {
    this.name = name
}
Person.prototype.sayHello = () => {
    console.log(this);  // window
    console.log(this.name);  // undefined
};
let p1 = new Person('kingx');
p1.sayHello();
```

在上面的代码中，Person() 构造函数增加了一个原型函数 sayHello()，因为 sayHello() 函数是通过箭头函数定义的，所以其中的 this 会指向全局作用域 window，从而无法访问到实例的 name 属性，输出"undefined"。

箭头函数的使用有利有弊，我们要做的就是在合适的场景中使用它，发挥出箭头函数的最大作用。

7.6 ES6对于对象的扩展

对象是 JavaScript 中重要的数据结构，而 ES6 对它进行了重大的升级，包括数据结构本身和对象新增的函数，为开发带来了极大的便利。

7.6.1 属性简写

传统的 JavaScript 中，对象都会采用 {key: value} 的写法，但是在 ES6 中，可以直接在对象中写入变量，key 相当于变量名，value 相当于变量值，并且可以直接省略 value，通过 key 表示一个对象的完整属性。

```
const name = 'kingx';
const age = 12;
const obj = {name, age}; // { name: 'kingx', age: 12 }
// 等同于
const obj = {
    name: name,
    age: age
};
```

上面的实例中，在定义 obj 对象时，变量名 name 作为了对象的属性名，它的值作为了属性值，因此只需要写一个 {name} 就可以表示 {name: name} 的含义。

除了属性可以简写，函数也可以简写，即省略掉关键字 function。

```
const obj = {
    method: function () {
        return 'Hello';
    }
};
// 等同于
const obj = {
    method() {
        return 'Hello';
    }
};
```

下面是一个完整的使用属性简写的例子。

按照 CommonJS 写法，当需要输出一组模块变量时，对象简写的方法就非常合适。

```
let obj = {};
// 获取元素
function getItem (key) {
    return key in obj ? obj[key] : null;
}
// 增加元素
function setItem (key, value) {
    obj[key] = value;
}
// 清空对象
function clear () {
    obj = {};
}
module.exports = { getItem, setItem, clear };
// 等同于
module.exports = {
    getItem: getItem,
    setItem: setItem,
```

```
    clear: clear
};
```

7.6.2 属性遍历

到 ES6 为止，一共有 5 种方法可以实现对象属性的遍历，具体方法如下所示。

- for...in。
- Object.keys(obj)。
- Object.getOwnPropertyNames(obj)。
- Object.getOwnPropertySymbols(obj)。
- Reflect.ownKeys(obj)。

我们来详细看下这 5 种方法的使用方法和差异性。

定义一个拥有实例属性、继承属性的对象，其中包含 Symbol 属性、可枚举属性、不可枚举属性，覆盖全部的场景，用来测试这 5 种属性遍历方法的差异。

```
// 定义父类
function Animal(name, type) {
    this.name = name;
    this.type = type;
}
// 定义子类
function Cat(age, weight) {
    this.age = age;
    this.weight = weight;
    this[Symbol('one')] = 'one';
}
// 子类继承父类
Cat.prototype = new Animal();
Cat.prototype.constructor = Cat;
// 生成子类的实例
let cat = new Cat(12, '10kg');
// 实例增加可枚举属性
Object.defineProperty(cat, 'color', {
    configurable: true,
    enumerable: true,
    value: 'blue',
    writable: true
});
// 实例增加不可枚举属性
Object.defineProperty(cat, 'height', {
    configurable: true,
    enumerable: false,
    value: '20cm',
    writable: true
});
```

实例 cat 具有的属性如下所示。

```
实例属性 : age, weight, Symbol('one'), color
继承属性 : name, type
可枚举属性 : age, weight, color
不可枚举属性 : height
Symbol 属性 : Symbol('one')
```

（1）for...in

for...in 用于遍历对象自身和继承的可枚举属性（不包含 Symbol 属性）。

```
for (let key in cat) {
    console.log(key);
}
// 'age', 'weight', 'color', 'name', 'type'
```

输出的结果中包含了自身可枚举属性 age、weight、color 和继承属性 name、type，没有包含不可枚举属性 height 和 Symbol 属性 Symbol('one')。

（2）Object.keys() 函数

Object.keys() 函数返回一个数组，包含对象自身所有可枚举属性，不包含继承属性和 Symbol 属性。

```
Object.keys(cat);   // [ 'age', 'weight', 'color' ]
```

输出的结果中只包含了自身可枚举属性 age、weight、color，没有包含继承属性 name、type，以及不可枚举属性 height 和 Symbol 属性 Symbol('one')。

（3）Object.getOwnPropertyNames() 函数

Object.getOwnPropertyNames() 函数返回一个数组，包含对象自身所有可枚举属性和不可枚举属性，不包含继承属性和 Symbol 属性。

```
Object.getOwnPropertyNames(cat); // [ 'age', 'weight', 'color', 'height' ]
```

输出的结果中包含了自身可枚举属性 age、weight、color，以及自身不可枚举的 height 属性，没有包含继承属性 name 和 type，以及 Symbol 属性 Symbol('one')。

（4）Object.getOwnPropertySymbols() 函数

Object.getOwnPropertySymbols() 函数返回一个数组，包含对象自身所有 Symbol 属性，不包含其他属性。

```
Object.getOwnPropertySymbols(cat); // [ Symbol('one') ]
```

输出的结果中只包含了对象自身 Symbol 属性，没有其他属性。

（5）Reflect.ownKeys() 函数

Reflect.ownKeys() 函数返回一个数组，包含可枚举属性、不可枚举属性以及 Symbol 属性，不包含继承属性。

```
Reflect.ownKeys(cat); // [ 'age', 'weight', 'color', 'height', Symbol('one') ]
```

输出的结果中包含了自身可枚举属性 age、weight、color，不可枚举属性 height，以及 Symbol 属性 Symbol('one')，没有包含继承属性 name 和 type。

7.6.3 新增Object.assign()函数

Object.assign() 函数用于将一个或者多个对象的可枚举属性赋值给目标对象，然后返回目标对象。当多个源对象具有相同的属性时，后者的属性值会覆盖前面的属性值。

先看个简单的实例。

```
let target = {a: 1}; // 目标对象
let source1 = {b: 2}; // 源对象 1
let source2 = {c: 3}; // 源对象 2
let source3 = {c: 4}; // 源对象 3, 和 source2 对象有同名属性 c
console.log(Object.assign(target, source1, source2, source3));
// { a: 1, b: 2, c: 4 }
```

source2 对象和 source3 对象中同时出现了属性 c，后者 source3 对象覆盖了前者 source2 对象的 c 属性，最后 c 属性取值 "4"。

需要注意的是，Object.assign() 函数无法复制对象的不可枚举属性和继承属性，但可以复制可枚举的 Symbol 属性。

我们通过下面的实例来具体看看。

首先我们创建一个同时拥有可枚举属性、不可枚举属性、继承属性、Symbol 属性的对象。

```
let obj = Object.create({a: 1}, {  // a是继承属性
    b: {
        value: 2  // b是不可枚举属性
    },
    c: {
        value: 3,
        enumerable: true,  // c是可枚举属性
    },
    [Symbol('one')]: {    // Symbol 属性
        value: 'one',
        enumerable: true
    }
});
```

然后直接调用 Object.assign() 函数将 obj 对象属性复制至一个空对象，并输出结果。

```
console.log(Object.assign({}, obj));
```

得到的结果如下所示。

```
{c: 3, Symbol(one): "one"}
```

从结果可以看出被复制的属性中包含了可枚举属性 c 和 Symbol 属性，不包含继承属性 a 和不可枚举属性 b。

Object.assign() 函数具有很多常见的用途，接下来将一一讲解。

1. 对象克隆

因为 Object.assign() 函数可以复制源对象的属性至目标对象中，所以使用 Object.assign() 函数可以实现对象的克隆。

```
function cloneObj(source) {
    return Object.assign({}, source);
}
let source = {
    name: 'kingx',
    age: 18
};
let result = cloneObj(source);
console.log(result); // { name: 'kingx', age: 18 }
```

通过上面的实例可以看出，使用 Object.assign() 函数可以将 source 对象的值复制至 result 对象中。

但是需要注意的是，使用 Object.assign() 函数进行克隆时，进行的是浅克隆。如果属性是基本数据类型，则会复制它的值；如果属性是引用数据类型，则会复制它的引用。

```
1 let target = {};
2 let source1 = {a: 1, b: {c: 2}};
3 let result = Object.assign(target, source1);
4 console.log(result.a);  // 1
5 console.log(result.b.c);// 2
6 source1.b.c = 3;
7 console.log(result.b.c); // 3
```

通过上面实例的第 1～5 行代码可以看出，将 source1 对象的属性复制后得到了 result 对象，既可以访问到基本数据类型属性 a，也可以访问到引用数据类型属性 c。

通过第 6、7 行代码可以看出，因为使用的是浅克隆，对源对象属性值进行的修改会影响到目标对象的属性值，两者实际共享同一个对象的引用。

因此在涉及对象深克隆的问题时，不能使用 Object.assign() 函数。

2. 给对象添加属性

当我们采用传统的写法为对象添加实例属性时，我们会将其添加到 this 属性上。当属性很多时，这是一个很烦琐的操作，但是通过 Object.assign() 函数可以省略很多烦琐的代码。

```
// 传统的写法
function Person(name, age, address) {
    this.name = name;
```

```
        this.age = age;
        this.address = address;
    }
    // Object.assign() 写法
    function Person(name, age, address) {
        Object.assign(this, {name, age, address});
    }
```

在上面的实例中，都会将 name、age、address 属性增加至 Person 对象的 this 中，但是使用 Object.assign() 函数明显是一个更加简便的写法。

3. 给对象添加函数

当我们采用传统的写法为对象添加公共的函数时，会扩展其 prototype 属性，使用 Object.assign() 函数也可以简化代码编写方式。

```
    // 传统写法
    Person.prototype.getName = function () {
        return this.name;
    };
    Person.prototype.getAge = function () {
        return this.age;
    };
    // Object.assign() 写法
    Object.assign(Person.prototype, {
        getName() {
            return this.name;
        },
        getAge() {
            return this.age;
        }
    });
```

4. 合并对象

使用 Object.assgin() 函数即可以将多个对象合并到某个对象中，也可以将多个对象合并为一个新对象并返回，只需要将 target 设置为空对象 {} 即可。

```
    // 多个对象合并到一个目标对象中
    const merge =
        (target, ...sources) => Object.assign(target, ...sources);
    // 多个对象合并为一个新对象并返回
    const merge =
        (...sources) => Object.assign({}, ...sources);
```

▶7.7 Symbol类型

在传统的 JavaScript 中，对象的属性名都是由字符串构成的。这样就会带来一个问题，假如一个对象继承了另一个对象的属性，我们又需要定义新的属性时，很容易造成属性名的冲突。

为了解决这个问题，ES6 引入了一种新的基本数据类型 Symbol，它表示的是一个独一无二的值。

至此 JavaScript 中就一共存在 6 种基本数据类型，分别是 Undefined 类型、Null 类型、Boolean 类型、String 类型、Number 类型、Symbol 类型。

7.7.1 Symbol类型的特性

1. Symbol值的唯一性

Symbol 类型的功能类似于一种唯一标识性的 ID，通过 Symbol() 函数来创建一个 Symbol 值。

```
let s = Symbol();
```

因为 Symbol 类型是一个新增的基本数据类型，所以通过 typeof 运算符得到的结果是 "symbol"。

```
let s = Symbol();
console.log(typeof s);  // symbol
```

在 Symbol() 函数中可以传递一个字符串参数，表示对 Symbol 值的描述，主要是方便对不同 Symbol 值的区分。但是需要注意的是，由于 Symbol 值的唯一性，任何通过 Symbol() 函数创建的 Symbol 值都是不相同的，即使传递了相同的字符串。

```
const a = Symbol();
const b = Symbol();
const c = Symbol('one');
const d = Symbol('one');
console.log(a === b);  // false
console.log(c === d);  // false
```

2. 不能使用new操作符

Symbol 函数并不是一个构造函数，因此不能通过 new 操作符创建 Symbol 值。

```
let s1 = new Symbol();  // TypeError: Symbol is not a constructor
```

3. 不能参与类型运算

Symbol 值可以通过 toString() 函数显示地转换为字符串，但是本身不能参与其他类型值的运算，例如在对 Symbol 值进行字符串拼接操作时，会抛出异常。

```
let s4 = Symbol('hello');
s4.toString();  // Symbol(hello)
's4 content is: ' + s4; // TypeError: Cannot convert a Symbol value to a string
```

4. 可以使用同一个Symbol值

通过 Symbol() 函数创建的每个值都是不同的，那么当我们想要使用同一个 Symbol 值时，该怎么处理呢?

那就是使用 Symbol.for() 函数,它接收一个字符串作为参数,然后搜索有没有以该参数作为名称的 Symbol 值。如果有,就返回这个 Symbol 值,否则就新建并返回一个以该字符串为名称的 Symbol 值。

```
let s1 = Symbol.for('one');
let s2 = Symbol.for('one');

s1 === s2; // true
```

在上面的实例中,通过 Symbol.for() 函数传入相同的字符串会得到相同的 Symbol 值,因此返回"true"。

Symbol.for() 函数与 Symbol() 函数这两种写法,都会生成新的 Symbol 值。它们的区别是,前者会被登记在全局环境中以供搜索,而后者不会。Symbol.for() 函数不会每次调用就返回一个新的 Symbol 类型的值,而是会先检查给定的 key 是否已经存在,如果不存在才会新建一个值。例如,调用"Symbol.for("cat")"10 次,每次都会返回同一个 Symbol 值,但是调用"Symbol("cat")"10 次,会返回 10 个不同的 Symbol 值。

```
Symbol.for("bar") === Symbol.for("bar"); // true
Symbol("bar") === Symbol("bar");  // false
```

在了解了 Symbol 的特性后,接下来学习 Symbol 类型的常见用法。

7.7.2 Symbol类型的用法

1. 用作对象属性名

由于每一个 Symbol 值都是不相等的,它会经常用作对象的属性名,尤其是当一个对象由多个模块组成时,这样能够避免属性名被覆盖的情况。

在使用 Symbol 类型的数据时,存在几种不同的写法,遵循的一个原则就是为对象字面量新增属性时需要使用方括号 []。

```
// 新增一个 symbol 属性
let PROP_NAME = Symbol();

// 第一种写法
let obj = {};
obj[PROP_NAME] = 'Hello';

// 第二种写法
let obj = {
    [PROP_NAME]: 'Hello'
};
```

```
// 第三种写法
let obj = {};
Object.defineProperty(obj, PROP_NAME, {
    value: 'Hello'
});
```

需要注意的是，不能通过点运算符为对象添加 Symbol 属性。

```
const PROP_NAME = Symbol();
const obj = {};

obj.PROP_NAME = 'Hello!';
console.log(obj[PROP_NAME]);   // undefined
console.log(obj['PROP_NAME']); // 'Hello'
```

在上面的实例中，我们在通过点运算符为 obj 增加 PROP_NAME 属性时，这个 PROP_NAME 实际是一个字符串，并不是一个 Symbol 变量。因此我们通过中括号输出 PROP_NAME 变量对应的值时，得到的是"undefined"；而通过中括号输出 'PROP_NAME' 字符串值时，得到的是字符串 'Hello'。

2. 用于属性区分

我们可能会遇到这样一种场景，即通过区分两个属性来做对应的处理。

假如写一个公共的函数用来计算图形的面积，三角形面积为 1/2 × 底 × 高，长方形面积为底 × 高。在传统的写法上，我们会通过 switch 判断变量是否为字符串 'triangle' 或者字符串 'rectangle'，然后在调用的时候传递对应的字符串。

```
// 求图形的面积
function getArea(shape, options) {
    let area = 0;
    switch (shape) {
        case 'triangle':
            area = .5 * options.width * options.height;
            break;
        case 'rectangle':
            area = options.width * options.height;
            break;
    }
    return area;
}
console.log(getArea('triangle', { width: 100, height: 100 }));  // 5000
console.log(getArea('rectangle', { width: 100, height: 100 })); // 10000
```

在上面的写法中，字符串 'triangle' 和 'rectangle' 会强耦合在代码中。而事实上，我们仅想区分各种不同的形状，并不关心每个形状使用什么字符串表示，我们只需要知道每个变量的值是独一无二的即可，此时使用 Symbol 就会很合适。

```
// 事先声明两个 Symbol 值, 用于作判断
let shapeType = {
    triangle: Symbol('triangle'),
    rectangle: Symbol('rectangle')
};

function getArea(shape, options) {
    let area = 0;
    switch (shape) {
        case shapeType.triangle:
            area = .5 * options.width * options.height;
            break;
        case shapeType.rectangle:
            area = options.width * options.height;
            break;
    }
    return area;
}

console.log(getArea(shapeType.triangle, { width: 100, height: 100 }));  // 5000
console.log(getArea(shapeType.rectangle, { width: 100, height: 100 })); // 10000
```

3. 用于属性名遍历

使用 Symbol 作为属性名时，不能通过 Object.keys() 函数或者 for...in 来枚举，这样我们可以将一些不需要对外操作和访问的属性通过 Symbol 来定义。

```
let obj = {
    [Symbol('name')]: 'Hello',
    age: 18,
    title: 'Engineer'
};

console.log(Object.keys(obj));    // ['age', 'title']

for (let p in obj) {
    console.log(p); // 分别会输出: 'age' 和 'title'
}

console.log(Object.getOwnPropertyNames(obj));    // ['age', 'title']
```

因为 Symbol 属性不会出现在属性遍历的过程中，所以在使用 JSON.stringify() 函数将对象转换为 JSON 字符串时，Symbol 值也不会出现在结果中。

```
JSON.stringify(obj);  // {"age":18,"title":"Engineer"}
```

当我们需要获取 Symbol 属性时，可以使用专门针对 Symbol 的 API。

```
// 使用 Object 的 API
Object.getOwnPropertySymbols(obj); // [Symbol(name)]
// 使用新增的反射 API
Reflect.ownKeys(obj); // [Symbol(name), 'age', 'title']
```

7.8 Set数据结构和Map数据结构

7.8.1 Set数据结构

ES6 中新增了一种数据结构 Set，表示的是一组数据的集合，类似于数组，但是 Set 的成员值都是唯一的，没有重复。

Set 本身是一个构造函数，可以接收一个数组或者类数组对象作为参数。下面讲解 Set 实例的属性和函数。

（1）属性

- Set.prototype.constructor：构造函数，默认就是Set函数。
- Set.prototype.size：返回实例的成员总数。

（2）函数

- Set.prototype.add(value)：添加一个值，返回Set结构本身。
- Set.prototype.delete(value)：删除某个值，返回布尔值。
- Set.prototype.has(value)：返回布尔值，表示是否是成员。
- Set.prototype.clear()：清除所有成员，无返回值。

需要注意的是，向 Set 实例中添加新的值时，不会发生类型转换。这可以理解为使用 add() 函数添加新值时，新值与 Set 实例中原有值是采用严格相等（===）进行比较的，只有在严格相等的比较结果为不相等时，才会将新值添加到 Set 实例中。

```
let set = new Set();
set.add(1);
set.add('1');
console.log(set);  // Set { 1, '1' }
```

在上面的实例中，因为数字 1 与字符串 '1' 在严格相等比较时是不相等的，所以可以将两者同时添加到 set 实例中。

但是上述规则对于 NaN 是一个特例，NaN 与 NaN 在进行严格相等的比较时是不相等的，但是在 Set 内部，NaN 与 NaN 是严格相等的，因此一个 Set 实例中只可以添加一个 NaN。

```
let set = new Set();
set.add(NaN);
set.add(NaN);
console.log(set);  // Set { NaN }
```

从上面的实例中可以看到，对 set 添加了两次 NaN，但是输出的结果中只包含了一个 NaN。

接下来我们分两部分来讲解与 Set 有关的内容，分别是 Set 的常见用法和 Set 的遍历。

1. Set的常见用法

（1）单一数组的去重

由于 Set 成员值具有唯一性，因此可以使用 Set 来进行数组的去重。

```
let arr = [1, 3, 4, 2, 3, 2, 5];
console.log(new Set(arr)); // Set { 1, 3, 4, 2, 5 }
```

（2）多个数组的合并去重

Set 可以用于单个数组的去重，也可以用于多个数组的合并去重。

实现方法是先使用扩展运算符将多个数组处理成一个数组，然后将合并后得到的数组传递给 Set 构造函数。

```
let arr1 = [1, 2, 3, 4];
let arr2 = [2, 3, 4, 5, 6];
let set1 = new Set([...arr1, ...arr2]);
console.log(set1);  // Set { 1, 2, 3, 4, 5, 6 }
```

（3）Set 与数组的转换

Set 与数组都拥有便利的数据处理函数，对于两者的相互转换也非常简单。我们可以选择合适的时机对两者进行转换，并调用对应的函数。

将数组转换为 Set 时，只需要通过 Set 的构造函数即可；将 Set 转换为数组时，通过 Array.from() 函数或者扩展运算符即可。

```
let arr = [1, 3, 5, 7];
// 将数组转换为 Set
let set = new Set(arr);
console.log(set);  // Set { 1, 3, 5, 7 }

let set = new Set();
set.add('a');
set.add('b');
// 将 Set 转换为数组，通过 Array.from() 函数
let arr = Array.from(set);
console.log(arr);  // [ 'a', 'b' ]
// 将 Set 转换为数组，通过扩展运算符
let arr2 = [...set];
console.log(arr2);  // [ 'a', 'b' ]
```

2. Set的遍历

针对 Set 数据结构，我们可以使用传统的 forEach() 函数进行遍历。forEach() 函数的第一个参数表示的是 Set 中的每个元素，第二个参数表示的是元素的索引，从 0 开始。而在 Set 中没有索引的概念，它实际是键和值相同的集合，第二个参数表示的是键，实际与第一个参数相

同，也返回数据值本身。

```
let set5 = new Set([4, 5, 'hello']);

set5.forEach((item, index) => {
    console.log(item, index);
});
// 4 4
// 5 5
// hello hello
```

除了 forEach() 函数外，我们还可以使用以下 3 种函数对 Set 实例进行遍历。

- keys()：返回键名的遍历器。
- values()：返回键值的遍历器。
- entries()：返回键值对的遍历器。

通过上述函数获得的对象都是遍历器对象 Iterator，然后通过 for...of 循环可以获取每一项的值。

因为 Set 实例的键和值是相等的，所以 keys() 函数和 values() 函数实际返回的是相同的值。

```
let set = new Set(['red', 'green', 'blue']);

for (let item of set.keys()) {
    console.log(item);
}
// red
// green
// blue

for (let item of set.values()) {
    console.log(item);
}
// red
// green
// blue

for (let item of set.entries()) {
    console.log(item);
}
// ["red", "red"]
// ["green", "green"]
// ["blue", "blue"]
```

7.8.2 Map数据结构

ES6 还增加了另一种数据结构 Map，与传统的对象字面量类似，它的本质是一种键值对的组合。但是与对象字面量不同的是，对象字面量的键只能是字符串，对于非字符串类型的值会采用强制类型转换成字符串，而 Map 的键却可以由各种类型的值组成。

```
// 传统的对象类型
const data = {};
const element = document.getElementById('home');
data[element] = 'first';
console.log(data); // {[object HTMLDivElement]: "first"}
```

在上面的实例中，采用的是传统的对象处理方案，我们将一个 DOM 元素作为对象的属性名，在输出时 DOM 元素的值会被转换成字符串。

```
// Map
const map = new Map();
const element = document.getElementById('home');
map.set(element, 'first');
console.log(map);  // {div#home => "first"}
```

在上面的实例中，采用的是 Map 处理方案，将 DOM 元素作为键添加到实例 map 中，在输出时会发现，键的值为 DOM 元素的真实值，并没有转换为字符串的值。

Map 本身是一个构造函数，可以接收一个数组作为参数，数组的每个元素同样是一个子数组，子数组元素表示的是键和值。

```
const map = new Map([
    ['name', 'kingx'],
    ['age', 123]
]);
console.log(map); // Map { 'name' => 'kingx', 'age' => 123 }
```

Map 结构有一系列的实例属性和函数，总结如下。

- size属性：返回 Map 结构的成员总数。
- set(key, value)：set()函数设置键名key对应的键值为value，set()函数返回的是当前Map对象，因此set()函数可以采用链式调用的写法。
- get(key)：get()函数读取key对应的键值，如果找不到key，返回"undefined"。
- has(key)：has()函数返回一个布尔值，表示某个键是否在当前Map对象中。
- delete(key)：delete()函数删除某个键，返回"true"；如果删除失败，返回"false"。
- clear()：clear()函数清除所有成员，没有返回值。

类似于 Set 数据结构的元素值唯一性，在 Map 数据结构中，所有的键都必须具有唯一性。如果对同一个键进行多次赋值，那么后面的值会覆盖前面的值。

```
const map = new Map();
map.set(1, 'aaa')
   .set(1, 'bbb');
map.get(1); // "bbb"
```

如果 Map 实例的键是原生数据类型，则采用严格相等判断是否为同一个键。

对于 Number 类型数据，+0 和 −0 严格相等，虽然 NaN 与 NaN 不严格相等，但是 Map 会将其视为一个相同的键。

```
let map = new Map();
map.set(-0, 123);
map.get(+0); // 123

map.set(NaN, 123);
map.set(NaN, 234);
map.get(NaN); // 234
```

字符串 'true' 与 Boolean 类型 true 不严格相等，是两个不同的键。

```
let map = new Map();

map.set(true, 1);
map.set('true', 2);
map.get(true); // 1
```

对于 Undefined 类型和 Null 类型，undefined 与 null 也是两个不同的键。

```
let map = new Map();
map.set(undefined, 3);
map.set(null, 4);
map.get(undefined); // 3
map.get(null); // 4
```

如果 Map 实例的键是引用数据类型，则需要判断对象是否为同一个引用、是否占据同一个内存地址。

```
const map = new Map();
map.set([0], '0');
map.set([0], '1');

console.log(map); // Map { [ 0 ] => '0', [ 0 ] => '1' }
```

在上面的实例中，我们将数组 [0] 作为 map 的键，但是 [0] 作为引用类型数据，每次生成一个新的值都会占据新的内存地址，实际为不同的键，因此 map 在输出时会有两个元素值。

如果希望元素 [0] 只占据同一个键，则可以将其赋给一个变量值，通过变量值添加到 map 中。

```
let arr = [0];
const map = new Map();
map.set(arr, '0');
map.set(arr, '1');

console.log(map); // Map { [ 0 ] => '1' }
```

在上面的实例中，arr 对应的值 [0] 被两次添加至 map 中，但是实际指向的是同一个引用，在内存中占据同一个地址，因此后面的值会覆盖前一个值，最后输出的 map 中只有一个值。

在了解了如何使用 Map 进行数据的存取后，接下来我们需要掌握如何对 Map 数据结构进行遍历。

1. Map的遍历

与 Set 一样，Map 的遍历同样可以采用 4 种函数，分别是 forEach() 函数、keys() 函数、values() 函数、entries() 函数。

对于 forEach() 函数，第一个参数表示的是值，第二个参数表示的是键。

```
const map = new Map();
map.set('name', 'kingx');
map.set('age', 12);

map.forEach(function (item, key) {
    console.log(item, key);
});
// kingx name
// 12 age
```

keys() 函数返回的是键的集合，values() 函数返回的是值的集合，entries() 函数返回的键值对的集合。

这些集合都是 Iterator 的实例，可以通过 for...of 进行遍历。

```
for (let key of map.keys()) {
    console.log(key);
}
// name
// age

for (let value of map.values()) {
    console.log(value);
}
// kingx
// 12

for (let obj of map.entries()) {
    console.log(obj);
}
// [ 'name', 'kingx' ]
// [ 'age', 12 ]
```

至此我们已经掌握了对象、数组、Set、Map 等数据结构，接下来我们看看 Map 是如何与其他数据结构进行转换的吧。

2. Map与其他数据结构的转换

Map 转换为数组，可以通过扩展运算符实现。

```
//Map 转换为数组
const map = new Map();
map.set('name', 'kingx');
map.set('age', 12);

const arr = [...map];
console.log(arr); // [ [ 'name', 'kingx' ], [ 'age', 12 ] ]
```

数组转换为 Map，可以通过 Map 构造函数实现，使用 new 操作符生成 Map 的实例。

```
//Map 转换为对象
const arr = [[ 'name', 'kingx' ], [ 'age', 12 ]];
const map = new Map(arr);
console.log(map);   // Map { 'name' => 'kingx', 'age' => 12 }
```

Map 转换为对象，如果 Map 的实例的键是字符串，则可以直接转换；如果键不是字符串，则会先转换成字符串然后再进行转换。

```
// Map 转换为对象
function mapToObj(map) {
    let obj = {};
    for(let [key, value] of map) {
        obj[key] = value;
    }
    return obj;
}
console.log(mapToObj(map));   // { name: 'kingx', age: 12 }
```

对象转换为 Map，只需要遍历对象的属性并通过 set() 函数添加到 Map 的实例中即可。

```
// 对象转换为 Map
function objToMap(obj) {
    let map = new Map();
    for (let k of Object.keys(obj)) {
        map.set(k, obj[k]);
    }
    return map;
}
console.log(objToMap({yes: true, no: false}));
// Map {"yes" => true, "no" => false}
```

Map 转换为 JSON 字符串时，有两种情况，第一种是当 Map 的键名都是字符串时，可以先将 Map 转换为对象，然后调用 JSON.stringify() 函数。

```
// Map 转换为 JSON，通过对象
function mapToJson(strMap) {
    // 先将 map 转换为对象，然后转换为 JSON
    return JSON.stringify(mapToObj(strMap));
}
let myMap = new Map().set('yes', true).set('no', false);
console.log(mapToJson(myMap)); // {"yes":true,"no":false}
```

第二种是当 Map 的键名有非字符串时，我们可以先将 Map 转换为数组，然后调用 JSON. stringify() 函数。

```
// Map 转换为 JSON，通过数组
function mapToArrayJson(map) {
    // 先通过扩展运算符转换为数组，再转换为 JSON
    return JSON.stringify([...map]);
}
let myMap2 = new Map().set(true, 7).set({foo: 3}, ['abc']);
mapToArrayJson(myMap2); // [[true,7],[{"foo":3},["abc"]]]
```

JSON 转换为 Map。JSON 字符串是由一系列键值对构成，键一般都为字符串。我们可以直接通过调用 JSON.parse() 函数先将 JSON 字符串转换为对象，然后再转换为 Map。

```
// JSON 转换为 Map
function jsonToMap(jsonStr) {
    // 先转换为 JSON 对象，再转换为 Map
    return objToMap(JSON.parse(jsonStr));
}
jsonToMap('{"yes": true, "no": false}'); // Map { 'yes' => true, 'no' => false }
```

Set 转换为 Map，Set 中以数组形式存在的数据可以直接通过 Map 的构造函数转换为 Map。

```
// Set 转换为 Map
function setToMap(set) {
    return new Map(set);
}
const set = new Set([
    ['foo', 1],
    ['bar', 2]
]);
console.log(setToMap(set)); // Map { 'foo' => 1, 'bar' => 2 }
```

Map 转换为 Set，可以将遍历 Map 本身获取到的键和值构成一个数组，然后通过 add() 函数添加至 set 实例中。

```
// Map 实例转换为 Set
function mapToSet(map) {
    let set = new Set();
```

```
    for (let [k,v] of map) {
        set.add([k, v])
    }
    return set;
}
const map14 = new Map()
    .set('yes', true)
    .set('no', false);
mapToSet(map14); // Set { [ 'yes', true ], [ 'no', false ] }
```

7.9 Proxy

7.9.1 Proxy概述

ES6 中新增了 Proxy 对象，从字面上看可以理解为代理器，主要用于改变对象的默认访问行为，实际表现是在访问对象之前增加一层拦截，任何对对象的访问行为都会通过这层拦截。在拦截中，我们可以增加自定义的行为。

在了解 Proxy 的代理行为后，我们来学习 Proxy 的代码表现形式。

Proxy 的基本语法如下所示。

```
const proxy = new Proxy(target, handler);
```

它实际是一个构造函数，接收两个参数，一个是目标对象 target ；另一个是配置对象 handler，用来定义拦截的行为。

proxy、target 和 handler 之间的关系是什么样的呢?

通过 Proxy 构造函数可以生成实例 proxy，任何对 proxy 实例的属性的访问都会自动转发至 target 对象上，我们可以针对访问的行为配置自定义的 handler 对象，因此外界通过 proxy 访问 target 对象的属性时，都会执行 handler 对象自定义的拦截操作。

```
// 定义目标对象
const person = {
    name: 'kingx',
    age: 23
};
// 定义配置对象
let handler = {
    get: function (target, prop, receiver) {
        console.log("你访问了 person 的属性");
        return target[prop];
    }
};
// 生成 Proxy 的实例
const p = new Proxy(person, handler);
```

```
// 执行结果
console.log(p.name);
// 你访问了 person 的属性
// kingx
```

在上面的实例中，我们定义了一个包含 get() 函数的配置对象，表示的是对代理对象的属性进行读取操作时，就会触发 get() 函数。因此在执行 p.name，即调用 Proxy 实例的 name 属性时，会触发 get() 函数，在控制台输出"你访问了 person 的属性"，然后返回实际的 name 属性值。

在使用 Proxy 时，有几点需要注意的内容。

（1）必须通过代理实例访问

如果需要配置对象的拦截行为生效，那么必须是对代理实例的属性进行访问，而不是直接对目标对象进行访问。

在上面的实例中，如果直接通过目标对象 person 访问 name 属性，则不会触发拦截行为。

```
console.log(person.name); // kingx
```

（2）配置对象不能为空对象

如果需要配置对象的拦截行为生效，那么配置对象不能为空对象。如果为空对象，则代表没有设置任何拦截，实际是对目标对象的访问。另外配置对象不能为 null，否则会抛出异常。

```
const p2 = new Proxy(person, {});
console.log(p2.name); // kingx
```

在上面的代码中，我们为 person 生成了一个 Proxy 的实例，但是其配置对象为一个空对象 {}，表示没有设置任何拦截，相当于直接对目标对象进行访问。

7.9.2 Proxy实例函数及其基本使用

在 7.9.1 小节中我们有举例，通过访问代理对象的属性来触发自定义配置对象的 get() 函数。而 get() 函数只是 Proxy 实例支持的总共 13 种函数中的一种，这 13 种函数汇总如下。

- get(target, propKey, receiver)。

拦截对象属性的读取操作，例如调用 proxy.name 或者 proxy[name]，其中 target 表示的是目标对象，propKey 表示的是读取的属性值，receiver 表示的是配置对象。

- set(target, propKey, value, receiver)。

拦截对象属性的写操作，即设置属性值，例如 proxy.name='kingx' 或者 proxy[name]='kingx'，其中 target 表示目标对象，propKey 表示的是将要设置的属性，value 表示将要设置的属性的值，receiver 表示的是配置对象。

- has(target, propKey)。

拦截 hasProperty 的操作，返回一个布尔值，最典型的表现形式是执行 propKey in target，其中 target 表示目标对象，propKey 表示判断的属性。

- deleteProperty(target, propKey)。

拦截 delete proxy[propKey] 的操作，返回一个布尔值，表示是否执行成功，其中 target 表示目标对象，propKey 表示将要删除的属性。

- ownKeys(target)。

拦 截 Object.getOwnPropertyNames(proxy)、Object.getOwnPropertySymbols(proxy)、Object.keys(proxy)、for...in 循环等操作，其中 target 表示的是获取对象自身所有的属性名。

- getOwnPropertyDescriptor(target, propKey)。

拦截 Object.getOwnPropertyDescriptor(proxy, propKey) 操作，返回属性的属性描述符构成的对象，其中 target 表示目标对象，propKey 表示需要获取属性描述符集合的属性。

- defineProperty(target, propKey, propDesc)。

拦截 Object.defineProperty(proxy, propKey, propDesc)、Object.defineProperties(proxy, propDescs) 操作，返回一个布尔值，其中 target 表示目标对象，propKey 表示新增的属性，propDesc 表示的是属性描述符对象。

- preventExtensions(target)。

拦截 Object.preventExtensions(proxy) 操作，返回一个布尔值，表示的是让一个对象变得不可扩展，不能再增加新的属性，其中 target 表示目标对象。

- getPrototypeOf(target)。

拦截 Object.getPrototypeOf(proxy) 操作，返回一个对象，表示的是拦截获取对象原型属性，其中 target 表示目标对象。

- isExtensible(target)。

拦截 Object.isExtensible(proxy)，返回一个布尔值，表示对象是否是可扩展的，其中 target 表示目标对象。

- setPrototypeOf(target, proto)。

拦截 Object.setPrototypeOf(proxy, proto) 操作，返回一个布尔值，表示的是拦截设置对象的原型属性的行为，其中 target 表示目标对象，proto 表示新的原型对象。

- apply(target, object, args)。

拦截 Proxy 实例作为函数调用的操作，例如 proxy(...args)、proxy.call(object, ...args)、proxy.apply(...)，其中 target 表示目标对象，object 表示函数的调用方，args 表示函数调用传递的参数。

- construct(target, args)。

拦截 Proxy 实例作为构造函数调用的操作，例如 new proxy(...args)，其中 target 表示目标对象，args 表示函数调用传递的参数。

这些函数都有一个通用的特性，即如果在 target 中使用了 this 关键字，再通过 Proxy 处理后，this 关键字指向的是 Proxy 的实例，而不是目标对象 target。

```
const person = {
```

```
    getName: function () {
        console.log(this === proxy);
    }
};

const proxy = new Proxy(person, {});

proxy.getName();  // true
person.getName(); // false
```

在上面的实例中，我们在 getName() 函数中对 this 与 Proxy 实例进行了比较，通过 proxy 进行调用时，返回为 "true"；通过目标对象 person 调用时，返回为 "false"，验证了上述的结论。

接下来我们会针对其中比较重要的几个函数通过实例进行讲解，看看它们的应用场景。

1. 读取不存在属性

在正常情况下，读取一个对象不存在的属性时，会返回 "undefined"。通过 Proxy 的 get() 函数可以设置读取不存在的属性时抛出异常，从而避免对 undefined 值的兼容性处理。

```
let person = {
    name: 'kingx'
};
const proxy = new Proxy(person, {
    get: function (target, propKey) {
        if(propKey in target) {
            return target[propKey];
        } else {
            throw new ReferenceError(`访问的属性 ${propKey} 不存在 `);
        }
    }
});
console.log(proxy.name); // kingx
console.log(proxy.age); // ReferenceError: 访问的属性 age 不存在
```

在上面的例子中，我们通过 Proxy 的 get() 函数进行了设置，如果读取的属性值不在目标对象中，直接抛出一个 "属性不存在" 的 ReferenceError 异常，因此在我们访问 age 属性时，会抛出异常提示 "访问的属性 age 不存在"。

2. 读取负索引的值

数组的索引值是从 0 开始依次递增的，正常情况下我们无法读取负索引的值，但是通过 Proxy 的 get() 函数可以做到这一点。

负索引实际就是从数组的尾部元素开始，从后往前，寻找元素的位置。

```
const arr = [1, 4, 9, 16, 25];
const proxy = new Proxy(arr, {
```

```
    get: function (target, index) {
        index = Number(index);
        if (index > 0) {
            return target[index];
        } else {
            // 索引为负值，则从尾部元素开始计算索引
            return target[target.length + index];
        }
    }
});
console.log(proxy[2]);  // 9
console.log(proxy[-2]); // 16
```

在上面的实例中，我们自定义了 Proxy 的 get() 函数，第二个参数表示的是想要获取数组的索引值，如果索引值大于等于 0，则直接返回对应的值；如果索引值小于 0，则会通过数组长度加上负索引，从而以尾部元素为第一个值，向前寻找。

因此在输出 proxy[-2] 时，实际上是寻找数组的倒数第二个值，即"16"。

3. 禁止访问私有属性

在一些约定俗成的写法中，私有属性都会以下画线（_）开头，事实上我们并不希望用户能访问到私有属性，这可以通过设置 Proxy 的 get() 函数来实现。

```
const person = {
    name: 'kingx',
    _pwd: '123456'
};
const proxy = new Proxy(person, {
    get: function (target, prop) {
        if (prop.indexOf('_') === 0) {
            throw new ReferenceError('不可直接访问私有属性');
        } else {
            return target[prop];
        }
    }
});
console.log(proxy.name); // kingx
console.log(proxy._pwd); // ReferenceError: 不可直接访问私有属性
```

在上面的实例中，我们在 Proxy 的 get() 函数中进行了设置，如果访问的某个属性是以下画线（_）开头的，则直接抛出异常，其他属性则可以正常访问。

因此当我们访问 _pwd 属性时，由于其是以下画线开头的，则会抛出异常提示"不可直接访问私有属性"。

4. Proxy访问属性的限制

当我们期望使用 Proxy 对对象的属性进行代理，并修改属性的返回值时，我们需要这个属

性不能同时为不可配置和不可写。如果这个属性同时为不可配置和不可写，那么在通过代理读取属性时，会抛出异常。

```
const target = Object.defineProperties({}, {
    // 可配置的 name 属性
    name: {
        value: 'kingx',
        configurable: true,
        writable: false
    },
    // 不可配置的 age 属性
    age: {
        value: 12,
        configurable: false,
        writable: false
    }
});
const proxy = new Proxy(target, {
    get: function (targetObj, prop) {
        return 'abc';
    }
});
console.log(proxy.name); // abc
console.log(proxy.age);  // TypeError: expected '12' but got 'abc')
```

在上面的实例中，我们给一个对象定义了两个属性 name 与 age，其中 name 属性是可配置的，age 属性是不可配置的；然后在 Proxy 的 get() 函数中改变属性的返回值。

因为 name 属性是不可写但可配置的，所以可以通过代理改变其真实值，从而得到 "abc"；而 age 属性是不可写且不可配置的，所以在访问时就会直接抛出异常，异常信息栈的内容如下所示。

```
TypeError: 'get' on proxy: property 'age' is a read-only and non-configurable
data property on the proxy target but the proxy did not return its actu al
value (expected '12' but got 'abc')
```

从异常信息栈可以看出，不可写且不可配置的属性只能返回其实际值。

5. 拦截属性赋值操作

在实例 1 ~ 3 中，都是通过 Proxy 的 get() 函数实现的，接下来的属性赋值操作则通过 Proxy 的 set() 函数实现。

set() 函数会拦截属性的赋值操作，例如这样一个场景：事先确定好了某个属性的取值区间，但是在对属性赋值时却不在这个区间内，则可以直接抛出异常。

定义一个 person 对象，包含一个 age 属性，取值区间为 0 ~ 200，只要设置的值不在这个区间内，就会抛出异常。

```
const proxy = new Proxy({}, {
    set: function (target, prop, value) {
        if (prop === 'age') {
            if (!Number.isInteger(value)) {
                throw new TypeError('The age is not an integer');
            }
            if (value > 200 || value < 0) {
                throw new RangeError('The age is invalid');
            }
        } else {
            target[prop] = value;
        }
    }
});
proxy.name = 'kingx';  // 正常
proxy.age = 10;  // 正常
proxy.age = 201; // RangeError: The age is invalid
```

在上面的实例中，我们在 Proxy 的 set() 函数中进行了特殊处理，首先保证设置的属性为 age，然后判断设置的值是否为整数值，如果不是整数值，则抛出 TypeError 的异常；紧接着判断设置的值是否在 0 ～ 200 内，如果不在，则抛出 RangeError 的异常。

最后通过 proxy 设置 name 属性时，不满足属性为 age 的判断，则 set() 函数未生效，因此可以设置成功；通过 proxy 设置 age 值为 10 时，满足在 0 ～ 200 内的条件，并未抛出异常，因此可以设置成功；通过 proxy 设置 age 值为 201 时，不满足在 0 ～ 200 内的条件，则抛出异常提示 "The age is invalid"。

本小节的第 3 点是禁止访问私有属性，它是通过 get() 函数实现的，事实上私有属性也不应该被修改。这一点我们也可以通过 set() 函数来实现，感兴趣的同学可以自行实现。

6. 隐藏内部私有属性

Proxy 提供了 has() 函数，用于拦截 hasProperty() 函数，即判断对象是否具有某个属性，如果具有则返回 "true"，如果不具有则返回 "false"，典型的就是 in 操作符。

需要注意的是 has() 函数判断的是 hasProperty() 函数，而不是 hasOwnProperty() 函数，即 has() 函数不判断一个属性是对象自身的属性，还是对象继承的属性。

has() 函数有一个最大的用处就是隐藏某些以下画线开头（_）的私有属性，不对外暴露它们，从而通过 in 循环时不会遍历出私有属性值。

```
const obj = {
    _name: 'kingx',
    age: 13
};
const proxy = new Proxy(obj, {
    has: function (target, prop) {
        if(prop[0] === '_') {
```

```
            return false;
        }
        return prop in target;
    }
});
console.log('age' in proxy);   // true
console.log('_name' in proxy); // false
```

在上面的实例中，我们在 Proxy 的 has() 函数中进行了处理，如果属性名第一个字符是下画线，则直接返回"false"，表示的是属性不存在对象中；而其他不以下画线开头的属性则直接通过 in 操作符判断是否存在于 target 中，如果存在就返回"true"，不存在就返回"false"。

age 属性不以下画线开头，且真实存在于 proxy 中，所以返回"true"；而 _name 属性以下画线开头，为私有属性，返回"false"，从而无法通过外界进行访问。

还有一点需要注意的是，has() 函数只会对 in 操作符生效，而不会对 for...in 循环操作符生效。

沿用上面的实例，我们通过 for...in 循环输出 proxy 每个属性的值。

```
for (let key in proxy) {
    console.log(proxy[key]);
}
```

执行上面的代码会输出"kingx"和"13"，表明 _name 属性和 age 属性都被访问到，has() 函数并没有生效。

7. 禁止删除某些属性

Proxy 中提供了 deleteProperty() 函数，用于拦截 delete 操作，返回"true"时表示属性删除成功，返回"false"时表示属性删除失败。

利用这个特性，我们可以做特殊处理，不能删除以下画线开头的私有属性。当删除了私有属性时，会抛出异常，终止操作。

```
let obj = {
    _name: 'kingx',
    age: 12
};
const proxy = new Proxy(obj, {
    deleteProperty: function (target, prop) {
        if (prop[0] === '_') {
            throw new Error(`Invalid attempt to delete private "${prop}" property`);
        }
        return true;
    }
});
delete proxy.age;  // 删除成功
delete proxy._name; // Error: Invalid attempt to delete private "_name" property
```

在上面的实例中，我们在 Proxy 的 deleteProperty() 函数中进行了处理，如果属性名第一个字符是下画线，则直接抛出一个异常，其他属性则返回"true"，表明可以正常删除。

因此我们在执行 delete proxy.age 时，可以成功删除 age 属性；而在执行 delete proxy._name 时，会抛出异常。

8. 函数的拦截

Proxy 中提供了 apply() 函数，用于拦截函数调用的操作，函数调用包括直接调用、call() 函数调用、apply() 函数调用 3 种方式。

通过对函数调用的拦截，可以加入自定义操作，从而得到新的函数处理结果。

```
function sum(num1, num2) {
    return num1 + num2;
}
const proxy = new Proxy(sum, {
    apply: function (target, obj, args) {
        return target.apply(obj, args) * 2;
    }
});
console.log(proxy(1, 3));  // 8
console.log(proxy.call(null, 3, 4));  // 14
console.log(proxy.apply(null, [5, 6]));  // 22
```

在上面的实例中，我们定义了一个用于求和的 sum() 函数，然后通过 Proxy 的 apply() 函数对 sum() 函数的结果再乘以 2。

第一种函数执行形式是直接通过 proxy 进行调用，执行过程为 $(1 + 3) \times 2 = 8$。

第二种函数执行形式是通过 call() 函数调用，执行过程为 $(3 + 4) \times 2 = 14$。

第三种函数执行形式是通过 apply() 函数调用，执行过程为 $(5 + 6) \times 2 = 22$。

关于 Proxy 的其他函数同样有其使用场景，这里我们就不赘述，感兴趣的同学可以私下再深入学习。

7.9.3 Proxy的使用场景

在了解了 Proxy 多种函数的基本使用方法后，我们可以看下 Proxy 在实际开发中的应用，这里我们一共总结出了 3 种场景进行讲解。

1. 实现真正的私有

JavaScript 中虽然没有私有属性的语法，但存在一种约定俗成的下画线写法，我们可以通过 Proxy 处理下画线写法来实现真正的私有。

真正的私有所要达到的目标有以下几个。

• 不能访问到私有属性，如果访问到私有属性则返回"undefined"。
• 不能直接修改私有属性的值，即使设置了也无效。
• 不能遍历出私有属性，遍历出来的属性中不会包含私有属性。

```
const apis = {
    _apiKey: '12ab34cd56ef',
    getAllUsers: function () {
        console.log('这是查询全部用户的函数');
    },
    getUserById: function (userId) {
        console.log('这是根据用户id查询用户的函数');
    },
    saveUser: function (user) {
        console.log('这是保存用户的函数');
    }
};
const proxy = new Proxy(apis, {
    get: function (target, prop) {
        if (prop[0] === '_') {
            return undefined;
        }
        return target[prop];
    },
    set: function (target, prop, value) {
        if (prop[0] !== '_') {
            target[prop] = value;
        }
    },
    has: function (target, prop) {
        if (prop[0] === '_') {
            return false;
        }
        return prop in target;
    }
});
console.log(proxy._apiKey); // undefined
console.log(proxy.getAllUsers()); // 这是查询全部用户的函数
proxy._apiKey = '123456789'; // 设置无效
console.log('getUserById' in proxy);  // true
console.log('_apiKey' in proxy); // false
```

在上面的实例中，首先定义了一个与 API 有关的对象 apis，其中包含一个私有属性 _apiKey，不对外暴露；然后分别通过 Proxy 的 get() 函数、set() 函数和 has() 函数对私有属性进行了多方面的控制，满足无法读取、设置、遍历这 3 个条件。

在后面的测试中，访问私有属性 _apiKey 时，会返回 "undefined"，但是可以正常执行 getAllUsers() 函数。

在对 _apiKey 属性进行设置时，不会生效。

最后通过 in 操作符判断 _apiKey 是否在 proxy 中，返回 "false"，表明无法遍历出该属性。

2. 增加日志记录

在日常的开发中，针对那些调用频繁、运行缓慢或者占用资源密集型的接口，我们期望能记录它们的使用情况，这个时候我们可以通过 Proxy 作为中间件增加日志记录。

为了达到上面的目的，我们需要使用 Proxy 进行拦截，首先通过 get() 函数拦截到调用的函数名，然后通过 apply() 函数进行函数的调用。

因此在实现上，get() 函数会返回一个函数，在这个函数内通过 apply() 函数调用原始函数，然后调用记录操作日志的函数。

```
const apis = {
    _apiKey: '12ab34cd56ef',
    getAllUsers: function () {
        console.log('这是查询全部用户的函数');
    },
    getUserById: function (userId) {
        console.log('这是根据用户id查询用户的函数');
    },
    saveUser: function (user) {
        console.log('这是保存用户的函数');
    }
};
// 记录日志的方法
function recordLog() {
    console.log('这是记录日志的函数');
}
const proxy = new Proxy(apis, {
    get: function (target, prop) {
        const value = target[prop];
        return function (...args) {
            // 此处调用记录日志的函数
            recordLog();
            // 调用真实的函数
            return value.apply(null, args);
        }
    }
});
proxy.getAllUsers();
```

在上面的实例中，我们新增了一个用于记录日志的函数，在 Proxy 的 get() 函数中返回一个函数，分别调用记录日志的函数和真实的函数。

在执行 proxy.getAllUsers() 函数后，输出结果如下所示。

```
这是记录日志的函数
这是查询全部用户的函数
```

这样就可以在不影响原应用正常运行的情况下增加日志记录。如果我们只想要对特定的某些函数增加日志,那么可以在 get() 函数中进行特殊的处理,对函数名进行判断。

3. 提供友好提示或者阻止特定操作

通过 Proxy,我们可以增加某些操作的友好提示或者阻止特定的操作,主要包括以下几类。

- 某些被弃用的函数被调用时,给用户提供友好提示。
- 阻止删除属性的操作。
- 阻止修改某些特定的属性的操作。

```javascript
let dataStore = {
    noDelete: 1234,
    oldMethod: function () {/*...*/},
    doNotChange: "tried and true"
};
let NO_DELETE = ['noDelete'];
let DEPRECATED = ['oldMethod'];
let NO_CHANGE = ['doNotChange'];
const proxy = new Proxy(dataStore, {
    set(target, key, value, proxy) {
        if (NO_CHANGE.includes(key)) {
            throw Error(`Error! ${key} is immutable.`);
        }
        return true;
    },
    deleteProperty(target, key) {
        if (NO_DELETE.includes(key)) {
            throw Error(`Error! ${key} cannot be deleted.`);
        }
        return true;
    },
    get(target, key, proxy) {
        if (DEPRECATED.includes(key)) {
            console.warn(`Warning! ${key} is deprecated.`);
        }
        const val = target[key];
        return typeof val === 'function' ?
            function (...args) {
                val.apply(null, args);
            } : val;
    }
});

proxy.doNotChange = "foo"; // Error! doNotChange is immutable.
delete proxy.noDelete; // Error! noDelete cannot be deleted.
proxy.oldMethod(); // Warning! oldMethod is deprecated.
```

在上面的实例中,我们定义了一个数据源对象 dataStore,其中包含了不能删除的属性

noDelete、已废弃的函数 oldMethod()、不能改变的属性 doNotChange。

然后在 Proxy 的 deleteProperty() 函数中增加了对删除属性操作的控制，如果包含了不可删除的属性，则抛出异常提示 "${key} cannot be deleted"。

在 Proxy 的 get() 函数中增加了对函数的控制，如果包含了过时函数，输出警告提示 "${key} is deprecated"。

在 Proxy 的 set() 函数中增加了对属性设置的控制，如果包含了不可修改的属性，抛出异常提示 "${key} is immutable"。

7.10 Reflect

7.10.1 Reflect概述

Reflect 对象与 Proxy 对象一样，也是 ES6 为了操作对象而提供的新 API。

那么什么是 Reflect 对象呢？

我们可以这样理解：有一个名为 Reflect 的全局对象，上面挂载了对象的某些特殊函数，这些函数可以通过类似于 Reflect.apply() 这种形式来调用，所有在 Reflect 对象上的函数要么可以在 Object 原型链中找到，要么可以通过命令式操作符实现，例如 delete 和 in 操作符。

大家可能会有疑问，既然在 ES6 之前，Object 对象中已经有与 Reflect 的函数相同功能的函数或者命令式操作符，那么为什么还要在 ES6 中专门增加一个 Reflect 对象呢？

主要原因有以下几点。

- 更合理地规划与Object对象相关的API。在ES6中，Object对象的一些明显属于语言内部的函数都会添加到Reflect对象中，这样Object对象与Reflect对象中会存在相同的处理函数。而在未来的设计中，语言内部的函数将只会添加到Reflect对象中。
- 用一个单一的全局对象去存储这些函数，能够保持其他的JavaScript代码的整洁、干净。不然的话，这些函数可能是全局的，或者要通过原型来调用，不方便统一管理。
- 将一些命令式的操作符如delete、in等使用函数来替代，这样做的目的是为了让代码更好维护，更容易向下兼容，同时也避免出现更多的保留字。

```
// 传统写法
'assign' in Object // true

// 新写法
Reflect.has(Object, 'assign') // true
```

- 修改Object对象的某些函数的返回结果，可以让其变得更合理，使得代码更好维护。

如果一个对象obj是不能扩展的，那么在调用Object.defineProperty(obj, name, desc)时，会抛出一个异常。因此在传统的写法中，我们需要通过 try...catch 处理。

而使用 Reflect.defineProperty(obj, name, desc) 时，返回的是 "false"，新的写法就可

以通过 if...else 实现。

```
// 传统写法
try {
    Object.defineProperty(target, property, attributes);
    // success
} catch (e) {
    // failure
}

// 新写法
if (Reflect.defineProperty(target, property, attributes)) {
    // success
} else {
    // failure
}
```

- Reflect对象的函数与Proxy对象的函数一一对应，只要是Proxy对象的函数，就能在Reflect对象上找到对应的函数。这就让Proxy对象可以方便地调用对应的Reflect对象上的函数，完成默认行为，并以此作为修改行为的基础。

也就是说，不管 Proxy 对象怎么修改默认行为，总可以在 Reflect 对象上获取默认行为。而事实上 Proxy 对象也会经常随着 Reflect 对象一起进行调用，这些会在后面的实例中讲解到。

```
new Proxy(target, {
  set: function(target, name, value, receiver) {
    var success = Reflect.set(target,name, value, receiver);
    if (success) {
      console.log('property ' + name + ' on ' + target + ' set to ' + value);
    }
    return success;
  }
});
```

7.10.2 Reflect静态函数

与 Proxy 对象不同的是，Reflect 对象本身并不是一个构造函数，而是直接提供静态函数以供调用，Reflect 对象的静态函数一共有 13 个，如下所示。

- Reflect.apply(target, thisArg, args)。

Reflect.apply() 函数的作用是通过指定的参数列表执行 target 函数，等同于执行 Function. prototype.apply.call(target, thisArg, args)。

其中 target 表示的是目标函数，thisArg 表示的是执行 target 函数时的 this 对象，args 表示的是参数列表。

- Reflect.construct(target, args [, newTarget])。

Reflect.construct() 函数的作用是执行构造函数,等同于执行 new target(...args)。

其中 target 表示的是构造函数,args 表示的是参数列表。newTarget 是选填的参数,如果增加了该参数,则表示将 newTarget 作为新的构造函数;如果没有增加该参数,则仍然使用第一个参数 target 作为构造函数。

• Reflect.defineProperty(target, propKey, attributes)。

Reflect.defineProperty() 函数的作用是为对象定义属性,等同于执行 Object.defineProperty()。

其中 target 表示的是定义属性的目标对象,propKey 表示的是新增的属性名,attributes 表示的是属性描述符对象集。

• Reflect.deleteProperty(target, propKey)。

Reflect.deleteProperty() 函数的作用是删除对象的属性,等同于执行 delete obj[propKey]。

其中 target 表示的是待删除属性的对象,propKey 表示的是待删除的属性。

• Reflect.get(target, propKey, receiver)。

Reflect.get() 函数的作用是获取对象的属性值,等同于执行 target[propKey]。

其中 target 表示的是获取属性的对象,propKey 表示的是获取的属性,receiver 表示函数中 this 绑定的对象。

• Reflect.getOwnPropertyDescriptor(target, propKey)。

Reflect.getOwnPropertyDescriptor() 函数的作用是得到指定属性的描述对象,等同于执行 Object.getOwnPropertyDescriptor()。

其中 target 表示的是待操作的对象,propKey 表示的是指定的属性。

• Reflect.getPrototypeOf(target)。

Reflect.getPrototypeOf() 函数的作用是读取对象的 __proto__ 属性,等同于执行 Object.getPrototypeOf(obj)。

其中 target 表示的是目标对象。

• Reflect.has(target, propKey)。

Reflect.has() 函数的作用是判断属性是否在对象中,等同于执行 propKey in target。

其中 target 表示的是目标对象,propKey 表示的是判断的属性。

• Reflect.isExtensible(target)。

Reflect.isExtensible() 函数的作用是判断对象是否可扩展,等同于执行 Object.isExtensible() 函数。

其中 target 表示的是目标对象。

• Reflect.ownKeys(target)。

Reflect.ownKeys() 函数的作用是获取对象的所有属性,包括 Symbol 属性,等同于 Object.getOwnPropertyNames 与 Object.getOwnPropertySymbols 之和。

其中 target 表示的是目标对象。

• Reflect.preventExtensions(target)。

Reflect.preventExtensions() 函数的作用是让一个对象变得不可扩展，等同于执行 Object. preventExtensions()。

其中 target 表示的是目标对象。

• Reflect.set(target, propKey, value, receiver)。

Reflect.set() 函数的作用是设置某个属性值，等同于执行 target[propKey] = value。

其中 target 表示的是目标对象，propKey 表示的是待设置的属性，value 表示的是设置属性的具体值，receiver 表示函数中 this 绑定的对象。

• Reflect.setPrototypeOf(target, newProto)。

Reflect.setPrototypeOf() 函数的作用是设置对象的原型 prototype，等同于执行 Object. setPrototypeOf(target, newProto)。

其中 target 表示的是目标对象，newProto 表示的是新的原型对象。

在了解了 Reflect 对象的 13 种静态函数的作用后，我们挑选其中几个函数进行详细讲解，看看他们与传统的写法有什么差异。

1. Reflect.apply(target, thisArg, args)

这里我们选择了两个应用场景，一个是找出数组里的最大元素，一个是截取字符串中的一部分值，这两个场景分别使用传统的 apply() 函数和 Reflect.apply() 函数来实现。

首先我们来看第一个场景，找出数组里的最大元素。

```
// 查找一个数字数组里面的最大元素
const arr = [1, 3, 5, 7];
let max;
// ES6
max = Reflect.apply(Math.max, null, arr);
console.log(max);  // 7
// ES5
max = Math.max.apply(null, arr);
console.log(max); // 7
max = Function.prototype.apply.call(Math.max, null, arr);
console.log(max); // 7
```

在上面的实例中，传统的 ES5 写法，采用 Math.max.apply() 函数或者 Function.prototype. apply.call(Math.max) 函数来实现；而 ES6 的写法，通过调用 Reflect.apply(Math.max) 函数来实现。

然后来看看第二个场景，截取字符串中的一部分值。

```
// 截取字符串的一部分
let str = 'hello, world';
let newStr;
// ES6
newStr = Reflect.apply(String.prototype.slice, str, [2, 8]);
console.log(newStr); // llo, w
// ES5
```

```
newStr = str.slice(2, 8);
console.log(newStr); // llo, w
newStr = String.prototype.slice.apply(str, [2, 8]);
console.log(newStr); // llo, w
```

在上面的实例中，传统的 ES5 写法，直接调用 str.slice() 函数或者 String.prototype.slice.apply(str) 函数来实现；而 ES6 的写法，通过调用 Reflect.apply(String.prototype.slice) 函数来实现。

2. Reflect.defineProperty(target, propKey, attributes)

Reflect.defineProperty() 函数与 Object.defineProperty() 函数的主要区别在于返回值，如果设置失败，Object.defineProperty() 函数会抛出一个异常，而 Reflect.defineProperty() 函数会返回 "false"。

```
1  let obj = {};
2   // ES5写法，对象的属性定义失败时，采用try...catch()函数处理
3  try {
4      Object.defineProperty(null, 'a', {
5          value: 22
6      });
7  } catch (e) {
8      console.log('define property failed!');
9  }
10
11 // 使用Object.defineProperty成功地定义
12 let obj1 = Object.defineProperty(obj, 'name', {
13      enumerable: true,
14     value: 'kingx'
15 });
16 console.log(obj); // { name: 'kingx' }
17 console.log(obj1); // { name: 'kingx' }
18
19 let result1 = Reflect.defineProperty(obj, 'name', {
20     configurable: true,
21     enumerable: true,
22     value: 'happy'
23 });
24 console.log(result1); // false
25
26 let result2 = Reflect.defineProperty(obj, 'age', {
27     configurable: true,
28     enumerable: true,
29     value: 22
30 });
31 console.log(result2); // true
32 console.log(obj); // { name: 'kingx', age: 22 }
```

在上面实例中的第 1～9 行代码，我们在采用传统 ES5 写法时，通过 Object.defineProperty() 函数为 null 添加一个属性，是一个失败的操作，会抛出一个异常，所以需要采用 try...catch() 函数的写法。

在第 11～17 行代码中，通过 Object.defineProperty() 函数为 obj 对象添加一个 name 属性，得到新的对象 obj1，此时 obj 与 obj1 指向同一个引用，输出的结果都为 "{ name: 'kingx' }"。这里需要注意，obj 对象的 name 属性只设置了 enumerable 值为 true，那么 enumerable 和 configurable 值就为 false，这表明 name 属性值是不能被修改的。

在第 19～24 行代码中，由于 name 属性值是不能被修改的，通过 Reflect.defineProperty() 函数设置 obj 对象的 name 属性值时会失败，因此在输出 result1 时，结果为 "false"。

在第 26～32 行代码中，age 属性是第一次被添加到 obj 对象中去的，因此 Reflect.defineProperty() 函数调用成功，result2 值为 "true"，此时 obj 就扩展成了拥有 name 和 age 两个属性值的对象。

3. Reflect.deleteProperty(target, propKey)

这里我们主要看看传统的 delete 操作符和 Reflect.deleteProperty() 函数的使用差异性。

```
// 新的 Reflect 写法
let obj = {
    name: 'kingx',
    age: 22
};
let r1 = Reflect.deleteProperty(obj, 'name');
console.log(r1); // true
let r2 = Reflect.deleteProperty(obj, 'name');
console.log(r2); // true
let r3 = Reflect.deleteProperty(Object.freeze(obj), 'age');
console.log(r3); // false

// 传统的 delete 写法
let obj2 = {
    name: 'kingx',
    age: 22
};
delete obj2.name;
delete obj2.name;
// 冻结 obj2 对象
Object.freeze(obj2);
delete obj2.age;
console.log(obj2); // { age: 22 }
```

在使用新的 Reflect.deleteProperty() 函数删除对象的属性时，只要对象是可扩展的，删除任何属性都会返回为 "true"，即使该属性不存在。

在上面的实例中，第一次调用 Reflect.deleteProperty() 函数删除 name 属性时，删除成功，

r1 为 "true"，此时 obj 对象中只包含 age 属性。

第二次调用 Reflect.deleteProperty() 函数删除 name 属性时，虽然 name 属性已经不存在，仍然可以删除成功，r2 为 "true"。

第三次调用 Reflect.deleteProperty() 函数删除 age 属性时，由于 obj 对象通过 freeze() 函数进行冻结，obj 将不可扩展，因此删除 age 属性失败，r3 为 "false"。

使用传统的 delete 操作符达到的是相同的目的，即使删除的是不存在的属性，程序也不会抛出异常，所以两次调用 delete obj2.name 后程序依然正常；而当对象 obj2 通过 freeze() 函数冻结后，delete 操作将不再生效，因此最后 obj2 为 "{ age: 22 }"。

4. Reflect.set(target, propKey, value, receiver)

这里我们主要看 Reflect.set() 函数在传递与不传递第四个参数 receiver 上的差异。

```
let obj = {
    _name: '',
    set name(name) {
        console.log('this:', this);
        this._name = name;
    },
    get name() {
        return this._name;
    },
    age: 22
};

let r1 = Reflect.set(obj, 'age', 24);
let r2 = Reflect.set(obj, 'name', 'kingx'); // this: { _name: '', name: [Getter/
Setter], age: 24 }
console.log(r1); // true
console.log(obj); // { _name: 'kingx', name: [Getter/Setter], age: 24 }

let receiver = {test: 'test'};
let r3 = Reflect.set(obj, 'name', 'kingx2', receiver); // this: { test: 'test' }
console.log(r3); // true
console.log(obj); // { _name: 'kingx', name: [Getter/Setter], age: 24 }
console.log(receiver); // { test: 'test', _name: 'kingx2' }
```

首先我们定义一个 obj 对象，具有 _name、name 和 age 这 3 个属性，并在设置 name 属性值时，输出 this 的值。

然后第一次调用 Reflect.set() 函数，修改 age 属性的值为 24，操作成功。

第二次调用 Reflect.set() 函数，修改 name 属性的值为 'kingx'，此时并未传递第四个参数，所以 this 指向第一个参数 obj，执行成功后 obj 的值为 "{ _name: 'kingx', name: [Getter/Setter], age: 24 }"。

第三次调用 Reflect.set() 函数，修改 name 属性值为 'kingx2'，此时传递了第四个参数为一个对象 receiver，则 this 就指向这个新对象 receiver，而不再是 obj 对象。因此在设置 name 时，执行了 this._name = name，实际是为 receiver 对象新增了一个 _name 属性，值为 'kingx2'，在执行完后，obj 对象的值依然不变，而 receiver 对象的值变为 "{ test: 'test', _name: 'kingx2' }"。

还有很多其他的方法，在使用上都大同小异，大家可以一一学习。

7.10.3　Reflect与Proxy

ES6 在设计的时候就将 Reflect 对象和 Proxy 对象绑定在一起了，Reflect 对象的函数与 Proxy 对象的函数一一对应，因此在 Proxy 对象中调用 Reflect 对象对应的函数是一个明智的选择。

例如我们使用 Proxy 对象拦截属性的读取、设置和删除操作、并配合 Reflect 对象实现时，可以编写如下所示的代码。

```
let target = {
    name: 'kingx'
};
const proxy = new Proxy(target, {
    get(target, prop) {
        console.log(`读取属性 ${prop} 的值为 ${target[prop]}`);
        return Reflect.get(target, prop);
    },
    set(target, prop, value) {
        console.log(`设置属性 ${prop} 的值为 ${value}`);
        return Reflect.set(target, prop, value);
    },
    deleteProperty(target, prop) {
        console.log('删除属性：' + prop);
        return Reflect.deleteProperty(target, prop);
    }
});

proxy.name; // 读取属性 name 的值为 'kingx'
proxy.name = 'kingx2'; // 设置属性 name 的值为 'kingx2'
delete proxy.name; // 删除属性：name
```

在上面的代码中，我们在 Proxy 对象的 get() 函数、set() 函数、deleteProperty() 函数中分别调用 Reflect.get() 函数、Reflect.set() 函数、Reflect.deleteProperty() 函数。

最后的测试代码验证了使用 Reflect 对象的准确性。

上面的实例只是讲解了如何配合使用 Proxy 对象和 Reflect 对象，那么两者的配合使用能实现什么样的功能呢？

有一个最经典的案例就是可以实现观察者模式。

观察者模式的表现是：一个目标对象管理所有依赖于它的观察者对象，当自身的状态有变更时，会主动向所有观察者发出通知。

按照观察者模式的表现，我们可以设想这样一个场景：有一个目标对象和两个观察者对象，在修改目标对象的属性时通知所有的观察者，其中一个观察者获得修改后的值"开心地笑了"，另一个观察者获得修改后的值"伤心地哭了"。

如果采用 Proxy 对象和 Reflect 对象的实现方式，其中必须包含以下元素。

- Proxy代理的对象为观察者模式中的目标对象。
- 拥有一个Set集合，包含所有的观察者对象。
- 观察者对象由用户自定义，本实例中有两个观察者，实际为两个函数。
- 通过Proxy的set()函数实现属性拦截，在set()函数中调用Reflect.set()函数设置属性值，然后执行通知的函数，即调用观察者对象代表的函数。

代码的编写思路如下。

- 定义目标对象。
- 定义观察者队列，用于包含所有的观察者对象。
- 定义两个观察者对象。
- 定义Proxy的set()函数，用于拦截目标对象属性修改的操作。在拦截到set操作后，使用Reflect.set()函数修改属性，然后通知所有的观察者执行各自的操作。
- 定义为目标对象添加观察者的函数。
- 通过Proxy构造函数生成代理的实例。

根据以上的分析，我们可以得到以下的代码。

```javascript
// 目标对象
const target = {
    name: 'kingx'
};
// 观察者队列，包含所有的观察者对象
const queueObservers = new Set();
// 第一个观察者对象
function observer1(prop, value) {
    console.log(`目标对象的${prop}属性值变为${value}，观察者 1 开心地笑了`);
}
// 第二个观察者对象
function observer2(prop, value) {
    console.log(`目标对象的${prop}属性值变为${value}，观察者 2 伤心地哭了`);
}
// Proxy 的 set() 函数，用于拦截目标对象属性修改的操作
function set(target, prop, value) {
    // 使用 Reflect.set() 函数修改属性
    const result = Reflect.set(target, prop, value);
    // 执行通知函数，通知所有的观察者
    result ? queueObservers.forEach(fn => fn(prop, value)) : '';
    return result;
```

```
}
// 为目标对象添加观察者
const observer = (fn) => queueObservers.add(fn);
// 通过 Proxy 生成目标对象的代理的函数
const observable = (target) => new Proxy(target, {set});
// 获取代理
const proxy = observable(target);

observer(observer1);
observer(observer2);

proxy.name = 'kingx2';
```

当最后我们执行 proxy.name = 'kingx2' 后，进入了 Proxy 的 set() 函数中，成功地修改了
name 属性值，并且通知观察者执行各自的操作，第一个观察者输出的结果如下所示。

目标对象的 name 属性值变为 kingx2，观察者 1 开心地笑了

第二个观察者输出的结果如下所示。

目标对象的 name 属性值变为 kingx2，观察者 2 伤心地哭了

▶ 7.11 Promise

Promise 是在 ES6 中新增的一种用于解决异步编程的方案，接下来会从以下几个方面详细
介绍 Promise。
- Promise诞生的原因。
- Promise的生命周期。
- Promise的基本用法。
- Promise的用法实例。

7.11.1 Promise诞生的原因

Promise 诞生以前，在处理一个异步请求时，我们通常是在回调函数中做处理，例如处理
一个 Ajax 请求的代码如下所示。

```
$.ajax({
    url: 'testUrl',
    success: function () {
        // 回调函数
    }
});
```

假如在一个行为中，需要执行多个异步请求，每一个请求又需要依赖上一个请求的结果，

按照回调函数的处理方法，代码如下所示。

```
// 第一个请求
$.ajax({
    url: 'url1',
    success: function () {
        // 第二个请求
        $.ajax({
            url: 'url2',
            success: function () {
                // 第三个请求
                $.ajax({
                    url: 'url3',
                    success: function () {
                        // 第四个请求
                        $.ajax({
                            url: 'url4',
                            success: function () {
                                // 成功地回调
                            }
                        })
                    }
                })
            }
        })
    }
})
```

事实上，一个行为所产生的异步请求可能比这个还要多，这就会导致代码的嵌套太深，引发"回调地狱"。

"回调地狱"存在以下几个问题。

- 代码臃肿，可读性差。
- 代码耦合度高，可维护性差，难以复用。
- 回调函数都是匿名函数，不方便调试。

那么有什么方法能够避免在处理异步请求时，产生"回调地狱"的问题呢？

Promise 就应运而生了，它为异步编程提供了一种更合理、更强大的解决方案。

7.11.2 Promise的生命周期

每一个 Promise 对象都有 3 种状态，即 pending（进行中）、fulfilled（已成功）和 rejected（已失败）。

Promise 在创建时处于 pending 状态，状态的改变只有两种可能，一种是在 Promise 执行成功时，由 pending 状态改变为 fulfilled 状态；另一种是在 Promise 执行失败时，由 pending

状态改变为 rejected 状态。

状态一旦改变，就不能再改变，状态改变一次后得到的就是 Promise 的终态。

7.11.3 Promise的基本用法

Promise 对象本身是一个构造函数，可以通过 new 操作符生成 Promise 的实例。

```
const promise = new Promise((resolve, reject) => {
    // 异步请求处理
    if(/ 异步请求标识 /) {
        resolve();
    } else {
        reject();
    }
});
```

Promise 执行的过程是：在接收的函数中处理异步请求，然后判断异步请求的结果，如果结果为"true"，则表示异步请求执行成功，调用 resolve() 函数，resolve() 函数一旦执行，Promise 的状态就从 pending 变为 fulfilled；如果结果为"false"，则表示异步请求执行失败，调用 reject() 函数，reject() 函数一旦执行，Promise 的状态就从 pending 变为 rejected。

resolve() 函数和 reject() 函数可以传递参数，作为后续 .then() 函数或者 .catch() 函数执行时的数据源。

需要注意的是 Promise 在创建后会立即调用，然后等待执行 resolve() 函数或者 reject() 函数来确定 Promise 的最终状态。

```
let promise = new Promise(function(resolve, reject) {
    console.log('Promise');
    resolve();
});
promise.then(function() {
    console.log('resolved');
});
console.log('Hello');
```

在上面的代码中，会先后输出"Promise""Hello""resolved"。

- 首先是Promise的创建，会立即执行，输出"Promise"。
- 然后是执行resolve()函数，这样的话就会触发then()函数指定回调函数的执行，但是它需要等当前线程中的所有同步代码执行完毕，因此会先执行最后一行同步代码，输出"Hello"。
- 最后是当所有同步代码执行完毕后，执行then()函数，输出"resolved"。

在拥有 Promise 异步解决方案后，实现原生 get 类型的 Ajax 请求的代码如下所示。

```
// 封装原生 get 类型 Ajax 请求
function ajaxGetPromise(url) {
    const promise = new Promise(function (resolve, reject) {
        const handler = function () {
            if (this.readyState !== 4) {
                return;
            }
            // 当状态码为 200 时，表示请求成功，执行 resolve() 函数
            if (this.status === 200) {
            // 将请求的响应体作为参数，传递给 resolve() 函数
                resolve(this.response);
            } else {
                // 当状态码不为 200 时，表示请求失败，reject() 函数
                reject(new Error(this.statusText));
            }
        };
        // 原生 Ajax 请求操作
        const client = new XMLHttpRequest();
        client.open("GET", url);
        client.onreadystatechange = handler;
        client.responseType = "json";
        client.setRequestHeader("Accept", "application/json");
        client.send();
    });
    return promise;
}
```

当一个 Promise 的实例创建好后，我们该如何进行成功或者失败的异步处理呢？

这就需要调用 then() 函数和 catch() 函数了。

1. then()函数

Promise 在原型属性上添加了一个 then() 函数，表示在 Promise 实例状态改变时执行的回调函数。

它接收两个函数作为参数，第一个参数表示的是 Promise 在执行成功后（即调用了 resolve() 函数），所需要执行的回调函数，函数参数就是通过 resolve() 函数传递的参数。第二个参数是可选的，表示的是 Promise 在执行失败后（即调用了 reject() 函数或抛出了异常），执行的回调函数。

以上面封装 Ajax 请求的函数为例，我们看看 then() 函数的用法。

```
ajaxGetPromise('/testUrl').then((response) => {
    console.log(response);
});
```

ajaxGetPromise() 函数在执行后会返回一个 Promise 实例，在执行 then() 函数时，回调函数中接收一个 response 参数，值为 resolve() 函数中传递的 this.response，表示 Ajax 请求的响应。

then() 函数返回的是一个新 Promise 实例，因此可以使用链式调用 then() 函数，在上一轮 then() 函数内部 return 的值会作为下一轮 then() 函数接收的参数值。

```
const promise = new Promise((resolve, reject) => {
    resolve(1);
});
// then() 函数链式调用
promise.then((result) => {
    console.log(result);   // 1
    return 2;
}).then((result) => {
    console.log(result);   // 2
    return 3;
}).then((result) => {
    console.log(result);   // 3
    return 4;
}).then((result) => {
    console.log(result);   // 4
});
```

基于 then() 函数的链式调用写法，可以解决本小节开头提到的"回调地狱"问题。从代码风格上看，使用 Promise 的写法非常优雅。

需要注意的是，在 then() 函数中不能返回 Promise 实例本身，否则会出现 Promise 循环引用的问题，抛出异常。

```
const promise = Promise.resolve()
    .then(() => {
        return promise;
    });
```

以上代码在运行后，会抛出如下所示的异常。

```
TypeError: Chaining cycle detected for promise #<Promise>
```

虽然 then() 函数能够处理 rejected 状态的 Promise 的回调函数，但是并不推荐这么做，而是推荐将它交给下面要讲的 catch() 函数来处理。

2. catch()函数

catch() 函数与 then() 函数是成对存在的，then() 函数是 Promise 执行成功之后的回调，而 catch() 函数是 Promise 执行失败之后的回调，它所接收的参数就是执行 reject() 函数时传递的参数。

我们可以通过在 Promise 中手动抛出一个异常，来测试 catch() 函数的用法。

```
const promise = new Promise((resolve, reject) => {
    try {
        throw new Error('test');
    } catch(err) {
```

```
            reject(err);
        }
    });
    promise
        .catch((err) => {
            console.log(err); // Error: test
        });
```

因为 promise 实例在创建后会立即执行，所以进入 try 语句后会抛出一个异常，从而被 catch() 函数捕获到，在 catch() 函数中调用 reject() 函数，并传递 Error 信息。一旦 reject() 函数被执行，就会触发 promise 实例的 catch() 函数，从而能在 catch() 函数的回调函数中输出 err 的信息。

事实上只要在 Promise 执行过程中出现了异常，就会被自动抛出，并触发 reject(err)，而不用我们去使用 try...catch，在 catch() 函数中手动调用 reject() 函数。

因此前面的代码可以改写成如下所示的代码。

```
const promise = new Promise((resolve, reject) => {
    throw new Error('test');
});
promise
    .catch((err) => {
        console.log(err); // Error: test
    });
```

另外我们再拿一个空指针引用的异常来进行测试。

```
const promise = new Promise((resolve, reject) => {
    null.name;
});
promise
    .catch((err) => {
        console.log(err); // TypeError: Cannot read property 'name' of null
    });
```

在 Promise 接收的函数体中引用 null 的 name 属性时，会抛出一个异常。这个异常会被自动捕获，而且会自动执行 reject() 函数，从而会触发 catch() 函数并传递异常值，在函数体中将其输出，得到以下的结果。

```
TypeError: Cannot read property 'name' of null
```

需要注意的是，如果一个 Promise 的状态已经变成 fulfilled 成功状态，再去抛出异常，是无法触发 catch() 函数的。这是因为 Promise 的状态一旦改变，就会永久保持该状态，不会再次改变。

```
const promise = new Promise((resolve, reject) => {
    resolve(1);
```

```
    throw new Error('test');
});
promise
    .then((result) => {
        console.log(result);  // 1
    })
    .catch((err) => {
        console.log(err);
    });
```

在上面代码的 Promise 函数体中，调用 resolve() 函数，并传递一个参数 1，会直接触发 promise 的 then() 函数，而不会执行下面的抛出异常的 throw 语句，从而输出"1"，整个 Promise 执行过程结束。

在 ES6 中不仅为 Promise 的原型对象添加了 then() 函数和 catch() 函数等异步处理函数，还为 Promise 对象自身添加了一系列的静态函数，用来处理多 Promise 实例同时运行的情况。接下来我们选择几个重点的静态函数来讲解。

1. Promise.all()函数

then() 函数和 catch() 函数是 Promise 原型链中的函数，因此每个 Promise 的实例可以进行共享，而 all() 函数是 Promise 本身的静态函数，用于将多个 Promise 实例包装成一个新的 Promise 实例。

```
const p = Promise.all([p1, p2, p3]);
```

返回的新 Promise 实例 p 的状态由 3 个 Promise 实例 p1、p2、p3 共同决定，总共会出现以下两种情况。

- 只有p1、p2、p3全部的状态都变为fulfilled成功状态，p的状态才会变为fulfilled状态，此时p1、p2、p3的返回值组成一个数组，作为p的then()函数的回调函数的参数。
- 只要p1、p2、p3中有任意一个状态变为rejected失败状态，p的状态就变为rejected状态，此时第一个被reject的实例的返回值会作为p的catch()函数的回调函数的参数。

需要注意的是，作为参数的 Promise 实例 p1、p2、p3，如果已经定义了 catch() 函数，那么当其中一个 Promise 状态变为 rejected 时，并不会触发 Promise.all() 函数的 catch() 函数。

```
const p1 = new Promise((resolve, reject) => {
    resolve('success');
})
    .then(result => result)
    .catch(e => e);

const p2 = new Promise((resolve, reject) => {
    throw new Error('error');
})
    .then(result => result)
```

```
    .catch(e => e);

Promise.all([p1, p2])
    .then(result => console.log(result)) // ['success', Error: error]
    .catch(e => console.log(e));
```

在上面代码的实例 p2 中抛出了一个异常，p2 的状态变为 rejected，但是由于 p2 有自己的 catch() 函数，所以这个异常会在 p2 实例内部被消化，并不会继续向外抛到 Promise.all() 函数中。

p2 实例执行完 catch() 函数后，p2 的状态实际是变为 fulfilled，只不过它的返回值是 Error 的信息。

p1 实例调用 resolve() 函数执行成功，因此 p1 的状态也是 fulfilled，返回值为字符串 'success'。

因此 Promise.all() 函数运行后的结果为输出一个包含 p1、p2 返回值的数组 " ['success', Error: error]"。

如果想要 Promise.all() 函数能触发 catch() 函数，那么就不要在 p1、p2 实例中定义 catch() 函数。

```
const p1 = new Promise((resolve, reject) => {
    resolve('success');
})
    .then(result => result);

const p2 = new Promise((resolve, reject) => {
    throw new Error('error');
})
    .then(result => result);

Promise.all([p1, p2])
    .then(result => console.log(result))
    .catch(e => console.log(e)); // 抛出异常, Error: error
```

2. Promise.race()函数

Promise.all() 函数作用于多个 Promise 实例上，返回一个新的 Promise 实例，表示的是如果多个 Promise 实例中有任何一个实例的状态发生改变，那么这个新实例的状态就随之改变，而最先改变的那个 Promise 实例的返回值将作为新实例的回调函数的参数。

```
const p = Promise.race([p1, p2, p3]);
```

当 p1、p2、p3 这 3 个 Promise 实例中有任何一个执行成功或者失败时，由 Promise. race() 函数生成的实例 p 的状态就与之保持一致，并且最先那个执行完的实例的返回值将会成为 p 的回调函数的参数。

使用 Promise.race() 函数可以实现这样一个场景：假如发送一个 Ajax 请求，在 3 秒后还没有收到请求成功的响应时，会自动处理成请求失败。

实现的思路如下。

- 将Ajax请求处理成一个Promise，称之为p1。
- 创建一个自定义的Promise实例，称之为p2，在p2中通过setTimeout()函数控制3秒后抛出一个异常。
- 将p1和p2两个实例放入Promise.race()函数中，生成一个新的实例p，如果在3秒内接收到Ajax请求的返回值，表示实例p1执行成功，则p通过调用then()函数可以接收到p1的返回值；如果在3秒后还没有接收到Ajax请求的返回值，则会执行p2中的setTimeout()函数，抛出一个异常，表示p2执行失败，则p通过调用catch()函数可以接收到p2的返回值。

根据以上分析，可以得到以下代码。

```
const p1 = ajaxGetPromise('/testUrl');
const p2 = new Promise(function (resolve, reject) {
    setTimeout(() => reject(new Error('request timeout')), 5000)
});
const p = Promise.race([p1, p2]);
p.then(console.log).catch(console.error);
```

3. Promise.resolve()函数

Promise 提供了一个静态函数 resolve()，用于将传入的变量转换为 Promise 对象，它等价于在 Promise 函数体内调用 resolve() 函数。

Promise.resolve() 函数执行后，Promise 的状态会立即变为 fulfilled，然后进入 then() 函数中做处理。

```
Promise.resolve('hello');
// 等价于
new Promise(resolve => resolve('hello'));
```

在 Promise.resolve(param) 函数中传递的参数 param，会作为后续 then() 函数的回调函数接收的参数。

```
Promise.resolve('success').then(result => console.log(result));
```

执行上面的代码后，会输出字符串 "success"。

4. Promise.reject()函数

Promise.reject() 函数用于返回一个状态为 rejected 的 Promise 实例，函数在执行后 Promise 的状态会立即变为 rejected，从而会立即进入 catch() 函数中做处理，等价于在 Promise 函数体内调用 reject() 函数。

```
const p = Promise.reject('出错了');
// 等价于
const p = new Promise((resolve, reject) => reject('出错了'));
```

在 Promise. reject (param) 函数中传递的参数 param，会作为后续 catch() 函数的回调函数接收的参数。

```
Promise.reject('fail').catch(result => console.log(result));
```

执行上面的代码后，会输出字符串"fail"。

7.11.4　Promise的用法实例

在了解了 Promise 对象的基本用法后，接下来会总结一系列有关 Promise 对象的使用场景，并针对每个场景编写一段代码，看看代码的输出结果是什么。

场景1：Promise代码与同步代码在一起执行

在场景 1 中，我们会将 Promise 实例的创建、then() 函数的调用、同步执行语句进行先后定义，然后在每步输出关键信息，看看输出信息的顺序是什么。

```
const promise = new Promise((resolve, reject) => {
    console.log(1);
    resolve();
    console.log(2);
});
promise.then(() => {
    console.log(3);
});
console.log(4);
```

在上面的代码中，考察的是对 Promise 对象执行时机的理解，大致会分为以下几个过程。

- Promise在创建后会立即执行，所有同步代码按照书写的顺序从上往下执行，包括 Promise外的同步代码，因此会先输出"1 2 4"。
- resolve()函数或者reject()函数会在同步代码执行完毕后再去执行。
- 当resolve()函数或者reject()函数执行后，进入then()函数或者catch()函数中执行，实例中调用了resolve()函数，会进行到then()函数中，因此会再输出"3"。

场景 1 代码的输出结果如下所示。

```
1 2 4 3
```

场景2：同一个Promise实例内，resolve()函数和reject()函数先后执行

在场景 2 中，我们会在同一个 Promise 实例内连续多次执行 resolve() 函数和 reject() 函数，然后在 then() 函数和 catch() 函数中各自输出特定信息，看看最终的输出结果是什么。

```
const promise2 = new Promise((resolve, reject) => {
    resolve('success1');
    reject('error');
    resolve('success2');
```

```
    });

    promise2
        .then((res) => {
            console.log('then: ', res);
        })
        .catch((err) => {
            console.log('catch: ', err);
        });
```

一个 Promise 的实例只能有一次状态的变更，当执行了 resolve() 函数后，后续其他的 reject() 函数和 resolve() 函数都不会执行，然后 Promise 进入 then() 函数中做处理。

因此在上面的代码中，执行了 resolve('success1') 后会立即进入 then() 函数中，输出 "then: success1"，而不会再执行其他的 reject() 函数或者 resolve() 函数。

场景 2 代码的输出结果如下所示。

```
then: success1
```

场景3：同一个Promise实例自身重复执行

在场景 3 中，我们生成一个 Promise 的实例，针对这个实例重复调用 then() 函数，在 then() 函数中输出一个时间差值，看看最终的输出结果是什么。

```
1   const promise3 = new Promise((resolve, reject) => {
2       setTimeout(() => {
3           console.log('once');
4           resolve('success');
5       }, 1000);
6   });
7   const start = Date.now();
8   promise3.then((res) => {
9       console.log(res, Date.now() - start);
10  });
11  promise3.then((res) => {
12      console.log(res, Date.now() - start);
13  });
```

同一个 Promise 的实例只能有一次状态变换的过程，在状态变换完成后，如果成功会触发所有的 then() 函数，如果失败会触发所有的 catch() 函数。

在上面的代码中，第 1 ~ 6 行生成 promise3 实例，通过 setTimeout() 函数延迟执行 resolve() 函数，会继续向下执行到第 7 行代码，得到一个 start 时间戳。

当等待一秒后，执行第 2 行的 setTimeout() 函数，首先输出一个字符串 'once'，然后执行 resolve() 函数并传递字符串 'success'，开始进入第 8 行的 then() 函数中，计算当前时间戳与 start 时间戳的差值。

由于Promise的状态只能改变一次，第10行的 then() 函数与第8行的then() 函数都会执行，而且会接收相同的参数，然后重新计算时间戳的差值。

场景 3 代码得到的结果如下所示。如果大家在运行后得到的结果不同也是正常情况，这取决于运行的环境，很可能会相差几毫秒。

```
once
success 1001
success 1002
```

场景4：在then()函数中返回一个异常

在场景 4 中，我们会在一个 Promise 实例的 then() 函数中返回一个异常，然后链式调用 then() 函数和 catch() 函数，在函数中输出关键信息，看看最终的输出结果是什么。

```
Promise.resolve()
    .then(() => {
        console.log(1);
        return new Error('error!!!');
    })
    .then((res) => {
        console.log(2);
        console.log('then: ', res);
    })
    .catch((err) => {
        console.log(3);
        console.log('catch: ', err);
    });
```

很多人看到代码中出现了 new Error() 函数就会想当然地认为会执行后面的 catch() 函数，其实不是这样的。

在 then() 函数中用 return 关键字返回了一个 "Error"，依然会按照正常的流程走下去，进入第二个 then() 函数，并将 Error 实例作为参数传递，不会执行后续的 catch() 函数。

这个不同于使用 throw 抛出一个 Error，如果是 throw 抛出一个 Error 则会被 catch() 函数捕获。

场景 4 得到的结果如下所示。

```
1
2
Error: error!!!
    at Promise.resolve.then (<anonymous>:4:16)
```

场景5：then()函数接收的参数不是一个函数

在之前的内容中，我们讲过 then() 函数接收的参数是函数的形式，而在场景 5 中，如果 then() 函数接收的参数不是一个函数，会产生什么样的情况呢？

```
Promise.resolve(1)
    .then(2)
```

```
.then(Promise.resolve(3))
.then(console.log);
```

很多人乍一看这段代码，会想当然地以为返回 "3"，但是结果却不是这样的。

这段代码的运行结果是只输出一个 "1"，为什么会这样呢？

在 Promise 的 then() 函数或者 catch() 函数中，接收的是一个函数，函数的参数是 resolve() 函数或者 reject() 函数的返回值。而如果传入的值是非函数，那么就会产生值穿透现象。

何为值穿透现象？简单点理解就是传递的值会被直接忽略掉，继续执行链式调用后续的函数。

场景 5 中，第一个 then() 函数接收一个值 "2"，第二个 then() 函数接收一个 Promise，都不是需要的函数形式，因此这两个 then() 函数会发生值穿透现象。

而第三个 then() 函数因为接收到 console.log() 函数，因此会执行，此时接收的是最开始的 resolve(1) 的值，因此场景 5 最终会输出 "1"。

场景6：两种方法处理rejected状态的Promise

处理 Promise 失败的方法有两种，一种是使用 then() 函数的第二个参数，另一种是使用 catch() 函数。

在场景 6 中会同时使用这两种方法处理抛出异常的 Promise，我们可以通过输出的结果来看看两种方法的差异是什么。

```
Promise.resolve()
    .then(function success (res) {
        throw new Error('error');
    }, function fail1 (e) {
        console.error('fail1: ', e);
    })
    .catch(function fail2 (e) {
        console.error('fail2: ', e);
    });
```

虽然这两种方法都能处理 Promise 状态变为 rejected 时的回调，但是 then() 函数的第二个函数却不能捕获第一个函数中抛出的异常，而 catch() 函数却能捕获到第一个函数中抛出的异常。

场景 6 输出的结果如下所示。

```
fail2:  Error: error
```

这也是我们推荐使用 catch() 函数去处理 Promise 状态异常回调的原因。

7.12 Iterator与for...of循环

7.12.1 Iterator概述

Iterator 称为遍历器，是 ES6 为不同数据结构遍历所新增的统一访问接口，它有以下几个作用。

- 为任何部署了Iterator接口的数据结构提供统一的访问机制。
- 使得数据结构的成员能够按照某种次序排列。
- 为新的遍历方式for...of提供基础。

一个合法的 Iterator 接口都会具有一个 next() 函数，在遍历的过程中，依次调用 next() 函数，返回一个带有 value 和 done 属性的对象。value 值表示当前遍历到的值，done 值表示迭代是否结束，true 表示迭代完成，Iterator 执行结束；false 表示迭代未完成，继续执行 next() 函数，进入下一轮遍历中，直到 done 值为 true。

为了增进对 Iterator 遍历过程的理解，我们可以先使用数组来模拟 Iterator 接口的实现。

```
function makeIterator(array) {
    let index = 0;
    return {
        next: function () {
            if (index < array.length) {
                return {
                    value: array[index++],
                    done: false
                };
            } else {
                return {
                    value: undefined,
                    done: true
                };
            }
        }
    };
}
const arr = ['one', 'two'];
const iter = makeIterator(arr);
iter.next(); // {value: "one", done: false}
iter.next(); // {value: "two", done: false}
iter.next(); // {value: undefined, done: true}
```

在上面的代码中，我们将数组作为参数传递到 makeIterator() 函数中，用于生成一个带有 next() 函数的遍历器对象。

每次调用 next() 函数时，会返回一个带有 value 和 done 属性的对象，如果当前索引值 index 小于数组的长度，则 value 值为数组中对应索引位置的值，done 值为 false 并且 index 值会递增；直到 index 的值等于数组的长度才结束遍历，此时 value 值为 undefined，done 值为 true。

7.12.2 默认Iterator接口

只有部署了 Iterator 接口的数据结构才能使用 for...of 遍历，举例如下。

```
// 对象默认不能使用 for...of 循环
const obj = {
    name: 'kingx',
    age: 11
};
for (let key of obj) {
    console.log(key); // TypeError: obj[Symbol.iterator] is not a function
}
// 数组能正常使用 for...of 循环
const arr = ['one', 'two'];
for (let key in arr) {
    console.log(key); // 0, 1
}
```

对象类型的数据使用 for...of 循环时，会抛出异常，表示对象不支持使用 for...of 循环；而对数组类型的数据使用 for...of 循环时，可以正常输出结果，表示数组支持 for...of 循环。

原生具备 Iterator 接口的数据结构有以下几个。

- Array。
- Map。
- Set。
- String。
- 函数的arguments对象。
- NodeList对象。

这些数据结构的实例，可以在不做任何处理的情况下，直接使用 for...of 循环进行遍历。

那么问题来了，如果我们想要自定义一些可以使用 for...of循环的数据结构，那么该怎么做呢？

方法就是为数据结构添加上 Iterator 接口，Iterator 接口是部署在 Symbol.iterator 属性上的，它是一个函数，因此我们只需要对特定的数据结构加上 Symbol.iterator 属性即可。

在 Symbol.iterator 属性对应的函数中一定要返回一个带有 next() 函数的对象，在 next() 函数中需要返回带有 value 和 done 属性的对象，以此来满足 Iterator 的执行过程。

接下来我们就通过自定义的手段，为对象类型的数据添加 Iterator 接口，使得它也可以使用 for...of 循环，具体代码如下所示。

```
function Person(name, age) {
    this.name = name;
    this.age = age;
}
// 在原型中添加 [Symbol.iterator] 属性
Person.prototype[Symbol.iterator] = function () {
    // 设置变量，记录遍历的次数
    let count = 0;
    // 通过 Object.keys() 函数获取实例自身的所有属性
```

```
        let propArr = Object.keys(this);
        return {
            next: function () {
                // 每执行一次遍历，count 值加 1
                // 当 count 值小于属性的长度时，表示仍然可以遍历，设置 done 值为 false
                if (count < propArr.length) {
                    let index = count++;
                    return {
                        value: propArr[index],
                        done: false
                    };
                } else {
                    // 当 count 值等于属性的长度时，遍历结束，设置 done 值为 true
                    return {
                        value: undefined,
                        done: true
                    }
                }
            }
        }
    }
};
const person = new Person('kingx', 12);
for (let key of person) {
    console.log(key, ':', person[key]);
}
```

在上面的代码中，我们将 Symbol.iterator 属性设置在 Person 的 prototype 原型上，这样每个实例都会共享这个 Symbol.iterator() 函数。

在每次执行 next() 函数时，先判断遍历的次数与属性长度是否相等，如果相等则表示遍历结束，设置 done 值为 true；如果不相等，则表示仍然可以继续遍历，设置 done 值为 false。

在后面的测试中，输出的结果如下所示。

```
name : kingx
age : 12
```

7.12.3 for...of循环

ES6 中增加了一种新的 for...of 循环，主要目的是为了统一所有数据结构的遍历方式。如上文所讲到的，部署了 Iterator 接口的数据结构都可以使用 for...of 循环，因此数组、Set 和 Map、类数组对象等都可以直接使用 for...of 循环。接下来就针对这些数据结构来看看它们在使用 for...of 循环时的表现是什么样的。

1. 数组结构使用for...of循环

对于数组类型数据，for...of 循环会返回数组中的每个值，而不是数组的索引。

```
const arr = ['one', 'two', 'three'];
for (let key of arr) {
    console.log(key); // one, two, three
}
```

2. Set数据结构和Map数据结构使用for...of循环

Set 和 Map 都是 ES6 中新增的数据结构，它们都原生具备 Iterator 接口，可以直接使用 for...of 循环。

对于 Set 结构的数据，for...of 循环会返回 Set 中的每个值。

```
let set = new Set(['one', 'two', 'three']);
for (let key of set) {
    console.log(key); // one, two, three
}
```

对于 Map 结构的数据，for...of 循环在执行每轮循环时，会将 Map 中的每个键和对应的值组合成一个数组进行返回。

```
let map = new Map();
map.set('name', 'kingx');
map.set('age', 12);
map.set('address', 'beijing');
for (let prop of map) {
    console.log(prop);
}
```

上面代码的返回结果如下所示。

```
[ 'name', 'kingx' ]
[ 'age', 12 ]
[ 'address', 'beijing' ]
```

Set 数据结构和 Map 数据结构使用 for...of 循环时需要注意两点，一个是 for...of 循环遍历的顺序与值添加进数据结构的顺序一致；另一个是 Set 数据结构遍历的返回值只有一个，而 Map 数据结构遍历的返回值有两个，是由键、值组成的数组。

3. NodeList结构使用for...of循环

在 DOM 操作中获得的 NodeList 类数组对象同样可以使用 for...of 循环进行遍历。

```
<p> 这是第一个段落 </p>
<p> 这是第二个段落 </p>
<p> 这是第三个段落 </p>

<script>
    const pList = document.querySelectorAll( 'p' );
    for (let p of pList) {
```

```
        console.log(p.innerText);
    }
</script>
```

上面代码的执行结果如下所示。

```
这是第一个段落
这是第二个段落
这是第三个段落
```

4. 函数参数arguments对象使用for...of循环

arguments 也是一个类数组对象，同样可以使用 for...of 循环进行遍历。

```
function foo() {
    for (let arg of arguments) {
        console.log(arg);
    }
}
foo('name', 'age', 'address');
```

上面代码的执行结果如下所示。

```
name
age
address
```

5. 特定函数的返回值使用for...of循环

对象类型的数据无法直接使用 for...of 循环进行遍历，但是我们可以借助 ES6 中 Object 对象新增的几个函数来间接地实现 for...of 循环，这几个函数如下所示。

- Object.entries()函数：返回一个遍历器对象，由键、值构成的对象数组。
- Object.keys()函数：返回一个遍历器对象，由所有的键构成的数组。
- Object.values()函数：返回一个遍历器对象，由所有的值构成的数组。

```
const obj = {
    name: 'kingx',
    age: 12,
    address: 'beijing'
};
for (let key of Object.keys(obj)) {
    console.log(key);  // name, age, address
}
for (let value of Object.values(obj)) {
    console.log(value); // kingx, 12, beijing
}
for (let [key, value] of Object.entries(obj)) {
    console.log(key, ':', value);
```

```
}
// name : 'kingx',
// age : 12,
// address : 'beijing'
```

7.12.4 for...of循环与其他循环方式的比较

在 2.2.5 小节中，我们有讲过数组结构的多种循环方式，这里我们主要针对数组结构的循环，将 for...of 循环与 forEach() 函数循环和 for...in 循环进行比较。

forEach() 函数循环的主要问题在于无法跳出循环，不支持 break 和 continue 关键字，如果使用了 break 或 continue 关键字则会抛出异常，使用 return 关键字会跳过当前循环，但仍会执行后续的循环。

```
const arr = ['one', 'two', 'three'];
arr.forEach(function (item, index) {
    if (index === 1) {
        return item; // 这里如果使用 break 和 continue 关键字，会抛出异常，使用 return
                     // 关键字会跳过当前循环
    }
    console.log(item);
});
```

上面代码输出的结果为 "one" "three"。

for...in 循环的主要问题在于，它主要是为遍历对象设计的，对数组遍历并不友好，主要存在以下两个问题。

第一个问题是，在使用 for...in 循环遍历数组时，返回的键是字符串表示的数组的索引，如 "0" "1" "2"，并不是数组项的值。

第二个问题是，通过手动给数组实例添加的属性，同样会被遍历出来，而事实上我们并不希望这些额外的属性被遍历出来。

```
const arr = ['one', 'two', 'three'];
arr.name = 'myArr';
for (let key in arr) {
    console.log(key, typeof key);
}
```

上面代码输出的结果如下所示。

```
0 string
1 string
2 string
name string
```

通过结果可以看出，输出的 key 值是数组的索引 "0" "1" "2" 并且是字符串类型，而且为数组新增的 name 属性同样被遍历输出，这并不是我们所想要的结果。

相比于 forEach() 函数循环和 for...in 循环，for...of 循环就有一些显著的优点。

优点 1：和 for...in 循环有同样的语法，但没有 for...in 循环的缺点，遍历数组时，返回的是数组每项的值，而且给数组实例新增的属性并不会被遍历出来。

```
const arr = ['one', 'two', 'three'];
arr.name = 'myArr';
for (let key of arr) {
    console.log(key);
}
```

上面代码输出的结果如下所示。

```
one
two
three
```

优点 2：在 for...of 循环中，可以使用 break、continue 和 return 等关键字。

```
const arr = ['one', 'two', 'three'];
for (let key of arr) {
    if (key === 'two') {
        break;
    }
    console.log(key);
}
```

上面代码输出的结果如下所示。

```
one
```

7.13 Generator()函数

7.13.1 Generator()函数的概述与特征

1. Generator()函数的概述

Generator() 函数是 ES6 提供的一种异步编程解决方案。

Generator() 函数从语法上可以理解为是一个状态机，函数内部维护多个状态，函数执行的结果返回一个部署了 Iterator 接口的对象，通过这个对象可以依次获取 Generator() 函数内部的每一个状态。

2. Generator()函数的特征

Generator() 函数本质上也是一个函数，调用方法也与普通函数相同，但是相比较于普通的函数，有以下两个明显的特征。

- function关键字与函数名之间有一个星号（*）。
- 函数体内部使用yield关键字来定义不同的内部状态。

下面的代码定义了一个简单的 Generator() 函数，内部包含两个状态，hello 与 world。

```
function* helloWorldGenerator() {
    yield 'hello';
    yield 'world';
}
const hw = helloWorldGenerator();
```

上面代码中定义的 helloWorldGenerator() 函数在执行后，函数体并没有直接执行，而是返回一个部署了 Iterator 接口的对象，直到调用 next() 函数时，才开始从函数头部向下执行，直到遇到 yield 表达式或者 return 语句才会停止。

```
function* helloworldGenerator() {
    console.log('Generator 执行');
    yield 'hello';
    yield 'world';
}

const hw = helloworldGenerator();
console.log(' 这是测试执行先后顺序的语句 ');
hw.next();
```

上面代码的执行结果如下所示。

```
这是测试执行先后顺序的语句
Generator 执行
```

因为在调用 helloworldGenerator() 函数时，并不会立即执行函数体，而是优先往下执行，输出"这是测试执行先后顺序的语句"，等到执行 next() 函数时，才开始执行函数体，输出"Generator 执行"。

3. Generator()函数中的yield表达式与next()函数的关系

Generator() 函数返回的是部署了 Iterator 接口的对象，而该对象是通过调用 next() 函数来遍历内部状态的，所以在没有调用下一轮 next() 函数时，函数处于暂停状态，而这个暂停状态就是通过 yield 表达式来体现的，因此 Generator() 函数对异步的控制是通过 yield 表达式来实现的。

通过 Iterator 接口的 next() 函数执行过程可以看出 next() 函数与 yield 表达式的关系。

- next()函数的返回值是一个具有value和done属性的对象，next()函数调用后，如果遇到yield表达式，就会暂停后面的操作，并将yield表达式执行的结果作为value值进行返回，此时done属性的值为false。
- 当再次执行next()函数时，会再继续往下执行，直到遇到下一个yield表达式。
- 当所有的yield语句执行完毕时，会直接运行至函数末尾，如果有return语句，

将return语句的表达式值作为value值返回；如果没有return语句，则value以
undefined值进行返回，这两种情况下的done属性的值都为true，遍历结束。
　　通过以下这段代码就可以很好地理解执行过程。

```
function* helloworldGenerator() {
    yield 'hello';
    yield 'world';
    return 'success';
}


const hw = helloworldGenerator();
hw.next();  // {value: "hello", done: false}
hw.next();  // {value: "world", done: false}
hw.next();  // {value: "success", done: true}
```

　　return 与 yield 语句都能将后面的表达式作为 next() 函数的返回值，但是它们也是有差异
的，主要表现在以下几个方面。

- 当遇到yield语句时，程序的执行会暂停，而return语句却不会，一旦return语句执
  行，整个函数执行结束，后面的yield语句都会失效。
- return语句如果没有返回值，那么next()函数的返回值为"{ value: undefined,
  done: true }"。yield语句如果没有接表达式， next()函数的返回值中value值同样
  为"undefined"，而done属性的值为"false"。
- Generator()函数能有多个yield语句，但是只能有一个return语句。

　　yield 语句本身没有返回值，如果将其赋给一个变量，则该变量的值为 undefined。如果我
们想要使用上一轮 yield 表达式的结果，则需要借助 next() 函数，next() 函数携带的参数可以
作为上一轮 yield 表达式的返回值。
　　通过下面这个实例，我们来看看 next() 函数参数的作用。

```
1  function* foo(x) {
2      let y = 3 * (yield (x + 2));
3      let z = yield (y / 4);
4      return (x + y + z);
5  }
6
7  let a = foo(5);
8  a.next(); // { value:7, done:false }
9  a.next(); // { value:NaN, done:false }
10 a.next(); // { value:NaN, done:true }
11
12 let b = foo(5);
13 b.next(); // { value:7, done:false }
14 b.next(8); // { value:6, done:false }
15 b.next(9); // { value:38, done:true }
```

我们先来看看第一组值（第 7 ~ 10 行代码）的计算过程。

第 7 行代码调用 foo() 函数，x 值为 5，获取一个部署了 Iterator 接口的对象 a。

第 8 行代码执行 next() 函数时，遇到 yield 表达式，所以停止，此时为 yield 5 + 2 = yield 7，因此第 8 行代码会输出 "{ value:7, done:false }"。

第 9 行代码执行 next() 函数时，因为 next() 函数没有传递参数值，yield 表达式的返回值为 "undefined"，即 y 的值为 3×undefined = NaN，在计算 y /4 时，返回 "NaN"。同理第 10 行代码执行 next() 函数时，也会返回 "NaN"。

然后再看看第二组值（第 12 ~ 15 行代码）的计算过程。

第 12 行代码调用 foo() 函数，x 值为 5，获取一个部署了 Iterator 接口的对象 b。

第 13 行代码执行 next() 函数时，遇到 yield 表达式，则停止，此时为 yield 5 + 2 = yield 7，因此第 13 行代码执行 next() 函数时会输出 "{ value:7, done:false }"。

第 14 行代码执行 next() 函数时，传递了参数 8，表示上一轮 yield 的返回值为 "8"，那么 y = 3×8 = 24，执行到 yield y / 4 = yield 6，第 14 行代码执行 next() 函数时的返回值为 "{ value:6, done:false }"。

第 15 行代码执行 next() 函数时，传递了参数 9，表示上一轮 yield 的返回值为 "9"，即 z = 9，x = 5，y = 24，x + y + z = 38，第 15 行代码执行 next() 函数时返回值为 "{ value:38, done:true }"。

4. for...of循环遍历Generator()函数的返回值

Generator() 函数的返回值是一个部署了 Iterator 接口的对象，刚好可以使用 for...of 循环进行遍历，并且不需要手动调用 next() 函数，遍历的结果就是 yield 表达式的返回值。

```
function* testGenerator() {
    yield 'hello';
    yield 'world';
}


const t = testGenerator();
for (let key of t) {
    console.log(key); // 先后输出 "hello""world"
}
```

在上面的实例中，在 Generator() 函数内部声明了两个 yield 表达式，分别是 "hello" 与 "world"，而在使用 for...of 循环进行遍历时，输出的结果也是 "hello" 与 "world"。

对象类型的值在默认情况下是不能使用 for...of 循环进行遍历的，但是借助于 Generator() 函数可以实现 for...of 循环的遍历。

主要思路是给对象的 Symbol.iterator 属性设置一个 Generator() 函数，在 Generator() 函数内通过 yield 控制遍历的返回值。

```
function* propGenerator() {
```

```
        let propArr = Object.keys(this);
        for (let prop of propArr) {
            // 通过 yield 控制每轮循环的返回值为由属性名和属性值构成的数组
            yield [prop, this[prop]];
        }
    }
    let obj = {
        name: 'kingx',
        age: 12
    };
    // 为 obj 对象添加 Symbol.iterator 属性
    obj[Symbol.iterator] = propGenerator;
    // 对 yield 的返回值
    for (let [key, value] of obj) {
        console.log(key, ':', value);
    }
```

上面代码输出结果如下所示。

```
name : kingx
age : 12
```

7.13.2 Generator()函数注意事项

1. 默认情况下不能使用new关键字

Generator() 函数并不是构造函数，在默认情况下，不能使用 new 关键字。如果使用，则会抛出 TypeError 异常。

```
function* testGenerator() {
    yield 'test';
}
const tg = new testGenerator(); // TypeError: testGenerator is not a constructor
```

2. yield表达式会延迟执行

在 Generator() 函数中，yield 表达式只有在调用 next() 函数时才会去执行，因此起到了延迟执行的效果。

```
function* testGenerator() {
    yield 1 + 2;
}
const tg = testGenerator();
tg.next(); // {value: 3, done: false}
```

在上面的代码中，yield 1 + 2 中 1 + 2 的执行是通过调用 next() 函数完成的，next() 函数调用后返回的结果为 "3"。

3. yield表达式只能在Generator()函数中调用

yield 表达式只能在 Generator() 函数中内调用，如果出现在普通函数或者匿名函数中则会抛出语法异常。

```
function foo() {
    yield 'foo'; // 抛出 SyntaxError 异常
}
```

4. yield表达式需要小括号括起来

当一个 yield 表达式出现在其他表达式中时，需要用小括号将 yield 表达式括起来，否则会抛出语法异常。

```
function* demo() {
    console.log('Hello' + yield 123); // 抛出 SyntaxError 异常
    console.log('Hello' + (yield 123)); // 正确
}
```

5. Generator()函数中的this特殊处理

在默认情况下，不能使用 new 关键字生成 Generator 的实例，因此 Generator() 函数中的 this 是无效的。

```
function* testGenerator() {
    this.name = 'kingx';
    yield 'hello';
    yield 'world';
}


const t = testGenerator();
t.next();
console.log(t.name);  // undefined
```

在 this 上绑定的 name 属性不会生效，访问的时候会返回 "undefined"。

如果既想使用 Generator() 函数的特性，又想使用 this 的特性，那该怎么做呢?

使用 call() 函数改变 Generator() 函数的执行主体为 Generator() 函数的 prototype 属性，使得 this 指向原型属性，这样就可以访问到原型上添加的属性。

```
function* testGenerator() {
    this.name = 'kingx';
    yield 'hello';
    yield 'world';
}
// 使用 call() 函数改变执行主体为 testGenerator 的 prototype 属性
let t = testGenerator.call(testGenerator.prototype);
t.next();
console.log(t.name);  // kingx
```

6. Generator()函数嵌套使用

如果在一个 Generator() 函数内部调用另一个 Generator() 函数，那么在不使用 yield* 语句的情况下，需要手动遍历上一个 Generator() 函数，并在遍历完成后进入当前 Generator() 函数中。

一般的写法如下所示。

```
function* fn1() {
    yield 'test1';
}
function* fn2() {
    yield 'test2';
    // 手动遍历嵌套的 Generator() 函数
    for(let key of fn1()) {
        console.log(key);
    }
    yield 'test3';
}

let f = fn2();
for (let key of f) {
    console.log(key);
}
```

当嵌套的 Generator() 函数层级很深时，写起来会非常麻烦。

为了解决这个问题，ES6 提供了一种新的写法，那就是使用 yield* 表达式，以支持 Generator() 函数的嵌套使用。

上面实例使用 yield* 表达式的写法后的代码如下所示。

```
function* fn1() {
    yield 'test1';
}
function* fn2() {
    yield 'test2';
    // 调用另外一个 Generator() 函数，使用 yield* 关键字
    yield* fn1();
    yield 'test3';
}

let f = fn2();
for (let key of f) {
    console.log(key);
}
```

两种写法的执行结果如下所示，可以看出使用 yield* 表达式的写法能使代码逻辑更加清晰，更方便维护。

```
   test2
   test1
   test3
```

▶ 7.14 Class

7.14.1 Class基本用法

传统的 JavaScript 中只有对象，没有类概念，跟面向对象语言差异很大。为了让 JavaScript 具有更接近面向对象语言的写法，ES6 引入了 Class（类）的概念，通过 class 关键字定义类。

不管是 ES5 还是 ES6 的写法，想要生成对象的实例，都需要通过 new 关键字调用构造函数，但是在具体实现上有一些差异。

ES5 需要定义构造函数，在构造函数中定义实例属性，然后在 prototype 原型上添加原型属性或者函数。

ES6 则使用 class 关键字定义类的名称，然后在类的 constructor 构造函数中定义实例属性，原型属性在 class 内部直接声明并赋值，原型函数的声明与构造函数处于同一层级，并且省略 function 关键字。

下面是分别使用 ES5 和 ES6 的写法来生成对象实例的代码。

```javascript
// ES5 的写法
function Person1(name, age) {
    // 实例属性
    this.name = name;
    this.age = age;
}
// 原型属性
Person1.prototype.publicCount = 1;
// 原型函数
Person1.prototype.getName = function () {
    return this.name;
};
const p1 = new Person1('kingx', 12);
console.log(p1.getName()); // kingx

// ES6 的写法
class Person2 {
    // 原型属性
    publicCount = 1;
    constructor(name, age) {
    // 实例属性
        this.name = name;
        this.age = age;
```

```
    }
    // 原型函数
    getName() {
        return this.name;
    }
}
const p2 = new Person2('kingx', 12);
console.log(p2.getName()); // kingx
```

class 的本质还是一个函数，只不过是函数的另一种写法，这种写法可以让对象的原型属性和函数更加清晰。

```
console.log(typeof Person2);  // function
```

事实上，class 中的所有属性和函数都是定义在 prototype 属性中的，但是我们却没有使用过 prototype 属性，这是为什么呢？其实这是因为 ES6 将 prototype 相关的操作封装在了 class 中，避免我们直接去使用 prototype 属性。

我们以前面代码中的 getName 属性做测试。

```
console.log(p2.getName === Person2.prototype.getName); // true
```

p2 实例的 getName 属性与 Person2 类原型中的 getName 属性是严格相等的。

1. class重点理解的内容

在 class 内部有两点内容需要重点理解，一个是 constructor() 函数，一个是静态属性和函数，接下来将详细讲解。

（1）constructor() 函数

constructor() 函数是一个类必须具有的函数，可以手动添加，如果没有手动添加，则会自动隐式添加一个空的 constructor() 函数。

constructor() 函数默认会返回当前对象的实例，即默认的 this 指向，我们可以手动修改返回值。

```
class Person3 {
    constructor(name) {
        this.name = name;
        return {};
    }
    getName() {
        return this.name;
    }
}
const p = new Person3('kingx');
console.log(p.getName()); // TypeError: p.getName is not a function
```

在上面的代码中，修改了 constructor() 函数的返回值为一个空对象 "{}"，所以实例 p 实际为一个空对象，在调用 getName() 函数时会抛出一个引用异常。

（2）静态属性和函数

静态属性和函数同样存在于类内部，使用 static 关键字修饰时，静态属性和函数无法被实例访问，只能通过类自身使用。

```
class Foo {
    static classProp = 'staticProp';
    static classMethod() {
        return 'hello';
    }
}
// 类自身可以正常访问静态属性和函数
Foo.classProp;  // 'staticProp'
Foo.classMethod(); // 'hello'

const foo = new Foo();
// 通过实例访问静态属性，返回 undefined
foo.classProp; // undefined
// 通过实例访问静态函数，抛出异常
foo.classMethod(); // TypeError: foo.classMethod is not a function
```

静态函数中的 this 指向的是类本身，而不是类的实例，也正因为静态函数和实例函数中的 this 是隔离的，所以同一个类中可以存在函数名相同的静态函数和实例函数。

```
class MyClassroom {
    constructor(number) {
        this.number = number;
    }
    // 静态函数，包含的 this 关键字指向的是类本身，而不是实例
    static get1() {
        return this.number;
    }
    // 实例函数，包含的 this 指向实例
    get1() {
        return this.number;
    }
}

console.log(MyClassroom.get1()); // undefined
// 为类本身添加变量
MyClassroom.number = 60;
console.log(MyClassroom.get1()); // 60

const classroom = new MyClassroom(20);
console.log(classroom.get1()); // 20
```

2. Class使用示例

在了解了 Class 的基本概念后，我们一起来看看 Class 是如何在实际开发中使用的。
下面我们使用 Class 定义一个类，来完成一个简单的版本控制功能，主要有以下操作。

- 使用一个二维数组作为所有历史提交记录的集合，数组的每个元素为一个一维数组，表示某次commit时记录的信息。
- 使用一个一维数组装下用户所有的历史修改值，当调用commit()函数时，会将历史修改值添加至历史记录对应的二维数组中。
- 当调用revert()函数时，会回滚到最近一次commit的版本。

```
class VersionedArray {
    constructor() {
        super();
        // 所有的历史提交值
        this.arr = [];
        // 初始状态空的二维数组
        this.history = [[]];
    }
    commit() {
        // 每次 commit 时，先执行 slice() 函数获取一次，然后添加到 history 二维数组中
        this.history.push(this.arr.slice());
    }
    revert() {
        // 执行 revert() 函数时，会将距离最近一次 commit、新增的但是没有 commit 的内容全部清空
        // 返回到上一次 commit 的状态
        this.arr.splice(0, this.arr.length, ...this.history[this.history.
length - 1]);
    }
}

let x = new VersionedArray();

// 第一次修改了 1
x.arr.push(1);

// 第二次修改了 2
x.arr.push(2);
console.log(x.arr); // [1, 2]
// 此时并没有 commit，历史记录仍然为空
console.log(x.history); // [[]]
// 执行 commit() 函数，添加至历史记录中
x.commit();
console.log(x.history); // [[], [1, 2]]

// 第三次修改了 3
```

```
x.arr.push(3);
console.log(x.arr); // [1, 2, 3]
// 再次执行 commit() 函数，将当前 arr 值添加至历史记录中
x.commit();
console.log(x.history); // [ [], [ 1, 2 ], [ 1, 2, 3 ] ]

// 第四次修改了 4
x.arr.push(4);
// 由于没有 commit，直接回滚到最近的一个历史版本
x.revert();
console.log(x.arr); // [1, 2, 3]
```

3. Class使用注意点

在使用 Class 的时候，有些需要注意的点，主要包括以下几部分。

（1）只能与 new 关键字配合使用

class 定义的类只能配合 new 关键字生成实例，不能像普通函数一样直接调用。

```
class Person {}

const p1 = new Person(); // 正常
const p2 = Person(); // TypeError: Class constructor Person cannot be invoked
without 'new'
```

当我们直接以函数的方式调用类时，会抛出一个异常。从异常信息也可以解读出，类的构造函数在没有 new 关键字时不能直接调用。

（2）不存在变量提升

在 7.1 节中有讲过 let 关键字和 const 关键字声明的变量不存在变量提升，class 定义的类同样不存在变量提升，因此如果在定义类之前去使用它，会抛出引用异常。

```
const p = new Person(); // ReferenceError: Person is not defined
class Person {}
```

（3）在类中声明函数时，不要加 function 关键字

在类中声明函数时，不要加 function 关键字，否则会抛出语法异常。

```
class Person3 {
    getName function() {  // SyntaxError: Unexpected token function
        return 'kingx';
    }
}
```

（4）this 指向会发生变化

类内部的 this 默认指向的是类的实例，在调用实例函数时，一定要注意 this 的指向性问题。如果单独使用实例函数时，this 的指向会发生变化，很容易带来一定的问题。

```
class Person4 {
    constructor(name) {
        this.name = name;
    }
    getName() {
        return this.name;
    }
}
const p = new Person4('kingx');
let { getName } = p;
getName(); // TypeError: Cannot read property 'name' of undefined
```

在上面的代码中，生成 Person4 对象的实例 p，然后使用解构获取到 getName() 函数，在调用时抛出类型异常。

这是因为 getName() 函数是在全局环境中执行的，this 指向的是全局环境，而在 ES6 的 class 关键字中使用了严格模式。在严格模式下 this 不能指向全局环境，而是指向 undefined，所以 getName() 函数在执行时，this 实际为 undefined，通过 undefined 引用 name 属性就会抛出异常。

为了解决上述问题，我们可以在构造函数中使用 bind 关键字重新绑定 this。

```
class Person4 {
    constructor(name) {
        this.name = name;
        // 重新绑定 getName() 函数中 this 的指向为当前实例
        this.getName = this.getName.bind(this);
    }
    getName() {
        return this.name;
    }
}
const p = new Person4('kingx');
let { getName } = p;
getName(); // kingx
```

在上面的代码中，使用 bind 关键字重新绑定了 getName() 函数在调用时内部的 this，使其指向实例 p，因此在执行 getName() 函数时，输出结果为"kingx"。

7.14.2　class继承

在 4.5 节中有讲到原生 JavaScript 实现继承的几种方式，ES6 新增了 extends 关键字，可以快速实现类的继承。

在子类的 constructor 构造函数中，需要首先调用 super() 函数执行父类的构造函数，再执行子类的函数修饰 this。

```
    // 父类
    class Animal {
        constructor(type) {
            this.type = type;
        }
    }
    // 子类
    class Cat extends Animal {
        constructor(name, type) {
            // 优先调用 super() 函数执行父类构造函数
            super(type);
            this.name = name;
        }
        getName() {
            return this.name;
        }
    }

    const cat = new Cat('tom', 'cat');
    console.log(cat.type); // cat
    console.log(cat.getName()); // tom
```

使用 extends 关键字不仅可以继承自定义的类，还可以继承原生的内置构造函数。

```
    class MyArr extends Array {
        constructor() {
            super();
        }
        pushItem(item) {
            // 因为继承了 Array() 构造函数，所以可以直接通过 this 访问到数组的 push() 函数
            this.push(item);
        }
    }

    let arr = new MyArr();
    arr.pushItem({name: 'kingx'});
```

父类的静态函数无法被实例继承，但可以被子类继承。子类在访问时同样是通过本身去访问，而不是通过子类实例去访问。

```
    class Parent {
        static staticMethod() {
            return 'hello';
        }
    }
    class Child extends Parent {}
    // 通过子类本身可以访问到父类的静态函数，输出"hello"
    console.log(Child.staticMethod());
```

7.15 Module

7.15.1 Module概述

ES6 提供了模块化的设计，可以将具有某一类特定功能的代码放在一个文件里，在使用时，只需要引入特定的文件，便可以降低文件之间的耦合性。

相比于早期制定的 CommonJS 规范，ES6 的模块化设计有 3 点不同。

- CommonJS在运行时完成模块的加载，而ES6模块是在编译时完成模块的加载，效率要更高。
- CommonJS模块是对象，而ES6模块可以是任何数据类型，通过export命令指定输出的内容，并通过import命令引入即可。
- CommonJS模块会在require加载时完成执行，而ES6的模块是动态引用，只在执行时获取模块中的值。

ES6 模块核心的内容在于 export 命令和 import 命令的使用，两者相辅相成，共同为模块化服务。

7.15.2 export命令

export 命令用于定义模块对外输出的内容，任何你想通过外部文件进行访问的内容，只需要通过 export 关键字就可以完成。

1. export命令的特性

export 命令的一些特性需要大家重点理解。

（1）export 的是接口，而不是值

不能直接通过 export 输出变量值，而是需要对外提供接口，必须与模块内部的变量建立一一对应的关系，例如以下写法都是错误的。

```
let obj = {};
let a = 1;
function foo() {}

export obj;  // 错误写法
export a;   // 错误写法
export foo; // 错误写法
```

需要修改成对象被括起来或者直接导出的形式。

```
let obj = {};
function foo() {}

export let a = 1; // 正确写法
```

```
export {obj}; // 正确写法
export {foo}; // 正确写法
```

（2）export 值的实时性

export 对外输出的接口，在外部模块引用时，是实时获取的，并不是 import 那个时刻的值。

假如在文件中 export 一个变量，然后通过定时器修改这个变量的值，那么在其他文件中不同时刻使用 import 的变量，值也会不同。

```
// 导出文件 export1.js
const name = 'kingx2';
// 一秒后修改变量 name 的值
setTimeout(() => name = 'kingx3', 1000);
export {name};

// 导入文件 import1.js
import {name} from './export1.js';
console.log(name); // kingx2
setTimeout(() => {
    console.log(name); // 'kingx3'
}, 1000);
```

2. export命令的常见用法

（1）使用 as 关键字设置别名

如果不想对外暴露内部变量的真实名称，可以使用 as 关键字设置别名，同一个属性可以设置多个别名。

```
const _name = 'kingx';
export {_name as name};
export {_name as name2};
```

在外部文件进行引入时，通过 name 和 name2 两个变量都可以访问到 "kingx" 值。

（2）相同变量名只能够 export 一次

在同一个文件中，同一个变量名只能够 export 一次，否则会抛出异常。

```
const _name = 'kingx';
const name = 'kingx';

export {_name as name};
export {name}; // 抛出异常，name 作为对外输出的变量，只能 export 一次
```

（3）尽量统一 export

如果文件 export 的内容有很多，建议都放在文件末尾处统一进行 export，这样对 export 的内容能一目了然。

```
const name = 'kingx';
const age = 12;
const sayHello = function () {
    console.log('hello');
};

export {name, age, sayHello};
```

7.15.3 import命令

一个模块中使用 export 命令导出的内容，通过 import 命令可以引到另一个模块中，两者可以相互配合使用。

如果想要在 HTML 页面中使用 import 命令，需要在 script 标签上使用代码 type="module"。

```
<script type="module"></script>
```

1. import命令的特性

和 export 命令类似，import 命令也有一些特性需要大家重点理解。

（1）与 export 的变量名相同

import 命令引入的变量需要放在一个大括号里，括成对象的形式，而且 import 的变量名必须与 export 的变量名一致。

这点特性在使用了 export default 命令时会有新的表现形式，在后面我们会具体讲到。

```
// export.js
const _name = 'kingx';
export {_name as name};

// import.js
import {_name} from './export.js'; // 抛出异常
import {name} from './export.js'; // 引入正常
```

（2）相同变量名的值只能 import 一次

相同变量名的值只能 import 一次，否则会抛出异常。

假如从多个不同的模块中 import 进相同的变量名，则会抛出异常，代码如下所示。

```
// export1.js
export const name = 'kingx';

// export2.js
export const name = 'cat';

// 同时从两个模块中引入 name 变量，会抛出异常。
import {name} from './export1.js';
import {name} from './export2.js'; // 抛出异常
```

（3）import 命令具有提升的效果

import 命令具有提升的效果，会将 import 的内容提升到文件头部。

```
// export.js
export const name = 'kingx';

// import.js
console.log(name);   // kingx
import {name} from './export.js';
```

在上面的代码中，import 语句出现在输出语句的后面，但是仍然能正常输出。本质上是因为 import 是在编译期运行的，在执行输出代码之前已经执行了 import 语句。

（4）多次 import 时，只会一次加载

每个模块只加载一次，每个 JS 文件只执行一次，如果在同一个文件中多次 import 相同的模块，则只会执行一次模块文件，后续直接从内存读取。

```
// export.js
console.log(' 开始执行 ');
export const name = 'kingx';
export const age = 12;

// import.js
import {name} from './export.js';
import {age} from './export.js';
```

在上面的代码中，import 两次 export.js 文件，但是最终只输出了一次"开始执行"，可以理解为 import 导入的模块是个单例模式。

（5）import 的值本身是只读的，不可修改

使用 import 命令导入的值，如果是基本数据类型，那么它们的值是不可以修改的，相当于一个 const 常量；如果是引用数据类型的值，那么它们的引用本身是不能修改的，只能修改引用对应的值本身。

```
// export.js
const obj = {
      name: 'kingx5'
};
const age = 15;

export {obj, age};

// import.js
import {obj, age} from './export.js';

obj.name = 'kingx6'; // 修改引用指向的值，正常
```

```
obj = {}; // 抛出异常，不可修改引用指向
age = 15; // 抛出异常，不可修改值本身
```

2. import命令的常见用法

（1）设置引入变量的别名

同样可以使用 as 关键字为变量设置别名，可以用于解决上一部分中相同变量名 import 一次的问题。

```
// export1.js
export const name = 'kingx';

// export2.js
export const name = 'cat';

// 使用 as 关键字设置两个不同的别名，解决了问题
import {name as personName} from './export1.js';
import {name as animalName} from './export2.js';
```

（2）模块整体加载

当我们需要加载整个模块的内容时，可以使用星号（*）配合 as 关键字指定一个对象，通过对象去访问各个输出值。

```
// export.js
const obj = {
    name: 'kingx'
};

export const a = 1;
export {obj};

// import.js
import * as a from './export.js';
```

需要注意的是，使用了星号，就不能再使用大括号 {} 括起来。以下写法是错误的。

```
import {* as a} from './export.js'; // 错误的写法
```

7.15.4 export default命令

在之前的讲解中，使用 import 引入的变量名需要和 export 导出的变量名一样。在某些情况下，我们希望不设置变量名也能供 import 使用，import 的变量名由使用方自定义，这时就要使用到 export default 命令了。

```
// export.js
const defaultParam = 1;
```

```
export default defaultParam;

// import.js
import param from './export.js';
console.log(param); // 1
```

在使用 export default 命令时，有几点是需要注意的。

1. 一个文件只有一个export default语句

在一个文件中，只能有一个 export default 语句，代表一个唯一的默认输出，如果出现多个则会抛出异常。

```
let defaultParam = 1;

export default defaultParam;
export default 2;   // 抛出异常
```

因为一个文件只能有一个默认的输出，所以在使用 import 命令导入时，也可以唯一地确认一个默认的导入值。

2. import的内容不需要使用大括号括起来

在使用 import 命令引入默认的变量时，不需要使用大括号括起来。有没有使用大括号可以用来区分引入的值是否是 export default 的值，只有引入 export default 对应的值才没有大括号。

以下两个使用 import 引入的语句有着本质的区别。

```
// 表示引入 export.js 中默认输出的值
import param from './export.js';
// 表示引入 export.js 文件中输出的变量名为 param 的值
import {param} from './export.js 文件中 ';
```

7.15.5　Module加载的实质

ES6 模块的运行机制是这样的：当遇到 import 命令时，不会立马去执行模块，而是生成一个动态的模块只读引用，等到需要用到时，才去解析引用对应的值。

由于 ES6 的模块获取的是实时值，就不存在变量的缓存。

```
// export.js
export let counter = 1;
export function incCounter() {
    counter++;
}

// import.js
import {counter, incCounter} from './export7.js';
console.log(counter); // 1
```

```
incCounter();
console.log(counter); // 2
```

第一次输出变量 counter 的值时，counter 为"1"，在执行 incCounter() 函数后，counter
的值加 1，输出"2"。

这表明导入的值仍然与原来的模块存在引用关系，并不是完全隔断的。

如 7.15.3 小节的描述，这个引用关系是只读的，不能被修改。

```
import {counter, incCounter} from './export7.js';
console.log(counter); // 1
counter++; // 抛出异常
```

对上述代码稍做修改，将 counter 的值设置为自增，就会抛出异常。

如果在多个文件中引入相同的模块，则它们获取的是同一个模块的引用。

在 export.js 文件中定义一个 Counter 模块，并导出一个 Counter 的实例，代码如下所示。

```
function Counter() {
    this.sum = 0;
    this.add = function () {
        this.sum += 1;
    };
    this.show = function () {
        console.log(this.sum);
    };
}

export let c = new Counter();
```

在另外两个模块中分别导入 Counter 模块，并进行不同处理。

```
// import1.js
import {c} from './export.js';
c.add();

// import2.js
import {c} from './export.js';
c.show();
```

在一个 html 文件中引入两个 import 文件。

```
import './import1.js';
import './import2.js';
```

通过控制台可以看到，结果输出为"1"。因为在两个 import 文件中使用的 c 变量指向的是
同一个引用，在 import1.js 文件中调用了 add() 函数，增加了 sum 变量的值，在 import2.js 文
件中输出 sum 变量时，值也变为了 1。